新知文库 162

XINZHI

The Wayward Mind:
An Intimate History
Of The Unconscious

Copyright © Guy Claxton 2005

This edition arranged with Felicity Bryan Associates Ltd.

through Andrew Nurnberg Associates International Limited

任性的大脑

潜意识的私密史

［英］盖伊·克拉克斯顿 著　姚芸竹 译

生活·讀書·新知 三联书店

Simplified Chinese Copyright © 2023 by SDX Joint Publishing Company.
All Rights Reserved.

本作品简体中文版权由生活·读书·新知三联书店所有。
未经许可，不得翻印。

图书在版编目（CIP）数据

任性的大脑：潜意识的私密史 /（英）盖伊·克拉克斯顿 (Guy Claxton) 著；姚芸竹译 . -- 北京：生活·读书·新知三联书店，2023.8
（新知文库）
书名原文：THE WAYWARD MIND: AN INTIMATE HISTORY OF THE UNCONSCIOUS
ISBN 978-7-108-07567-3

Ⅰ . ①任… Ⅱ . ①盖… ②姚… Ⅲ . ①下意识－研究 Ⅳ . ① B842.7

中国版本图书馆 CIP 数据核字 (2022) 第 227649 号

特邀编辑	张艳华
责任编辑	曹明明
装帧设计	陆智昌　刘　洋
责任校对	陈　明
责任印制	卢　岳

出版发行　生活·讀書·新知 三联书店
　　　　　（北京市东城区美术馆东街 22 号 100010）

网	址	www.sdxjpc.com
图	字	01-2018-6216
经	销	新华书店
印	刷	北京隆昌伟业印刷有限公司
版	次	2023 年 8 月北京第 1 版 2023 年 8 月北京第 1 次印刷
开	本	635 毫米 × 965 毫米　1/16　印张 24
字	数	292 千字
印	数	0,001–6,000 册
定	价	69.00 元

（印装查询：01064002715；邮购查询：01084010542）

新知文库

出版说明

在今天三联书店的前身——生活书店、读书出版社和新知书店的出版史上，介绍新知识和新观念的图书曾占有很大比重。熟悉三联的读者也都会记得，20世纪80年代后期，我们曾以"新知文库"的名义，出版过一批译介西方现代人文社会科学知识的图书。今年是生活·读书·新知三联书店恢复独立建制20周年，我们再次推出"新知文库"，正是为了接续这一传统。

近半个世纪以来，无论在自然科学方面，还是在人文社会科学方面，知识都在以前所未有的速度更新。涉及自然环境、社会文化等领域的新发现、新探索和新成果层出不穷，并以同样前所未有的深度和广度影响人类的社会和生活。了解这种知识成果的内容，思考其与我们生活的关系，固然是明了社会变迁趋势的必需，但更为重要的，乃是通过知识演进的背景和过程，领悟和体会隐藏其中的理性精神和科学规律。

"新知文库"拟选编一些介绍人文社会科学和自然科学新知识及其如何被发现和传播的图书，陆续出版。希望读者能在愉悦的阅读中获取新知，开阔视野，启迪思维，激发好奇心和想象力。

生活·讀書·新知三联书店
2006年3月

目 录

1		前 言
1	第一章	你的大脑如何构成：潜意识是为了什么
25	第二章	超自然的力量：魔幻的土地与看不见的牵偶人
53	第三章	灵魂之发明：潜意识的灵光一闪
83	第四章	哑巴仆人：潜意识，被升华，被放逐，又重振旗鼓
113	第五章	"内在的非洲"：浪漫主义、神秘主义与梦想
146	第六章	地下室里的野兽
178	第七章	智能孵化器：认知与创造
218	第八章	重振雄风：神经网络来救援
252	第九章	魔鬼的化身：疯狂与额叶
281	第十章	崇高与潜意识
310	第十一章	完全改变思维
330		注 释

前　言

你的大脑是什么样子，我不知道，但是我知道，我的大脑有着自成一套的思维方式。当我全神贯注之时，它会使劲儿开小差；而当我努力入睡之际，它会疯狂地运转，反复咀嚼日间的琐事；夜深人静时，它会在我眼前放电影，从极度无聊到尴尬疯狂，各种片段应有尽有；我完全意识不到的腔调和词组，它会帮我蹦出，而且大多词不达意；有时，我戴上耳机，闭上双眼神游万里，它却向我示警，屋里来了不速之客——而通常，这类判断还都是对的。在关键时刻，它也会忘记耳熟能详的人名；它会完全出乎意料地感觉受伤或大发雷霆；有时，它是你说不出来的痛；但是，显而易见，我的大脑独一无二，不替不换。

也许你的大脑比我的更加妥帖配合，能够胜任其所应当完成的标准工作——保持清醒，可预测，有竞争力，也有条理。也许你从未曾有过腾云驾雾的虚幻与狂野，不曾见识过任何不可救药的抑郁之人，更是对歇斯底里症或神秘主义症毫无兴趣。如果大脑那任性自为的特性超出你的认知范围，更非你的兴趣所在，那么你最好省点钱，别买这本书。你属于极小众，或许还是一名幸运的小众，因为你的头脑透明乖巧，愿意遵旨而行。

鸿蒙以来，大多数人其实与我相似，而与你不同。大脑任意妄为的特性，困扰着人类——据我所知，也困扰着黑猩猩——人类社会无法直面自身的怪诞，必须编个故事聊以自慰，弄点幻象权当自控。三类怪诞的始作俑者会在这类故事中汇聚。首先是神，以及大量与神同在的超自然精灵和各种神力。我的幻觉究竟是惩罚还是祝福，取决于幻觉背后的主宰，是小叮当还是万能神。其次是"潜意识"，或者不如说是"各种潜意识"，为了迎合不同种类的怪诞，潜意识亦被创造出无数不同版本。最后才是大脑本身，这也是最新的发现。也许世上并没有真正的魔鬼，也没有潜意识，要怪，就怪额叶里的血清素失衡吧。

这三类探索任性大脑的方式，从"地下世界"的古代意象，到现代的神经科学，历史丰富，起伏跌宕，本书试着一一厘清。全部三种方式至少都有两千年以上的历史。无论弗洛伊德本人是否意识到（或是否承认），他绝非潜意识世界的建筑师，而不过是对潜意识世界做了些考古工作而已。亚里士多德早已使用基础神经科学来解梦。而且，主宰古埃及的超自然世界，到今天仍然相当活跃。让我们一起追溯两千余年来，在地球表层发生的神明、潜意识与头脑之间不断转换的力量均衡吧，这将会是一趟十分迷人的旅程。

当你努力冥想之际，任性的大脑便会释放其全部的可怕之处。安静地坐下来，在缓慢的一呼一吸之间尝试追踪你胸中的感受。还有什么比这更简单的吗？但是每每尝试冥想，每每按部就班坐定呼吸，几秒钟之内我就会心如野马思接千里。大多数日子里，这种感觉就像思绪如爆竹般炸裂。我小心翼翼构筑起的控制与理性的画面，瞬间灰飞烟灭。对于人类而言，这都是令人烦恼的，但对于我这样的思维科学家而言，这却会令我深度沮丧，因为我发现，我的大多数实际体验，似乎都与我深思熟虑的课题以及我在学生面前反复念叨的心理学课程相去甚远，而且远得那么默契，那么自然。

1997年，我写过一本书，将过去思维科学所探索的许多碎片化的片段集结成集。我们现在称之为"聪明的潜意识"。这本书叫作《野兔脑袋，乌龟思维：为什么你想得越少智力提升越多》(*Hare Brain, Tortoise Mind*)。该书的主题，拨开了质疑的迷雾；科学研究显示，我们所知道的，其实要比我们自以为知道的多得多；我们无时无刻不在运用的知识，也比我们意识到的多得多。但写下这本书，其实我心中更加了然，我仅仅是在文化和历史领域触及潜意识的表层。如果"潜意识"这个词只是发现于19世纪的话，此前的人们又如何会解释他们遭遇的怪诞？非欧洲社会的人们是如何解释的呢？"正常"与"怪诞"，这两者之间的界限时常转换吗？那么潜意识——或者不用潜意识这个词，而用其他的词替代的话——它的功能会改变吗？超自然解释、心理学解释以及生物学解释之间的关系又会如何呢？在第三个千年之初，我们仍然需要的，又是哪一种解释呢？我们继承了一堆杂乱无章的概念，能够将之一一理清，去芜存菁？如果我们把精神生活、任性大脑，以及相关一切都放在一个更完整、更精确的角度来思考问题的话，大脑的自我影像又需要如何改变，方能容纳这种别别扭扭而又丰富多彩的状况呢？而且，最终这有用吗？这会对21世纪的生活带来实实在在的改变吗？或者，这仅仅是又一场学术错位、纸上谈兵的活动？

这类问题开始大量地向我席卷而来，将我从熟悉的心理学领域，拉进智能历史、文化人类学、文学甚至灵性研究的各种陌生领域。要知道，"宗教体验"会时常出现，一直都是不可言说非同寻常的体验的外在表达形式。这趟探索之旅充满惊奇。四千年前埃及的神秘主义似乎已经总结出了部分问题的答案，一旦拂去历史的浮灰，你会发现他们的解释历久弥新，且相当现代。荷马时代的希腊和当代的波利尼西亚，在精神层面有着有趣的雷同。我找到了毕达哥拉斯和屋大维的不为人知的另一面，当然，也发现了莎士比亚曾经将潜意识的史前图像织入他的戏剧。笛卡儿，一般被人们视为认识论的始祖，却最终清晰地意识到其自身经历的部分非理性。比如,他很可能是关注"移情"课题的历史第一人。许多最新的研究表明,总体上大脑偷鸡摸狗的特性,在一百多年前就曾引起广泛讨论——尽管当年讨论的诗化语言略微多些,但对于今天的研究而言,依然毫不过时。

开始本书的研究时,我曾想,也许我将能够得出结论,声称我们准备好抛弃超自然和心理学的想法,然后追本溯源回归大脑本身。但现在我不是那么确定了,我的结论会让我那些偏爱布道的脑神经科学家同行失望。没错,科学家们能够展示大脑如何能让我们听见声音、感到压抑、失去头绪以及突发灵感,但我们现在能够戳穿这场展示的把戏;浪漫之旅与宗教体验中的那种敬畏与融合,也许折射着神经中枢异乎寻常的机制,但我们现在足以动摇这种观念。然而,wet-ware 这类中性的神经语言软件并不十分适宜谈论体验的品质——特别是那些让我们自己迷惑不解的体验。这类软件语言也无法解决诸如"法律责任"之类的棘手问题。没错,这已经远非遇见理性的"我"那样简单,新的认识似乎将使"责任削弱"与"正确大脑"之间原先清晰的分界线日益模糊。但是,社会运行既需要科学事实,同时也需要精彩的虚构,而且,目前而言,我们逃不开潜意识,甚至也逃不开上帝。

这是一趟极其兴奋的旅程,也是一项充满挑战的旅程,我需要很多帮助,我很高兴能在此表达感谢。所以,不同的感谢,要带给 Peter Abbs, Sebastian Barley, Christopher Ball, Stephen Batchelot, Susan Blackmore, Alan Bleakey, Pascal Boyer, Felicity Bryan, Malcolm Carr, Margaret Carr, Rita Carter, John Cleese, Marcus Cook, Steve Cox, Roy D'Andrade, Jean Decety, Janne Edge, Keri Facer, Peter Fenwick, Jeffrey Gray, Susan Greenfield, Steve Guise, Sean Hardie, Charlotte Hardman, Anne Hollingworth, Martin Hughes, Nicholas Humphrey, Dick Joyce, Annette Karmiloff-Smith, Barry Kemp, Jenny King, Thanassis Kostikas, Ruth Leitch, David Lorimer, Bill Lucas, Tasha

Mundy, Judith Nesbitt, Bernie Neville, Imogen Newman, Natasha Owen Anne Phillips, Andrew Powell, Jonathan Schooler, Linda Silverman, Victoria Trow, Tim Whiting and Timothy Wilson。致谢 Rod Jenkinson，他特别慷慨，富有创造力而又任性；我探索大脑内部时，他则坚定地探索外部，我的书也送给他。

当然，任何错误都归咎于上述人士，而且所有的精彩都归功于我。哦，对不住……颠倒了，你瞧瞧，大脑就这样……

第一章

你的大脑如何构成：
潜意识是为了什么

> 如果说信仰与自然世界有任何联系的话，其本身就暗含着对潜意识的信仰。如果有上帝，他必然存在于潜意识中；如果有一种疗愈的力量，就必然运行于潜意识中；如果存在一种有机生命的主导原则，其最强大的展现方式，也必然呈现于潜意识中……理性的头脑，只有更充分理解自身潜意识源头并感受到深层次的欣喜，才能真正享受平和与安宁。
>
> ——兰斯洛特·劳·怀特《弗洛伊德之前的潜意识》[1]

昨晚，我梦见自己身处布里斯托的克利夫顿吊桥边的一处岩石裂谷，在一座下行的电梯里，穿越石缝，时刻害怕自己会被碾碎。我不知道这个梦意味着什么。那天下午，在我从大学回家的路上，我在高速路上行驶了20英里，完全意识不到周围有任何其他车辆。我想要知道，当"我"整个儿人神游四野时，究竟是谁在驾驶车辆。有时，我的精神状态会莫名其妙地低落无聊，我会觉得困惑不解，以及身体软弱无力。有时，我会说出或写下一些打动我的精妙有趣的字句，但这些东西来得莫名其妙，我虽自鸣得意，却也颇有点儿上当受骗之感。

人类体验有许多方面，看上去与我们的"常识"相违背。梦、情绪的扭转、创造力及"自动驾驶"的功能，都只是其中一小部分。这些方面全都向我们揭示着我们对于自己大脑的了解，其实远比我们想要知道的少，对大脑的控制力也远远弱于我们认为我们应当达到的程度。当然，我们对此隐隐不安，我们要么置之不理，要么感觉需要给出某种解释。我们迫切地渴望将非常识部分变得可以理解——用文字驯化那些令人不适的野性瞬间。各个社会对"常识"的理解不尽相同，因此在对需要解读的特定怪异体验的理解也不尽相同。在有些社会，发疯的人如同旱灾一样，是愤怒的神灵布下的惩戒。而另一些社会认为，人之所以发疯，源于潜意识大脑翻江倒海自我毁灭。创造性视野可能来自缪斯女神慷慨的赠予，或者也可能因为大脑中某条神经回路恰好关闭。

本书的研究，正是关于人类构建的各种解读，以及各种解读是如何随着时间演变而发展的。宏观上讲，我们的解读已从"外向"转为"内向"——从神灵、仙女和超自然力量，转为潜意识主流和神经传导。但无论如何，历史的进步不是直线式的，尽管力量均衡永远在转移，许多解读版本会同时存在，而且继续存在下去。有些非常像"潜意识"的东西，早在四千年前的古埃及就已存在，对"精灵"的信仰至今仍然鲜活，皇家精神病学院的一些医生，至今仍会在伦敦举办驱魔仪式。

人们很容易去争论这类灵媒哪些是"真实的"，哪些又是"捏造的"，但这样的争论只会引发更多口水而不是理性。相反，我将其统统列入"臆想"行列——纯属人类创造，在我们自身的精神状态无法起到足够作用时，或多或少起到了安抚焦虑、减少困惑的正面作用。我们是与生俱来的讲故事能手，绘声绘色是一种生存技能，也许正是这一突出的技能，比其他技能更能够推动我们人类站向生物链顶端。当我们感到对某个事件的掌控力度有所滑落时，当我们开始感觉迷茫的时候，我们就会聚在一起，互相询问："怎么回事？"然后做出某种解读，这样的解读就会给予我们重建掌控的幻象——有时甚至也会赋予我们实际的把控力。丹尼尔·丹尼特（Daniel Dennett）很优雅地总结说："人类自我保护、自我控制、自我定义的基本技巧，不是织网或者筑坝，而是编故事。"有些故事是关于金属短缺或是粮食歉收的原因；另一些故事，一些最重要的故事，则是关于我们自己的心理和精神——我们为什么思考、感受、行动以及理解我们做事的方式；我们又如何思考、感受、行动以及理解我们做事的方式。

我们试图努力描述我们经验中那些难以解说的部分，于是开始编织关于大脑的故事。为达此目标，诚如冶金学家和农业学家常做的那样，我们寻找形象的比喻来延伸我们的理解力。金属像"床单"一样吗？某种意义上，蝗虫像一场"瘟疫"吗？记忆犹如柏拉图手中的一块蜡版？或是更像中世纪早期的书卷？抑或更像20世纪60年代的图书馆？要么犹如现代大多数人使用的芯片？

关于"潜意识"的本质以及它与理性意识之间的关系，这些影像能够直接或间接地揭示些什么呢？如果头脑是一块蜡版，那么，那些曾被多次覆盖的古老记忆，犹如一块多次复写的羊皮纸，其微弱影像能在蜡版上留存吗？弗洛伊德自己曾经将头脑比作一块"神秘的书写板"——就是某种小玩具，你能用它"神奇"地擦掉写在塑料窗上的痕迹，但其意义却在另一块潜藏的板下深不可测。头脑是不是正像一间屠宰场，前台明亮整洁，高度隔音，防止痛苦的叫声传到前厅？或者，头脑是不是像一台电视机，什么也不做，却忙着挑选和展示来自"外部"的广播？头脑是不是又像一台计算机，在这台计算机里，内部的智能装置犹如深海，黑漆漆深不可测，而看似理性的屏幕其实单调麻木，除了偶尔展示来自内部的智能装置的信息之外，其实啥也做不了？或者，就像今日许多思维科学家所鼓吹的那样，头脑仅仅就是个神经系统，是自动运转的机器，没有鬼魂藏匿其间？

这些层出不穷的大脑影像及其潜意识区域，绝非人类思维活动可有可无的装饰品，因为这些才是真正主宰我们如何体验外界，并对外界做出反应的决定因素。它们既能指引，也能歪曲我们对身边环境资源的使用，带着我们利用并珍惜自然馈赠中的某些方面，而忽略其他方面。一位笛卡儿主义者会认为，"潜意识智力"这个概念自相矛盾，且根本不会有兴趣发展任何"第六感"，因为这种可能性完全无法计算。而像威廉·布莱克这样的浪漫主义者，却只在理性主义中看到冷漠和算计，根本不想与之沾边。如果你相信"智力"是与生俱来的，那么想要变得更聪明就完全没有意义，但如果你相信你的神经"肌肉"能够通过练习而不断增强，那么为一个题目反复训练对提升智力的效果，就犹如20分钟的跑步机对心肌的作用一样。

心理学故事影响着我们的生存方式，不止一种。大脑构建的解释性故事有两大功效。这些故事能够给出思路，让我们去闯荡、去尝试，也许就提升了我们预测和控制世界的能力。如果恰如巫师所说，由于神明发怒导致当年歉收，而牺牲一两个处女能够有效平息神的怒火，那么明年庄稼会不会长得更好呢？如果恰如收费高昂的财务顾问所说，盈利下降是因为公司的管理层庞大臃肿，那么当代意义上的牺牲仪式，也就是所谓"重组"，应当起到与巫师把戏相同的作用，对不？

问题在于，故事并不仅仅产生行动推论；故事也能起到安抚他人与自我安慰的作用。而且，人们需要紧紧依偎着一个抚慰人心的神话，这种需求其实比故事的真伪更重要。我们的文化叙述者们将疑惑变得有意义，他们赋予逆境以深刻的含义和人类的尊严，他们将我们眼中所见的机遇与不幸全都加上理论和设计。所以，我们所尊崇的关于"神灵附体"的信仰，或心灵感应，或梦的解析，都非常容易变得自我实现和自证循环。此时，大脑的各种资源必须为此目标服务，以保证无论发生什么，我们都不会错。冷静的理性主义者，将其头脑中的怪诞不祥之预感一笔勾销，称之为毫无意义的巧合，而超心理学家则将同一种巧合看作其灵魂力量的进一步证明。

精神迷思在不同社会以及不同个体中都有痕迹。如果柏拉图的"理想国"真的诞生的话，那些善于思考的人会做得很好，而那些富有诗意的人则做得很差。（我们，事实上就生活在一个有缺陷的柏拉图的世界中。）某种思维被神圣化，被发扬光大，相关机构应运而生。英国式司法认为，真理产生于一种认证形式，而这种认证形式应采取冷静的逻辑和不偏不倚的证据权衡的表象——尽管有时只有剩下表象。直觉毫无价值，除非它能被证据所取代。智慧，或者被毛利人的集会称之为吗哪的东西，在依据法律的法庭上绝无一席之地。智慧无法被检验，智慧无法被计算。在佛教艺术课上，技巧和理解会在经验中缓慢积累，所以耐心专注地抄经是一种规定功课。而在非传统的小学，这类重复功课被看作"无聊"和"死气沉沉"，反而更鼓励孩子们从一开始就毫无束缚地创造性涂鸦。一种文化的所谓"民间心理"，是使人们的生活大相径庭的主因。大脑深处隐藏着看不见的根基，大脑保存着全套抚慰人心却又毫无价值的远古碎片。在21世纪之初，我们是否拥有准确而连贯的大脑影像，这一点事关重大。

每一个社会都有大量的特色故事，要么是关于女儿必须出嫁的年龄，要么是煮饭的正确方式，或者就是梦的征兆。人们不遗余力地鼓励孩子，待他们长大之后再添枝加叶传给下一代。丰富的含义密密地织入故事，这些含义就是事实本身，而不是观点或猜测。我们编织自己的故事，但在这样做的时候，故事也在编织我们。它们将魔法照进我们生存的现实世界。[2]

人们学会了编织两种类型的故事：一是隐含的故事，我们称之为

"常识"；二是公开的故事，我们称之为"解释"。³ 隐含的故事，我可以说，其实就是一种潜意识，决定着我们的日常习惯和价值观。它们通常不是被直接说出的，但它们承载着一个社会直觉性的价值判断，一方面，什么是"正常"，什么是"显而易见"，什么是"合适的""好的"，或者"真实的"；另一方面，什么被当作"愚蠢的""调皮的""丑陋的"，或是"邪恶的"。尊者面前不可以露脚后跟；不是自己亲生的儿，不可以睡一个床；那种戴帽子的方式（或者不戴帽子的方式）真是可笑！常识给予人们不假思索的看法和行为规范，相互认同感得以确认，文化粘连感（或者说亚文化）得以维系，就像猴子会互相梳毛来维系关系，狗会在树根留下尿迹一样，我们通过交换价值判断来维护关系和划定界限。要想成为我们中的一员，你必须在听到我们最黄的笑话时哈哈大笑，或者崇拜同一个时装设计师。

人类学家的痛苦工作，是要小心地挖出不可置疑的常识背后潜藏着的故事梗概和信仰脉络——那束缚着人们行动的隐形框架，这种框架让人们完全不知早已受限，却以为他们是因相信而行动。事实上，如果直接面对潜藏的框架，人们常会感到恐惧。多萝西·霍兰德和娜奥米·奎因花了三年时间重建"预设框架"（用个时髦的词），这个框架支撑着美国女大学生关于恋爱关系与男性的判断。⁴ 研究证明，在玩笑与流言背后，藏着无情的商业观念，用什么来交换什么，什么样的交易值得谈。直白而言，女生越吸引人，她就越值得一位配得上她姣好容貌的体贴得体让人妒忌的男生。有违这一规则的个案会被无情地挑出来，被指指戳戳，被贴上标签。不般配之处包括，令人艳羡，但却不够专注，比如——"运动员"和"猛男"——还有过分专注，但缺少必要条件——"书呆子"或"矮子"。女生不守规则，选得不好，也会将自己陷入苛刻评价的境地（"荡妇""公主"）。面对这种模式时，许多年轻女性都觉得被深深冒犯，她们居然被认作玩世不恭，但毫无争议地，她们的所作所为，恰如她们相信的那样。一个大学二年级女生的预设框架在哪里呢？当然存在于她周围那尖刻的闲言碎语中。但这必须也存在于她的脑海里——存在于她的大脑的"潜意识"部分，这部分与弗洛伊德的潜意识大相径庭。

我们西方心理学的常识观，也同样很难做出精确的解释，但加州大学认知人类学家罗伊·安德拉德（Roy D'Andrade）解决了这个问题。对于18世纪以来的欧洲文化，人们被看作拥有一个"意识"，意识似乎是他们的智力器官。该器官与大脑紧密相连，但并不完全一样。（19世纪讽刺作家安布罗斯·比尔斯将意识比作"大脑分泌的一种奇特物质"。）该器官也是思想状态发生的一个神经场所——理性而敞亮的办公室——我们是谁，我们每一个人，都是主要负责这间办公室的CEO。这是我们身上所有最有趣、最智慧的部分汇聚一堂的地方——我们"思考""规划""决策企图"以及向喉头肌肉或脚部肌肉发布说话或行走的指令，并使其付诸实施的地方。[5]

在这个模型中，理性状态，特别是理性思维，均是行动的源头——除了有时我们"心不在焉"、发疯，或者突然"改主意"（尽管谁改变谁没改变依然是一个谜）。"我并不是这个意思"，有时对于孩子们是起作用的，但对成年人不起作用。知觉向我们展示着一个我们所理解的世界，有时候却不是；记忆是我们真实历史的准确记录，有时候却不是。感知的世界是"外在的"，而记忆，就像思想和感觉一样，是"内在的"。情感并非如思想那样被大脑所制造，但情感能够为大脑的运作增色，也能混淆大脑的运作。"不好的"感觉是一种烦恼，大脑的功能之一，就是控制"不好的"感觉，但它做得并不十分好。内省意味着向内观察大脑的工作，整体而言，我们能够观察得很不错。根据正统的观念，"潜意识"不存在，即便存在，也最好不要去碰它（比如伍斯特的主教夫人，得知达尔文的进化理论时，曾说她希望这个理论不是真的，但如果是真的,最好不要传开)。

心理学意义上隐含的文化差异非常之大。最近的例子,是菲律宾伊落高特(Illongot)部落对于大脑的概念,称之为 rinawa,但是 rinawa 会在睡眠时离开人的身体四处游荡,而且随着你变老,rinawa 也会变瘦。日本人的 kokoro 也有点像大脑,但它位于心脏,而且与身体不可分离。[6] 2001 年,一位巴基斯坦母亲和 10 岁的自闭症儿子成功申请美国避难。在她的家乡,自闭症被认作"安拉的诅咒",她的儿子曾经被"强迫经历各种侮辱和危险神秘的对待"。在芝加哥,她有望获得完全不同的理解与回应。[7]

文化随着时间而改变。现在,与"过去"相比,当人们看到更"原始"和"天然"的方式理解的世界时,我们会将自身的价值判断看作显而易见或甚至"开化先进的"。直到 1975 年,美国精神医学协会举行了一场臭名昭著的邮寄投票,同性恋才得以从《精神病诊断和数据手册》中删除(美国精神医学协会决议应是 1973 年,美国心理学会是在 1975 年,作者可能混淆了两者。——译注)。对于非洲的克佩勒人,"智力"的核心是正确地记忆,并复述传说与民间故事的能力。对于申请美国工商管理项目的申请人而言,智力则意味着在压力下尽快解决与其自身关切无关的抽象逻辑谜题的能力。对于瑞士心理学家让·皮亚杰而言,智力是"当你一无所知的时候知道应该做什么"。你自己选吧。

尽管关于"正常"的定义以及常识的轮廓,会随着空间和时间变幻莫测,但是此类定义总是让人不舒服,人类经验总是不靠谱——古怪的东西似乎总是挑战着不可言说的默契。如果我们不了解各种曲解的、偏执的、古怪的、不正常的、不可言说的事物的存在,我们便无法说出什么是"正常"。正是在这里,第二类故事——公开的"解释"——诞生了,人们需要这样的故事来保护和支撑常识。当生命变得危险而不可测,会有这样的一种故事,一种教会你如何继续的故事,同时也会给予你理解后的释怀。如果危险已然过去，也仍然有解释的必要。在小渔船装上马达之前，一群葡萄牙渔民要想穿过港口入口处的栅栏是十分危险的。有许多女巫和精灵住在那里，呼风唤雨让小船倾覆。但有了马达后，穿过港口的栅栏就容易多了——几乎一夜之间，那些女巫以及相关的一切仪式，全都消失了。[8]

如果说，缺少一种关于小船倾覆或稻谷歉收的理论十分危险的话，那么在海上一个人漂荡岂不是更加危险？我们不得不问："如果我更敏感些，我怎么会做出这样一件傻事？"然后我们自问自答：我必定是压力过大了。我已经不是我了。我过度痴迷了，或许我被附体了。一位复仇之神在我耳边低语；一个淘气的小鬼把我引入歧途。电线很强，风水错了，或者行星错位了……一些支持性的说法铺天盖地地提出来，解释着，或是显明着我的理性中的裂缝。正是在这里，在阴影里，在常识的围墙之外，潜意识的概念安营扎寨。它们是思想的盔甲，古老的故事，支撑着人类天性中的不可明说然而却相通相知的观念。

正如常识随着时间和地点的推移而改变，其相关附件，或者其平行版本也会随之变化。比如巴厘岛的人就认为，被另一个人的魂魄附着的体验很平常，也没什么好奇怪的；基督教神秘主义者认为，这种体验可能是一种神秘的祝福。19世纪中期，此类体验则被认为是人们与"另一世界"的沟通渠道。当代催眠师则认为，这只是一种手法。一两个世纪之前的英国殖民地或美国南部，有一种天经地义的观念，认为原住民或奴隶的头脑比他们的领主或主人弱得多，只有傻瓜才会质疑这一点。今天，持此观点的人则被视为心理歧视，又蠢又顽固。正统观念被颠覆了。诚如亚历山大·蒲柏（Alexander Pope）在《愚人记》中写道：

我的智慧啊，现在的那些伪经，

随着时间的流逝，也许会被当作圣书。

但无论解释的语句如何改变，大量心理学的异常现象——各种不可解释的事件——一次又一次地出现，都需要合情合理的粉饰。随机出现的坏运气似乎极不合理，也不公平。体能、力量或感情似乎无中生有地涌出来，例如不寻常的英勇行为，排山倒海的爱的激情。有些体验会混淆现实和想象——视觉幻象，或者头脑中的声音，会指点你如何做才是最好的。我们被告知，当你卸下个性之后，当所有的焦虑与不满都不存在时，你就会有优雅的体验，拥有海一样的平静与放松。那激动人心的时刻，或是创造力爆发的时刻，真正新奇而有价值的想法会如井喷般涌入意识，无需任何思维的训练去逐步推导。那决战时刻，也许是改变生命的时刻，同样会在毫无征兆时突然出现。还有更微妙的知识的痕迹，比如暗示、直觉和美感，全都没有任何理性前提，但绝对会让你兴奋到毛发直竖，或者恶心到呕。

当然也有弄巧成拙或自毁长城的冲动，以过量和强迫性的行为为特征。忧郁时刻或疯狂时刻，仿佛都没有明显的缘由。那种骇人听闻的残忍行径，与人性如此背离；那种弗洛伊德式的疏漏，我们不那么可靠的那部分天性，似乎在某个时刻会突然管不住舌头泄露机密。梦中与视野充斥着象征和游离的意义。清醒的状态被修改，正常的自律拱手投降，那是催眠、通神或昏恍状态。有超常的人和事——心灵感应的世界和先知先觉的世界。有个古老的问题，活着的人与死了的人有什么区别？是否存在一个"某地"，所有一切事物会化灰化烟溜之大吉。在理智失守之时，会有某种"自动驾驶"程序跳出来，闪现智慧光芒。某些下意识的想法，或是"第六感"，会在没有任何提示信息的情况下，告诉你某人在屋里。会有令人迷惑的神经学现象，比如在"盲视"的情况下，人们会莫名其妙地看见或听见，但却没有任何视觉或听觉上的体验。如果你把上述现象汇总起来，就会发现这些细节积沙积塔，与我们的常识并不吻合，确实需要另一种解释。

有些传说故事看上去指向虚构的外在邪恶力量或风水，或者指向类人形象，比如祖先的灵魂或诸神的干预，但其他故事却指向内在，假设人类精神、灵魂或思想的黑暗角落会在我们不知情的情况下影响着我们。我们称之为"潜意识"，但实际上，我们并不是在谈论一种单一的不可见的实体，也不是一种心理上的，存在于所有的令人迷惑现象背后的幕后操纵力量。不，我们所指向的是，一种所有因素的混合体，当我们需要它们做一些解释性工作的时候，它们就能听从召唤，次第而出。阈下知觉中的"潜意识"，不是创造性艺术概念中的"潜意识"，不是弗洛伊德神经官能症的"潜意识"，也不是与三位一体的上帝的神秘约会的瞬间。事实上，在说了上千年的故事之后，我们所继承的潜意识，往往扭曲成窥探低俗的寻欢洞，亟须清理。

我的假期床头书包括迈克尔·迪布丁（Michael Dibdin）的神探系列故事《死湖》，伊恩·麦克伊万（Ian McEwan）的《救赎》，一本旧版的"万能管家"系列逗我开心的书，还有《独立报》的影印件。我不必费力就可以在大众文化中找到各种潜意识的蛛丝马迹。《万能管家》中的杰维斯，总是一如既往，比他的主人更加熟门熟路。在该系列故事中，伯蒂·伍斯特醒来发现，脑海中盘旋着一些棘手的社交问题，百思不得其解。杰维斯在一旁睿智地评论说："主人，那必定是你的潜意识在作祟。"一向习惯于被惊扰的伯蒂，再次受到惊动，然后自我解嘲说："我从未真正意识到，我竟然还有潜意识思维……但我想我必定已经在毫无意识的情况下这样做了。"甚至在20世纪30年代，人们拿创造性的潜意识来开玩笑，也是很普遍的。

在迪布丁的惊恐小说中，有好几个版本的潜意识的描述交替出现。神探任恩的大脑在剔除那些"溜达在清醒意识边缘"的漫无边际的想法。

他曾于几十年前来过的威尼斯城,他竟然凭着一种"隐秘的潜意识里的根据小时候闯荡的经验"积累出来的知识,以神奇的方式找到了来路。为什么他能够回到那个地方,他自己也不清楚,但他怀疑那种"曾经被他束之高阁的某种痛苦而模糊的事情"就隐藏在他的旅程之中。我们在这里看到的潜意识,则属于直觉的幻境,犹如真实记忆沉积成岩,犹如压抑情绪锁入天牢。它们拥有共同的名字,但也许它们彼此之间除了名字之外,没有更多相似之处,就好比托尼·布莱尔、莱昂纳多·布莱尔和女巫布莱尔。

伊恩·麦克伊万则为我们提供了另外一种不同的潜意识——那种具备非语言学习功能的潜意识。在《救赎》一书的开篇,我们看到一个尿了床的小男孩,他被要求去洗尿湿的床单,但这是为什么?麦克伊万解释说:"洗床单并不代表惩罚,而是要向他的潜意识里建构信息,未来的小错都会招致各种不便和劳作。"

在《独立报》上,一位退休律师在电视抢答节目中接受访问,谈及他为什么能够一路领先。[9] "能给观众们一些启发吗?" "是的,"他说,"可以。"人们依赖学习去信任那种比答案本身更快跳入脑海的"知晓答案的感觉"。"潜意识知晓你的理性头脑不知道的东西。你可能听见一个问题,认为你应当知道答案,所以你按键。在你按键之后,你才开始想,答案究竟是什么?你张开嘴开始说话——说什么都行——你的潜意识占了上风,答案自然而然涌动出来。"这就是一种不同前述的潜意识,一种智能型的潜意识,就好像一个在线图书管理员,能够以迅雷不及掩耳之势查阅图书目录,并迅速判断储备知识是否足够,是否能够将答案转化成理性,然后再花上几秒迅速冲向图书架,精准找到需要的书一样。(当然,如果这书刚好被错放了,或是被偷了,你就只能像抢答现场的某些参赛者一样,张口结舌了。)

尽管我们对于潜意识模棱两可,但我们的语言总是充满潜意识的

"天啊！他居然把我的潜意识玩弄于股掌之间。"
这幅漫画选自1938年英国著名漫画杂志《笨拙》，画的是典型的潜意识的模糊性。就像催眠术一样，人们害怕那些懂得这个隐秘领域知识的人会对其他不懂的人拥有权力

各种暗示,这一点是确定无疑的。"他不过是在弥补自己的矮小。""那个男孩太迷恋他的泰迪熊了。""她这么拼命,一定有害怕失败的情结吧。""他太内向了,成不了好的销售员。""她那种欢快,全是装出来的。""那不过是一个幻象。""你有点儿偏执狂。"我们给自己做心理分析,刺探到水面下的自我意识的泥床;我们互相猜测,很喜欢将朋友们的行为归结于我们自认为他们尚未意识到的动机和精神状态。我们自己其实整天使用这种古怪的弗洛伊德式的术语。

所以,几个世纪以来,每一组不同的古怪术语,都会衍生出一套自己的故事,拥有自己的一系列意象。就弗洛伊德而言,柏拉图认为梦揭示了一种隐藏的潜人格,它是精力旺盛的、贪婪的和未受驯化的,企图在梦的掩护下千方百计地逃避监管,在做梦人的脑海中横冲直撞,肆意咆哮。亚里士多德眼中的潜意识,则是一种活泼的精神,是人类的内在"形式"。而早期的基督教认为,潜意识就是灵魂,是被掩盖着的纯粹神性的碎片,是上帝荣光的完美留存,神就隐在每一个人的心上。欧洲中世纪的人认为,潜意识是"心之书",其中一页上写着需要被解读的上帝的意旨,或者你喜欢称之为扉页。而一个人对自己生命的犹疑不定的记念、思考和忏悔的一手材料,都在这本书的封底。

莎士比亚的潜意识,"深不可测,好似葡萄牙湾",是大脑中不透光的深海,人们需要偷窥,方能洞察其真实愿望与动机。浪漫主义者认为,潜意识是连接个体灵魂与自然界的能量与奇迹之间的黑暗隧道。神秘主义者认为,不管哪种宗教,潜意识就是《不知之云》,就是神性,就是不可穿越的灵泉,所有经验都会持续而自发地由此喷涌而出。对于更加冷静知性的人,比如莱布尼茨和赫尔巴特,潜意识正是大脑如冰山般潜于水下的那一大块,如果没有潜意识,冰山尖露出的那点儿理性根本毫无意义,并且也不稳定。或者,潜意识就是带领理性剧场的翅膀,是剧本落笔和排练的"后台"。

我们继承了这么多不同版本的"意料之外的故事",难怪我们当前的民间心理是混乱而不连贯的。如果我们要想拓宽弗洛伊德式的狭窄病态的潜意识观念,想要包容更多其他不可思议的形式,想要形成一幅人类大脑的图画,令这幅图既能包容所有从最尖锐、最理性到最神秘、最昏暗的解读,又能将所有解读连缀统一的话,那么我们面临着好几项任务。首先,我们必须梳理好现有错综复杂的图像,对它们进行布局,并清楚地看到它们一直在做什么工作。然后,我们要来看看它们是否能被编织在一起,成为一条更强大的粗绳辫。这正是我将在本书中想要干的事。

我会提议,现在的神经科学思维能够帮助我们完成这个任务。关于大脑以及大脑与身体相连作为一个整体,有许多种不同的思考方式,为我们对创造力、表达、潜意识的感知能力和神秘体验建构一种共同的基本解释提供了可能。也许,我们甚至可以再扩大一点,能够将花园底下的精灵,以及回响在奥林匹斯山上的诸神的声音,全部囊括进我们的头脑中来,但最后我仅仅对大脑做出总结是不够的。我们需要对其内部和外部做出各种解释,既需要对杏仁核做解释,也需要对魔鬼做出解释,因为诸神和魔鬼都属于公众形象,各自发挥着社会功能,也发挥着心理学功能。作为一种解释性的观点,大脑可以做许多事情,但是大脑并没有做,而且我认为,它也绝不愿意像精灵帮我们做的那样去理清我们的世界。各类研究大抵会向"内部"的方面摆动得多一点儿,也就是尽可能地偏向心理学和神经科学这方面。而我认为,我们也应当允许头脑向着社会性和神秘主义的方向摆回去一点,也许会有所收获。

不论我的观点正确与否,当然,是时候全面冷静地审视潜意识了!这是一个有着如此多误解、反感和嘲笑的话题,但这不是全部的理由。举个例子,理性让人不太舒服,让理性来取笑我们乡村版弗洛伊德的各种简单、多余的潜意识,简直太容易了。迈克尔·拜沃特(Michael Bywater)讲述过一个"广受尊敬的弗洛伊德式分析家"的故事,这人不得不在驾驶时突然刹车,然后被后面的车狠狠地撞了一下;之后她向全家宣布她的猜想,那就是,这次事故必定指向她内心深处根深蒂固的鸡奸欲望。拜沃特调侃说,若要历数"过去一千年我们可以扔开的东西",潜意识绝对榜上有名;他还说,就好比看到一个罐子,就不可遏制地联想到它会被摔碎的情景,潜意识概念本身也会不可避免地让人联想起破罐破摔,想到自我演绎、自我循环,想到基于不完整的蛛丝马迹,就去原谅斯洛博丹·米洛舍维奇这类屠夫的一厢情愿。任何观念——进化论、核裂变,以及潜意识——掌握在错误的人手中,就会被扭曲得愚蠢而危险,但任何观念一旦被智慧运用,仍不失为有效的工具。[10]

至少在公众的版本中,潜意识总是被冠以模棱两可的特质。它富于异域和神秘色彩,因而分外吸引人,与此同时,它似乎能够直击我们心灵中最基础的部分。我,一个半清醒的理性主义者,却可能并不能主宰我的头脑,这种可能性是令人极其尴尬的。尽管我们需要以讲故事的方式,才能将松散的经验变得紧凑,我们仍然会以复杂的感受来对待这些经历,这恰恰因为这些经历是不寻常的——是不能用普通的信仰来探测的。基本上,我将自己定义为自我清醒、自我意志和理性的人。如果有人暗示,说我并非如我自己想当然的那样,清晰地懂得我自己,说我其实比我自己想当然地更容易受到模糊甚至是可耻的动机的主宰,我当然会对这类暗示充满敌意。无论潜意识究竟是什么,都是不可驾驭的,也是不可预测的。它威胁要推翻我们精心设计并强烈维系的公众形象,它总是提醒着我那些宁愿忘记的事物,或者揭示着我甚至从未想过的我曾经拥有的事物的存在。整个想法,弃如敝屣最好;如果实在要对它们全然地做出处置,最好把此类事物归因于诸神和精灵。至少它们在我的掌控之外,我仍然能够在我自己的范围内,心安理得地做我自己的主宰,即使这个想法自欺欺人。

学术心理学对于潜意识尤其敌视,理由十分明显。威廉·詹姆斯(William James)本人就对头脑的半清醒和非理性领域十分着迷,但他认为,潜意识就是"心理学中相信人们喜欢的东西的至高无上的方法,也是将任何可能成为科学的事物推向摇摇欲坠的古怪反面的方法"。在他的鸿篇巨制《心理学原则》(Principles of Psychology)一书中,在他所写的"对潜意识的十条反对意见"的后面几页,我们发现他愉快地承认"冗余的感受,个性中更黑暗、更盲目的部分,是世界上唯一的一处我们能够捕捉到真正的正在制造中的事实的地方"。[11]但他其实对心理学家们的核心焦虑语焉不详,今天的情况也依然如此。事实上任何关于潜意识的谈论都会撕开一条致命的开口,质疑心理学作为一门科学的地位。一旦我们承认弗洛伊德是错误的,而且即使他说的有道理,心理学那来之不易的科学地位也会受到威胁。甚至大学学科的名称也很有意思。直到今天,剑桥大学心理学系的标志仍在警告你,你正在走进"心理学实验室"。而牛津仍然只有一个"实验心理学系",其他任何名称都不予承认。科学心理学的创立人之一、爱德华·铁钦纳(Edward Titchener),1917年就曾警告,如果我们犯下"创造潜意识头脑"的错误,"我们就会自动离开事实领域而转向虚幻领域"。[12]

科学的核心价值,恰恰是要创造上述解释性虚构故事并检测其功用。可是,在20世纪早期,人们却不能广泛接受这一事实。拥有古怪的想法,本身并非不科学,恰恰相反,这些想法至关重要。在缺乏证据的情况下,*摒弃*或*依附*于这些想法,才会损害科学事业,比如太空可以包含"黑洞"这个想法,在它被数学和实证精确、有力地证明之前,谁能想到这就是科学。又比如,在资深博学的英国皇家科学院研究"反物质"之后,谁又能说,"反物质"仅仅属于文学体裁"科幻小说"的外延？事实上，没有人曾经真正见到过"重力"，它既不在这儿，也不在那儿。作为一种能够解释得通的科幻，"重力学说"同时在常识的"万神殿"和在物理的实验室里拥有至高无上的地位。"细菌"和"原子"理论，本质上就好比诸神和精灵，最终成立与否，取决于它是否有助于将令人迷惑的现象归因于背后看不见的存在；如果能够解释，而且又有足够多的人相信，我们就能称之为"真实"。这些理论确实有用，其实早在它被科学精确化之前就发挥着作用。"原子"的发现帮助我们顺藤摸瓜找到了真相，两大块外表普通的金属，在以正确的方式结合后，竟能制造出举世震惊的巨响。看上去无害的小小钉螺，貌似与因血吸虫病所导致的族群灭绝之间关系不大，但疾病理论将两者的联系建立起来，而且符合常识。同样地，潜意识也是如此。你当然不会在大英博物馆里找到装着潜意识的玻璃瓶，你也不可能拧下某人的头盖骨往里看，说潜意识不在这里，也不在那里。

从19世纪90年代的威廉·詹姆斯到20世纪90年代的道格拉斯·贺兰德（Douglas Holander），都曾经从学术的角度发表过一系列有关潜意识的观点。他们都认同，如果潜意识胆敢袭击人类所拥有的最宝贵的自由意志，那么明显地不证自明地必定是潜意识错了。他们说，潜意识削弱了个人责任的核心概念，因而也威胁到法律和秩序。潜意识如果掌握在智慧精英手中，可以说毫无问题，但他们都认为，一旦散入乌合之众手中，潜意识必定会闯祸。他们认为这是一个逻辑上的无解题——你不可能同时既"知道"某事，而不知道它，这十分荒谬。他们说，这完全是胡扯，相关的研究也是支离破碎的。而且，他们也确实指出了几个反面的例子。所有这些论点都颇有道理，全都得出结论，潜意识要么被夸大了，要么就漏洞百出，但我们会看到，这些论点都不全面。当所有不同的证据拼凑到一起，潜意识的功能性，甚至它的有效性，都是无可辩驳的。

当然，要说一种理性的围剿，可能太过分。但是，正如弗洛伊德说的那样，也许真的存在某种潜意识的动机，使得各种潜意识潮流过去从未联系在一起。"分而治之"是一种古老的权术，理性的统治得以在各种潜意识证据线索的分崩离析和否定中得以支撑和拖延。主流的弗洛伊德的模式则让潜意识变得恐怖、陌生而模糊——成了某种我们望而却步又不愿启齿的存在——如果空气中嗅到了潜意识，最好只存在于其他人身上。与此同时，当潜意识不被刻意忽视的时候，其他潜意识的支流被当作好奇心的孤岛，被安置在《X档案》的露天放映场上，或在老生常谈的音乐剧的剧目中，夹在魔术和杂耍的表演里，被人任意忽略。

公平地讲，曾有不少努力，想将某些潜意识的片段连在一起。弗洛伊德的最初版本，是设计来解释潜意识的概念，同时用以奠基精神病理学的。他的"科学心理学项目"写于1895年，他粗线条地描画了潜意识的梗概，但他很快放弃了这个宏大的项目，也许更明智地讲，是聚焦于神经症和梦的解析。荣格的潜意识，旨在囊括其他形式的象征主义，还有各种类型的神秘主义，但他对更加现实的功能却毫无兴趣。而当代认知科学家们反而更青睐于其现实功能，因而鄙视神秘和诗化的潜意识。总体而言，潜意识的概念更像一堆单独却相邻的小矿场，而不是互相连通的地下墓穴。整体来看，我们现在的民间心理学是各种概念的大杂烩，这些概念本身相互不同，且互不相容，其来源亦十分随意。这是希思·罗宾逊（Heath Robinson）笔下的一台奇异的机器，由一群小丑从各不相同的传统零碎中拼凑出来。

是时候看看它是否能圆一个更加优雅的故事了！在这个故事中，潜意识的各个不同分支可以得到更多的关注，同时又能共同焊接成一段更紧凑、更有说服力的叙述。如果我胆敢将它们聚拢起来，直视潜意识的眼睛，我会说，它们绝不再是围绕在常识周围的带着异域风情的一绺花边，而是针对常识的一种不可抗拒的挑战。要去解决它，我们必须彻底转换我们的思维。我将会努力说服你，我们会走向更美好——在面对21世纪每天带给我们的怪诞复杂的精神需求时，我们将能够更加聪明地行事。

历史当然不会重复，但曾有一种不平衡且过度理性的思维模式威胁着要占据人的头脑，人们拒绝了这种模式带来的可怕的结果。公元前3世纪末，希腊理性主义似乎将要获得最终的胜利。[13]明确的、教条般的思维备受推崇，被视为通向克服个体困难，过上道德生活的高贵路径。然后呢？雅典的公民们却纷纷逃亡，他们不堪思考的重负，成群结队地去跟随新时代的大师和骗子。多兹（E. R. Dodds）在"二战"后出版了他的著名研究《希腊人与非理性》一书，他与弗洛伊德一样，深怕压制非理性会部分导致他所见证的极度混乱。我在写本书之际，伊斯兰与西方的紧张关系似乎与日俱增，而英国首相的大律师夫人因与一位新时代顾问的关系而备受嘲讽。如果轻率地断言，社会混乱与大脑思维并行，未免过于荒唐，但我总觉得，在社会事件与头脑中不平衡、不连贯的画面之间，也许真的存在某种关联。

我的这本书也许正当其时，还有另一个原因，当下对"意识"有着热情的关注。认知科学家们文如泉涌，大量撰写学术与大众书籍，每一本都比上一本更卖力地想要说服读者，他们已经搞清楚意识究竟如何衍生、头脑如何创造意识，以及意识的出现究竟是为了什么。他们构成壮观的车队阵容，但不幸的是，我们手头却没有拉车的马。原因在于潜意识并非人类头脑的事后点缀品，意识本身才是。早在理性之火诞生之前，我们都是潜意识的生灵；我们的大部分智能生命仍然处于既无深思亦无熟虑的世界中。毕竟这一次，潜意识浮出水面的整个过程，也是我的电脑键盘凹陷下沉的过程，我追踪而至，探究这个对我而言完全神秘的未知领域。令我高兴的是，我的清醒意识不必追究细节。我也绝对不会热衷于对我是谁，或我应当是谁的问题四处刺探。这一点，就好比我的鼻子长在脸上一样，明白易懂（当然，我自己却看不到）。我的绝大部分其实是不可感受的，犹如南极冰山，如果我们对水下那庞大模糊而不可见的存在只是一味缄默，或者我们将那更大的部分视为魔鬼或笑柄，那么我们又怎能指望对冰山之尖的评论言之有理呢？是时候留意拉车的马了，这样我们才能知道，究竟我们要驾车去往何方。

诚然，潜意识事件的词汇直到18世纪才进入欧洲语言，但那是因为在那之前，它们既不必要亦不可能。不可能，是因为潜意识精神状态被公开概念化，需要一套完善的将大脑作为"智力器官"的观念，而该观念本身直到17和18世纪方才得以建立。1712年，理查德·布莱克摩尔（Richard Blackmore）爵士用"潜意识"一词泛指"没留意"或是"没意识到"世界的某个方面（"通过每一个黑暗的隐秘处，追寻着他们的奇思异想、潜意识的路径"），但是直到1751年，首次谈论我们*自身精神过程*的意识及潜意识的是苏格兰法官凯姆斯（Kames）阁下。而到了19世纪中叶，"潜意识"一词才真正登堂入室，首次出现在德文中（Das Unbewusste），然后又出现在英文中。

17世纪之前，"潜意识"这词确实用不上。那时大多数人认为，不了解自己很正常，无需特别强调。只有在笛卡儿拒绝使用"潜意识智力"这个概念之后，被他无声抹杀的这部分精神世界，需要重新创造一个特殊的新词来指代。因为曾经藏在一堆意象神话和日常对话中的这个旧概念，被突然公开否定，那么自然便需要被重新公开指代。一个新词，仿佛一个浮标一样，漂流在18和19世纪文化的海洋上，但如此多不同的理论和理解，有新的也有旧的，都在这浮标上挂着，等待着被拉出水面，重见天日。19世纪中叶，在伦敦和巴黎的时尚沙龙里，潜意识是最流行的。压抑与原型早在弗洛伊德和荣格成功再定义之前，就已是广泛讨论的课题，但各种猜测疯狂而混乱。直到 20 世纪末，才开始收集到扎实的证据，对所有不同潜意识观念进行整合的艰苦工作，才得以展开。

从一开始，对潜意识的明确描述就十分混乱，且自相矛盾。人们发明了新词，努力抬举他们自己描述的版本，区别于对手的版本，这样使得"潜意识"这个词迅速崛起，获得了各种连使用者都始料未及也并不喜欢的含义。对于有些人来讲，比如塞缪尔·巴特勒（Samuel Butler）这样的人看来，潜意识在叔本华等德国浪漫主义者手中变得高大神秘，让人无法忍受。而对于另外一些人而言，潜意识似乎威胁要去切割"灵魂"本身。早在 1832 年，与"潜意识"同类型的词"无意识"出现在托马斯·德·昆西（Thomas De Quincey）的著作中。在评论哈德良皇帝"高贵"的人性观点时，德·昆西留意到，他的思想"并非没有一些潜意识的影响。这种影响直接或非直接来自基督教"。不久之前，这些首要兴趣在潜意识理解的人群，都想避开所有非必要的理论包袱，转而使用"前意识"（preconscious）一词。当然，弗洛伊德将会优选所有这些名词，并进一步混淆其概念。实验心理学家们近日纷纷与弗洛伊德拉开距离，讨论起"无意识认知"（cognitive unconscious），或者更简单地说，叫作"非意识"（non-conscious）过程。以同样的精神，我在更早的书《野兔脑袋，乌龟思维》中，大量使用了"意识之下"（undermind）一词，但我现在认为，既然已经存在这么多词汇，我应使用固有的"潜意识"一词来指代混淆不清的一类概念。

在我们即将开始沿着潜意识历史旅行之际，还要提出最后一点告诫，这样我们的期待才不会过高。尽管我已经砍了又砍，这个课题仍然非常之大。一个真实而浩瀚的历史等待着我们去书写，如果真的写出来，恐怕不是要写几大卷。而我只提供"编辑精华卷"，即那些能够在时代中抓住重点地标，或者那些在认知潜意识方面代表一次飞跃或把握新的方向的事件。有些显而易见的传统、人物和思想，会比你可能期待的篇幅要少，这多多少少是因为这些故事广为人知，或者已经有其他人详细叙述，或是本书没有更多篇幅。比如，举个例子，犹太人的神秘传统包含很多相关内容，但恐怕在本书中不会涉及，因为普罗提诺（Plotinus）、阿奎那（Aquinas）、叔本华更值得大书特书。还有，大部分19世纪精神病学和20世纪心理治疗学的内容都一带而过，因为前者在亨利·艾伦伯格（Henri Ellenberger）的鸿篇巨制《潜意识的发现》中已经给予详尽的介绍，而后者的书在任何地方书店里的"身、心、灵"书架上，也都多得不胜重负。艾里克·伯恩（Eric Berne）和弗里茨·珀尔斯（Fritz Perls）都写过，许多不错的后弗洛伊德和后荣格作家也都写过，但我们不一样。

一项更严肃的忠告是，关于我得出结论的证据类型及其比重。当我们溯源17世纪之前，回到古典时代甚至更久远，就很难确切地知道普罗大众是如何看待他们的生命的，以及他们真正相信什么。比如在中世纪，如果说人们私下里谈论和思考的东西，与他们"公开"谈论和思考的东西完全不同，是绝对有可能的，就如苏联人所做的那样，害怕来自国家或教会的镇压。另外，许多保留下来的神学或哲学著作，距离普通人的生活可能十万八千里，更不能代表老百姓的感受。此类写作通常既前卫，又晦涩。试问，普通的希腊人了解柏拉图吗？如果他们了解的话，他们又如何看待他？这样的问题我真的回答不上来。艾默生讲了个很妙的故事，他将一本柏拉图的《理想国》借给一位农民朋友，这位朋友还书时不断地惊叹，认为这本书中的观点竟然与他的想法不谋而合。但我不知道公元前5世纪柏拉图的同胞们的评价又会是怎样的。无论如何，我已经从这类作品，还有文学、诗歌、戏剧以及不同时代的艺术中找到证据。从一首歌或一部戏剧的寓意中，挖掘出它们隐含的思维模式，是有可能的——比如欧里庇得斯的戏剧中如何描绘生与死的决定——很可能这些戏剧比当时主导的著作更贴切地捕捉到了流行的民间心理。当然,我不是受过专业训练的历史学家,也不是一个人类学家,因此我建议你在阅读本书时,不必盲从听信,而是运用你的智慧,尽情检测我的观点的分量。[14]

开宗明义,本章旨在揭示本书的范围和目标。简而言之,潜意识作为一个单词,其历史相对短暂——尽管比弗洛伊德要我们相信的历史长得多——但是作为一种观念,潜意识极其悠久且复杂。人们总是需要讲故事,讲述他们经历的不幸与挫折,尽管这些不幸与挫折的确切含义以及承载不幸的故事所讲述的确切含义,都随着文化与时代的不同而千差万别,关于潜意识主题的浮现也会千差万别。有时,这些差别手法简练,带有隐喻。如果人们引用神明,或者构建一个地下世界,我们往往并不能确定,究竟讲述者是将其视作真正的外部实体,或是仅仅当作内在过程的外部投射,或者两者兼而有之。不过,我相信,通常是后者。在过去的六千年里,都有一种内部化的趋势,但许多社会和个人却逆势而行。在其他方面——比如圣奥古斯丁的例子——神秘的源头深深地植根于内在,这一点十分明确,而且令人惊异,吻合于现代的内省以及心理学的概念化形式已经发展起来。

最早讲述神秘力量的故事,都试图将力量之来源定义在当事人以外,比如神秘主义的乐园、人形诸神与精灵。随着历史的发展,这些源头被移诸内在,移向心与脑的内在隐秘处。奥林匹斯诸神成了一张象征意义的微芯片,但是我们必须从外在开始溯源。好了,主旨大意就阐述至此。现在,该是我们工作的时候了。来,不达目的绝不罢休,让我们一起撸起袖子,拿起业余人类学家的小泥刀,挖掘四千年前复杂而精密的古埃及神秘主义世界。

第二章

超自然的力量:
魔幻的土地与看不见的牵偶人

> 世上有鬼魂。这一点,哪里的人都知道。我们相信鬼魂,不亚于当年荷马相信的程度。只不过,现在我们换了个叫法。回忆。潜意识。
>
> ——多纳·塔特《神秘的历史》

向西,到太阳每晚落下的地方,那里沉睡着潜意识和逝者的地宫。每一个夜晚,当我们在黑暗中入睡,燃烧的太阳,在地平线以下,跋涉到努恩神的地下海洋,照亮着木乃伊的神秘世界,活化了那些沉睡着的人的疲累的身体和灵魂。太阳神拉,自己经历一日劳作之后疲劳而灰暗,驾着他的金船穿越广袤无边的水域,进入邪恶的生命之蛇阿波菲斯的肛门。从头到尾地穿过阿波菲斯后,拉不仅征服了恶贯满盈的蛇,他自己也得以升华,最终拉神从蛇口中现身,焕然一新,精力充沛,以待再次在东方升起,照亮新的一天。阿波菲斯的黑漆漆的肠胃既滋养又危险。努恩神既是"生命之湖",又是"火焰之湖",是地狱的原型。在地狱里,邪恶最终被惩罚。所有人中最邪恶者将被囚禁在湖的最深处,那里没有光,那些恐怖的哭喊也不可能被听见。就在这里,每一个夜晚,我的"卡",也就是我自身生命能量的看不见的源,会滑下去,跟随拉神的足迹,也为了焕发我自己的新生。而且,随着我的

"卡"不断前进,如此奇异的旅程,与祖先和神明的际遇,又在尼罗河的帮助下发射回我的沉睡的身体,点燃了身体里的沉睡着的"巴"魂,驱动着梦和远景。[1]

公元前 2000 年,胡夫金字塔和狮身人面像将迎来第一千年春秋时,位于尼罗河谷中王国的古代埃及人,已经解析出相当完整的潜意识概念。他们运用本国水手熟悉的形象,创造了一个搭建着小心翼翼的道德小宇宙的神秘世界,以及一套可以提供有关死亡和梦的过程的相当高深的心理学,把内部和外部的世界都包容进来。在努恩神的世界里,你会发现神灵和魔鬼、具有象征意义的动物和各种原型,还有后世被称作灵魂的种种原始特征,包括理性和潜意识,两者快乐地(或者并非如此快乐地)相依为命。生命的各个方面,好的、坏的和冷漠的,都会在拉神重新陷入黑暗之前,因拉神的降临而暂时带入理性之光。某些力量的暗示,如此黑暗而强大,它们必定从未被带入理性之光中。这里有弗洛伊德式的早期冲突的萌芽,也有荣格式虔诚智慧的原型。

正是从这些生机勃勃的富有图画感的开端,潜意识的四千年历史扬帆启航。它自己的旅程丰富多彩,就好像太阳神拉所经历的那样,穿越其衰弱与新生、被忽略与卓越的循环。过去的二百年来,科学方式最终开始将潜意识安放在坚实的经验土壤之中。新的进展层出不穷,不过并非全都指向弗洛伊德及其门徒想要我们信服的方向,但许多事物也会被遗忘——富贵、诗歌以及可能最为宝贵的延续性。21 世纪已经启程,我们有一些关于潜意识的精选的计划,然而却罕有如古埃及人那样精心设计的宏大叙事。

我们所知的潜意识,当然都是比喻和理论。我们不能把它靠墙立定拍下定妆照。而这些象征性的图像必须来自已知的世界。现代世界充满了已有的概念和人造物,我们可以从中汲取比喻借代的灵感——水泵和数码电脑帮助我们管中窥豹,可以比喻心与脑的动作规律。但

埃及太阳神拉经历他的夜晚新生之旅,他的太阳船行驶在阿菲波斯的腹中。这幅石灰岩壁画发现于塞提王一世的陵墓中,大约创作于公元前1200年的新王国时期

缺少这类可知的技术形式,你必须根据已知事物来推断——风景、天气、自然节律,当然还有其他人。在缺少对他人"内在性",包括身体构造、内在健康以及精神状态的更多理解时,你会倾向于不再从个体的"头脑"中为人类本性的古怪之处寻找解释,因为那种观念不是可以"想"出来的。你会倾向于转向外在,到可见的形状和行为中寻找解释。你看着土地,你听着雷声,你观察着你的朋友和你的上司,运用社会集合体的想象尽情陶造,捏合成各派势力和角色,来支撑关于梦与死亡、疯狂与不幸何去何从的寓言故事。于是,就有了火湖。于是,就有了众神。

我们能够大致将其来源划分为——风景、天气和动物的自然世界,以及权力、智慧、信任和影响力的人类世界——两大类。我们将看到,两者都源远流长。潜意识仍然会被部分地认作某个"地方",部分被认作一套非人的力量,部分被认作潜伏人格的大集合。最初外向的事物变得抽象化,尽管潜意识的隐喻部分仍然可见。但是,让我们首先举例看看这些更鲜明的比喻,并探索外在事物是如何以及为什么会内化的。为达此目的,我们必须越过时空,但在开始时,还是让我们回到自然与土地所引发的比喻中来。

特定的地理特征和地点大方地提供着各种模拟的可能,让我们从古埃及快速进入1500年,聆听柏拉图在《斐多篇》里详尽描述的死后世界。这些描述,很明显是根据他对火山喷发和西西里岛地下河道的第一手知识写成的。

> 地底下还有几条很大很大的河,河水没完没了地流。河水有烫的,也有凉的。地下还有很多火,还有一条条火河,还有不少泥石流,有的泥浆稀,有的稠,像西西里喷发熔岩之前所流的那种。还有熔岩流。这种种河流,随时流进各个空间的各处地域。

地球里有一股振荡的力量，使种种河流有涨有落地振荡……所有这些空间的地底下，都有天然凿就的孔道，沟通着分布地下的水道。一个个空间都是彼此通联的（根据杨绛译文）……相互连接的通道将大量的水由一地引向另一地，仿佛注入碗和容器中。[2]

正如这些埃及人一样，希腊人也有自己的地下王国之神哈得斯，他同样神秘而拥有地界，兼具社会学与心理学意义。不必花精力确认此类形象究竟具有文学意义或是符号象征意义，究竟是*代码*或是*神话*，因为这类形象创造出来，不是为了像今天的人们创造全球欧元这样一个坚挺的目标。富有多层含义使之毫无困难地同时共存并纠缠——真实的地界混合着象征性的含义（就像现在许多原住民仍然传唱的那样），而神秘的人物和事件远非幻想。所以，读一读柏拉图对西西里的天然地下墓穴的描述，大多会在某种程度上联想到绘制一种今天被称为"模块化思维"的了不起的预判图画。[考古学家斯蒂文·米滕（Steven Mithen）——《头脑的史前史》的作者曾经说过："如果你想要知道大脑的故事，不要只问心理学家和哲学家，你一定要去咨询考古学家。"][3]但是，我们必须明白，人们是以不同的标准来看待这些比喻和图画的，许多人也许只是满足于文学阅读，而其他人更留意到其中的心理回响。希腊人当然与我们一样，对那种突然的戏剧性的情绪爆发方式感到迷惑不解，情绪会"沸腾"，人们怒发冲冠，这时，还有什么比用火山更能很好地打比方呢？火山的恐怖爆发，火焰与蒸汽象征着火与水贯穿全球以及地下潜意识世界的混乱的相互反应。

柏拉图自己展示了各层次含义是如何精密地相互交织的。在他的神秘主义世界中，有一条叫作克里特斯河的地下河流，它的颜色是基亚诺斯（Kyanos）色的，也就是午夜蓝的颜色。从词源上讲，克里特斯河的本意就是悲伤之河；在希腊的宗教和文学中，基亚诺斯本身就是哀悼的颜色。就像埃特纳火山的不可预测一样，怒火也会突然爆发，克里特斯河的泛滥，也是一种不受控制的眼泪的蓄积。确实，这些不可能给予你解决大量问题的方式，让你知道如何应对任性的情绪，但至少它们提供了一点安慰，让你能够将自己的情绪爆发解释为自然现象（而不是一种个人的失败），男神和女神们也被安排进了柏拉图的故事里。根据神话记载，宙斯将西西里岛送给珀耳塞福涅，作为她被哈得斯强奸的补偿。而哈得斯掳走珀耳塞福涅的地方，叫作叙拉古的温泉，又被称作基亚涅（Kyane），意思是午夜温泉，据说得墨忒耳失去女儿珀耳塞福涅所流的眼泪汇成此泉。

地下世界提供了创造性的自然类比，也是情绪的类比。火山是具有创造力的——新的地形轮廓来自火山熔岩的流动。大自然的力量既有建设性，又有破坏性。大地既是珍贵矿产的渊源，也是百花齐放的根源，同时也是地震与洪水的来源。所以我们发现"下凡"一词，经年累月地使用它，把它作为利用潜意识的创造力的代名词。

最近的例子就是19世纪的神话故事《三根羽毛》。一位老国王派三个儿子出发寻找世界上最好的地毯，以便决定谁能继承领土。从城堡高处飘落的三根羽毛决定了他们三人前进的方向，一根往西，一根往东，而属于最小、最"傻"王子的第三根羽毛，却落在了城堡旁边的地上。他失落地坐在羽毛落下的地方，然而，他注意到有一个暗门通往地下。他走下去，来到一间屋子，屋里坐着一只巨大的癞蛤蟆，它送给他一幅最漂亮的地毯，绝对超过他那两个哥哥找到的普通地毯。两个哥哥原以为小弟很傻，他们根本不需费心寻找就能击败他。哥哥们向父亲抗议，并劝说父亲再增加一轮比赛……而故事继续着，直到"傻"王子最终被授予王冠，他"以极大的智慧"统治王国"很长时间"。那位传说中的"傻"王子，他不会过分骄傲，愿意挖掘自己的精神后院，也就是他的潜意识，从而创造出超级美丽的作品。而在外围徘徊的聪明人，游荡了很久，也走得很远，却带不回任何原创好作品。布鲁诺·贝特尔海姆（Bruno Bettelheim）评论说："下到地球的黑暗中去，好比堕入下层社会……这是一个傻子开始探索其潜意识头脑的童话……这个故事暗示着一种局限，智力如果不依赖于潜意识，并得到潜意识力量的支撑，就会遭遇这种局限。"[4]

但是，我们不应该忘记，潜意识有其更罪恶、更致命的一面，直到今天，也是地下世界的一种象征。喜剧和卡通经常使用这种手法。你总会在地牢里找到龙。H. G. 威尔斯的经典故事《时光机》，你如果记得，爱洛伊人住在地面上，像孩子一样欢乐又调皮；而莫洛克则害怕光，在黑暗中疾走，像骡子一样命运劳苦，备受同情——或者时光旅行者认为开始是这样的。威尔斯创造了这两者之间的怪异联系。随着时间的缓慢流逝，时光旅行者才带着恐惧之心意识到，力量真正所在的地方以及真正掌握控制权的人。（《时光机》最早发表于1895年，同一年弗洛伊德正在撰写《科学心理学计划》，弗洛伊德和威尔斯都被人性的悲悯所打动，所谓世纪末忧郁，毫无疑问，威尔斯的构思应该被归入"心理-神秘主义"而不是"科幻小说"。）

自然的许多其他方面，都可被加工为富有象征意义的比喻。风、雷、磁性等可接触的力量，构成更超凡脱俗的故事的原型，比如"上帝之怒"，或者甚至可能是风水之类看不见的能量。超凡的神灵就是这样幻化而来，并且被认为是创造力、疯狂、神奇的吸引力或是莫名其妙的不幸的来源。从《伊索寓言》《女巫的黑猫》到《雷默斯大叔》《格林兄弟》，带着他们智慧的蟾蜍和狂野的侏儒，各个年代的作者不遗余力地描述那些带着人类的特征、带着或好或坏的企图的动物，并利用它们来获取一种虚假的实证把柄，证明根本无法解释的事物，或者达到某种道德企图。就像杜立特博士那样，西伯利亚萨满巫师会与动物对话，或者甚至将他们自己变成鸟或狗，通过这样的手段来获得通往超正常世界的神秘知识的明确的通道。[5]

在许多这样基于自然的类比中,"往下"——下到地底,下到进化的阶梯下 —— 是一种对人类遭遇怪异体验时的主流比喻。"黑暗"是另一处你看到的地方,潜意识的外化和内化的版本都会多多少少地使用这些指代词语。地下世界不仅仅是一个土层下面的用于惩罚和埋葬的地方。尽管这是拉神夜间游历的地方,这也是一个太阳永远照不到的地方,或者用市井的表达,就是"永无天日"的地方。黑暗是令人恐惧的——这是夜行动物拥有优势的地方,是古鲁姆发出嘶嘶声和狼群嚎叫的地方。这是邀请我们自己潜意识恐惧的放大登场的王国。所有的猫在黑夜里都是灰色的,但它们也可能是野人。亚里士多德观察说:"在有些年轻人中间,即使他们的眼睛瞪得很大,眼珠也是黑亮的,但太多移动的形状出现,以至于他们只愿意将头包裹在恐惧中。"[6] 黑暗是鬼魂出现的地方,夜晚则是烛光幽然闪烁将鬼影投射到远处墙角的时间。

从远古到迄今一百年前,我们的先人所知道的被黑暗吞噬的世界,要比我们所认知的更为真实,也更为常见。他们因而将黑暗想象成恐怖的幽灵,赋予各种象征意义都情有可原。无论成人还是儿童,黑暗是所有人日常生活的一部分,而把黑暗看作一种形象,人们实际上是在将生命中那种潜意识的概念,那种我们无力"看穿"却顽固而持久地存在着的神秘现象,一一地织入故事的解释性环节里。只有在发明电灯之后,黑暗本身才成为一种纯粹的陌生人,或者至少退而成为一种选项。能够随时打开电灯开关的人,相比于那些需要摸黑穿越房间才能碰到床边的人,前者永远不会体会到真正的黑暗。我们用灯光照亮了夜空,直到闭上眼睛睡觉的时候才会关上床头灯,这样做的后果,使我们对那薄暮冥冥、夜色阑珊激发古人想象的状态逐渐感到陌生;对古人与鬼魂擦肩而过的经历、古典大师笔下难以言传的美,逐渐产生隔阂。瓦尔特·德拉梅尔（Walter de la Mare）在一篇介绍《注视梦想家》的散文中说，他的诗集是在讴歌潜意识，提醒我们："使用蜡烛，即使只是几个小时，也会意识到，烛光再弱，对于安静的心灵和安静的谈话，都是多么好的慰藉啊，更别提烛光映着安静的脸和沉思的眼，那是何等的美丽！"[7]在黄昏时分，我们的想象更加纷扰、更加警觉、更加蓄势待发，我们的理性头脑如画刷一般，此时会更亲密地依偎着自己一手编织的潜意识之衬垫，越发肆无忌惮地泼墨挥洒。

非人性的大自然，为扩大人性互动方面提供了鲜明的形象来源。但是，诚如我所说，大自然不甚可能在更好地处理人性互动方面提供实用的建议。除非你先用人类感受和回应来包裹大自然，否则你去祈求火山或者去战胜湖泊，一点意义也没有。但是，对人却不一样。如果你那纷扰不安的情绪并非来自自然的力量，而是由变幻莫测的人形生物引发的，即使是看不见的人，你也能够努力去说服他们，别再骚扰，或者找其他人代表你去交涉。神也许不真实，但他们却至少引导你去做你能够为之努力的事情。即使你面对着蝗虫肆虐或者一场突如其来的、灾难性的神经错乱，他们拦着你，不让你感觉自己完全地无助。这样，历史上就产生了一群像我们一样的超自然的生灵——但又不完全像我们；他们有人的形状不错，然而却拥有夸张的神力；长生不老，先知先觉，飞来飞去，力量超人。宙斯或阿芙洛狄忒，神灵或魔鬼，哥布林或梦魇精，蝙蝠侠或澳大利亚水妖——一百万或恶意或善意的类人神魔，足以合力解释你的噩运、你的烦扰，以及你突然迸发的灵感——或者只是让你继续驰骋在正常的轨道上。

即使在努恩神那令人畏惧的绝对黑暗世界里，仍是英雄的人形拉神最终吸引我们的注意力——我们的赞美和牺牲也都是献给拉神的，期盼拉神有机会眷顾我们一切安好。神灵被创造出来，最初并不是为了解释我们心理上的怪异事物，而是为了帮助我们共同抵抗自然世界（或

即使是在电灯已经十分普及的年代,薄暮冥冥引发的各种想象潜能依然丰富。画家勒尚特(Le Chantre)刊登在1934年的《异想》杂志上的这幅画,其上台灯小小的一束光,挡不住巨大的黑暗角落,一位阅读惊悚小说的女士,正将其想象投射在黑暗之中

者说日益人为的世界）。你不能控制风，也不能控制港口沙洲上的潮汐风——但如果有一位天气之神，或者有一位海洋之神，他们能做到，而他们也许能被说服，用一种更敬业、更符合人类需求的方式来做事。

在万物有灵的世界里，影响力或控制力的外观改变了，不安全感因而得以修正。而这种外观的改变，尽管只是一种幻象，也确实有着大量证据支撑。如果一场大雨确实在人们跳了祈雨舞之后降临，就能证明雨神的确存在，它也正在倾听。如果舞蹈之后并没有下雨，那就证明雨神觉得人类毫不重要，或者雨神正在生气，或者雨神心不在焉，正忙着其他更重要的事。那么，我们就得做出更大的牺牲，或者更真诚地忏悔我们的罪过。最终我们的运气会改变，而运气改变之时，恰恰又会更惊喜地证明，长期坚信与祈祷的美德真的起作用。此类有选择的意念——由心理学家所称的"证实偏差"——是普遍存在的，对于我们信仰体系的形成，据说也有举足轻重的影响。[8]这恰恰是因为相信方能看见（我们的感受是"有理论依据的"），所以眼见为实（我们的体验似乎通常都能够证明我们的信仰）。[9]一辈子赌个好运的老数字17，当然，只要你没破产，或者死得不是太早，你的信心一定会有回报……

要了解诸神和精灵会出现的缘由，我们必须在史前人类的脑袋里挖得更深一点儿。大约在十万年前，更新世的时期，人类智力开始了一个不可思议的飞跃阶段。根据英国心理学家尼古拉斯·汉弗莱（Nicholas Humphrey）的说法，主要原因是为了更好地弄清楚你的朋友和熟人在想什么。[10]如果你能够将自己的经历套在他们的习惯与嗜好中，你就能想他人之所想，推断他们想做什么，预测他们下一步会怎样做，然后揍扁他们。汉弗莱说，我们必须变得聪明，因为我们全都会成为业余心理学家和社交大玩家，能从眉头一皱或足尖一踢的小动作中猜解含义，并找到潜在的优势。（大猩猩也会展示某些这类"马基雅维里式智慧",但它们缺少人类这样能够使之大量转化思维的基因。据说,自闭症者的特点之一,恰恰就是他们无法感受和利用其他人的思维模式。)[11]

要完成你们的进化历程,举个例子,更为进化的生物,其最重要的特征是能够判断猎食者、猎物和保护者的区别。猎食者想对你造成伤害;猎物能满足你的需求,而保护者则让你在需求的时候完全信任。许多哺乳动物一出生,就能够自发地做出这些重要的判断,而且还能不断地自我调整,通过与他们的朋友和各种社交关系的交往游戏,不断地提升他们的理解力和熟练程度。小虎和小猫会轮流与它们的兄弟姐妹玩扮演角色。[12] 但当你周围的人能够出乎意料地在这些角色中转换,并开始真正地玩起游戏,其生活会变得有趣很多。然后你不仅需要掌握个人癖好的特定知识,而且需要了解读心术的大致技巧(如果你能学习如何隐瞒你自己的计划,并发布误导信息,将你的对手弄得云里雾里,那也是非常有用的,但欺骗术的进化,则是另外一个故事)。

当然,会隐瞒的人是最重要的人,也是最有权力的人——你的社交世界中的国王和王后。你细细地观察他们,你细细地聆听他们,于是你能直觉地且更准确地寻出他们的愿望和性格,这样就能更有效地操控他们——好比今天一个孩子或是雇员所做的那样,知道什么时候去要求晋升,或者为了避免枪打出头鸟而卑躬屈膝。你学到了在适当的时机,以适当的方法,认可他们的习惯,同时在适当的时机,以适当的方法,用你的臣服来承托他们的自信。你学习他们的思考方式,学习如何像他们一样思考。尽管你自己并不知道你所做的一切的含义,在今天的心理学语言中,我们也许会说(就如我之前提出的),在你的头脑中建立起一个小小的有着重要意义的工作模型,在紧急情况下用这个模型来运作,就能听到或看到他人有可能怎样做。

为了帮助你高于众人,你可以在头脑中真的听到他们的声音,他们所发布的命令或禁令。即使他们死了，他们的声音仍能由你脑海中的微芯片继续制造出来。普林斯顿心理学家朱利安·杰恩斯（Julian Jaynes）揣测，恰恰是通过这些精神模型及其使人产生幻听的表达形式，死去的国王为不朽的诸神提供了最初声音模型的依据。当然，还有远至公元前9000年的证据，证明部落统治者在其死后仍然积极地存在着，他们被保存下来，向所有人展示，使所有人都能看见，甚至也许还能"听见"。这种超越坟墓的"统治"很容易奠定演变的基础，即将有形的真实人物的回忆转化成对超自然神的敬仰。杰恩斯认为，比如说伟大的埃及神奥西里斯，实质上，就是一位"其影响力及威仪仍在的已故法老的幻听的声音"。[13]

杰恩斯推断，大约三千年前人们的大脑可能有些古怪，与你我的大脑思维略有不同。他们还没有洞识减弱这些内在声音或将其与"真实"声音区分开来的把戏，因此他们听到了内在的声音，就以为是真人在与他们说话。用杰恩斯的话来讲，他们拥有一套"分裂的思维"，住着"两套房子"，一套产生声音，另一套接收声音，而后者无法单从所听声音的特征分辨其来自一场真实的谈话，或仅仅是来自头脑内部的活动之中。除此之外，当你正在倾听内部声音的时候，周围却没有人——你不可能看见任何人的嘴唇在动。因此，他们必定就在你周围，而你只是看不见他们。根据这样一种思路，用一个真实却不可见的神或精灵来填充这个真空，这样的解释不是再完美不过了吗？而如果你头脑里听到的不是一个声音，而是一系列声音——或者如果你周围的人听见了不同的声音——你的万神殿扩大了，你在拥护的超自然世界中的生存感顿时得以强化和稳固。[14]

当然，用不了多久，社会中的权力人士就会留意到，杰恩斯有条不紊的叙述，其套路贴切地符合他们的需求，从而引导人们转向这些诸神的声音。如果这些看不见的存在的裁决和审判，恰好与他们自己的利益相吻合，他们就能够声称"神在他们这一边"。更妙的是，如果让神的宣告模糊化、象征化，他们就能将他们自己树立为灵媒或翻译的形象，以此来巩固其公众权威，确保他们不会被清算。如果神听起来就像法老，人民会像"臣属"一样回应；如果神听起来很严肃却像一位爱你的父母，人们就会倾向于信任神，并做神所嘱托的事情。更有甚者，如果这些看不见的神无所不知，而且能看穿你的内心，你便会害怕神的报应，而小心谨慎于手头所做的事，你甚至不得不努力去控制自己的想法和感受。若将这"法官"放置于人们自己的头脑中，则你对付的异见分子显然就会少得多。[15]

有些这一类的存在比其他的存在更栩栩如生，更贴近人类。比如在非洲的许多族群中，声音明显来自人们崇敬的祖先，尽管他们可能已经拥有一些超人类的特征，但他们仍然可以被辨识出"很像我们"。希腊的众神殿最初是否基于历史人物而建造，我们不得而知，但奥林匹斯诸神除了能够长生不老之外，基本上都是超能版人类的存在。然而，并非所有族群都像希腊人这样，以明显的人类方式来塑造神。比如说，希罗多德指出："我想，在希腊人的想象中，神有着与人一样的本性，而波斯人则不这么认为，以至于波斯人没有神的形象，没有神庙，没有祭坛，认为这样是多此一举，愚蠢至极。"[16] 但是——要期待争论——这类附属性的人物，越是像人类，也许就越容易被人类所矮化，将其放置在自己的心中或大脑中，就好像自己的一个神秘的"潜意识小人"一样。

今天我们倾向于认为，听见内在的声音是一种精神紊乱的表现，但在过去的历史中，这却曾是一种常见的，通常还是一种有益的体验。毕达哥拉斯、圣奥古斯丁、伽利略和圣女贞德，他们没有什么共同之处，但全都体验过极为强大的幻听。过去的两千年中，这种迹象既被视为疯狂，同时也常被解释为被神眷顾。即使在今天，大约有 200 万英国人声称自己会定时听见内在的声音,而多达五分之一的英国人则表示自己会偶尔听见。事实上,我们许多人都会听见声音,但将其当作一种常规——我们在头脑中"与自己对话"时,听见我们自己的声音,称之为"思想",我们在头脑中与许多其他人对话,比如我们会重新构建那些不满意的对话,或者"猜猜奶奶会怎么说"。唯一的不同在于,我们通常会将这些"想象中的"声音与"现实中的"声音区别开来。我们得以区分这些声音,主要是因为想象中的对话不那么紧张,或不那么清晰。尽管有时,特别是在压力之下,这种清晰度的区分会消失,我们会听见不同寻常的、清晰而强有力的声音。然后,我们可能就会经验到神谕的滋味,或者经验到至少来自十分权威的父母的声音。"我不知道这是否为我的母亲,"一个女人说,"我只知道声音听起来像她……总是贬低我所做的一切,或者不断地批评我,或者评论说我做事的理由不对。"显然,我们的祖先听见神的声音的同一种精神机制,仍然占据着我们现代生活的一部分。[17]

在古希腊这样一个社会中,听见声音,并相信这声音来自强大有力而看不见的他人,绝非一件个体的事。公众的传说和神话包裹着这些超自然的存在,即使没有实实在在的血肉存在,但它们有着实实在在的历史。故事在流传着、装饰着、延续着,在这些叙述中,男神女神成了一班演员,演绎着可能是世界上的第一出,也很可能是最经久不衰的肥皂剧。他们并非仅有个体的回应与存在。无数个世纪里,他们参与迸发着无数的警句和诗行——就像《老友记》或《邻居》中的神与反神——使他们看起来更"像我们"。诚如丹尼尔·丹尼特在上一章提醒我们的那样,那种在叙述中代表神话的欲望,与其说深藏在概念性的分类中,毋宁说深藏于我们的本性中。[18]宙斯揭示了他的个性——在他的力量与他的脆弱中——在他与赫拉持久的家务纠纷中,在他对阿耳戈英雄的冒险事业的干涉中,而不是仅仅存在于笔下的宙斯肖像的生动描写中。那种抽象的"个性"概念,就好比将智力器官称作"思维",尚未成为希腊心理学的一部分。人们在事件中生存,在行动中生存,在《荷马史诗》的故事中展现英雄。他们对人类事务的影响出现在人类戏剧的背景中——战争、悲剧、重大决策以及猜疑不决的时刻。在梦中,他们倾向于约束他们对现实困境的评论——尽管他们是否真正努力在帮忙,或者是否只是徒劳地将可怜的牺牲品引向他处,只能由个体本人来尝试或理清了。

到了古希腊的伟大史诗时代,《伊利亚特》和《奥德赛》——距离个体精神的抽象概念的出现仍然十分遥远——神灵的超自然世界仍然牢不可破。这个半神话的领域最初有着两项功能。第一大功能是,提供一套对于变化莫测的气候的默契解释——丰收、洪水、地震和此类现象——以及提供一套努力据此提升的方法。宙斯专司气候,波塞冬专司海洋,得墨忒耳专司丰收,其他各种仙女、水妖、树精藤怪各自负责个体的树、温泉和草地。神的第二大功能就是,为社会行为首先提供一套框架,进而使某种现状得以强化和固化。后一种功能,我们能够想象,恰是通过内化的权威声音来部分实现的——这种内化的权威,便是之后二千五百年来逐渐演化成的"超级自我"或者良知之声的开端。

但是,现在万神殿已经建好,承担着希腊社会中的第三种主要功能,这项功能回应着古埃及的多层次的神化体系并将其发扬光大。它正好拿来用,为人类体验中反复出现的磨难提供一种解释;而通过这样一种解释,它便播下了潜意识的种子,同时也是心理学的种子。还有负责不同方面的环境的神——风、牧群、海——各种神开始有了他们各自的脾气,并各自专注于常识无法解释的特定领域的体验。当阿伽门农想要解释为什么在一刹那的"疯狂"之中,他会偷走本已送给阿基里斯的美貌奴隶布里伊塞斯时,他坚持认为:"我本人不会这样做。绝不会!宙斯和莫伊拉以及行走在黑暗中的愤怒众神才是原因,他们令我盲目，他们令我凶残。"[19]

奥林匹斯山上多年来累积着各种英雄传奇及其演绎，故事线条与神话层次互相冲突，尽管男神女神的人物性格在这样的冲突中日渐模糊，但辨别他们的心理功能并非不可能，甚至还可以找到他们在日常语言中的影响力。尽管潘恩（Pan）是羊群的保护神，但他的忧伤偶尔也成了莫名其妙的恐惧爆发的罪魁祸首，英文中极度的恐惧就是pan-ic——所以，潘恩的忧伤被延展，使他还具备在人群中引发毫无来由的恐惧的能力。[20]而正是阿芙洛狄忒在你耳边的私语，导致你会充斥阿芙洛狄忒式的疯狂，敏感的人会表现出狂野或引起破坏性的行为。这皆因爱而生，也都打着性爱狂喜的印记。赫耳墨斯（Hermes）是一名越界者，是魔法之神，有能力以炼金术式的变化催化人性——因此造就了一个英文词hermetic，意思是密不透气的，恰似炼金术的环境。还有，墨丘利，这位善变之神，则是古怪多变、狡猾欺诈的源头。当人们行事古怪，必定是赫耳墨斯干活了。关于创造力，无论是音乐上还是足以在博物馆占有一席之地的，都依赖于某一位缪斯女神独一无二的加持信息，因为英文中的muse-ical（音乐）和muse-eum（博物馆）都来源于Muse（缪斯）。而那种因药物、饮料或醉酒狂欢、击鼓狂舞的超能量导致的理性改变而疯狂上头的状态，则全是狄俄倪索斯惹的祸。

不是所有神都会留下语言上的线索，但他们各自负责人类不幸的某个方面的特征仍然清晰可见。如果你对未来的期许异乎寻常地准确，那么只有可能是因为预测之神阿波罗在梦中向你示谕。在《伊利亚特》中，雅典娜经常被描述为神灵附体的状态，成为突如其来的勇气和力量的代言人，被称为"蒙诺斯"（Menos）。在一次战役中，她将三倍量的蒙诺斯注入她的被保护人狄俄墨得斯（Diomedes）的胸膛，给予他急需的信心和力量的提升。当任何人轻而易举地完成一件本来很难的壮举时，都会基于这种由神力支撑的蒙诺斯。在每一件人类体验过的困难背后，荷马式的希腊人都能锐眼洞察某位神祇的暗中施法。我们今天归咎于童年创伤痛苦回忆的地方，或者将大脑中的两条回路相连接的地方，古希腊人都会视之为出自赫耳墨斯神或卡拉培（Calliope）缪斯女神之手。

在此我并不想撰写超自然的详细历史[21]，只要指出最明显的事实就已足够了——超自然领域的发明，以及将其运用到人类体验的挫折中，既非起源于希腊人，也非终止于希腊人。历史上以及当今世界的大多数人类文化，都已创造并发展着此类信仰体系，并使之继续延续。明确地区分内在与外在、真实与想象的种种努力，以后启蒙时代的欧洲思维为特征，在文化和历史上都是不同寻常的。正如我们愉快地接受着"夸克""重力"或者"潜意识"这类不可见的实体和力量的现实，文艺复兴之前的欧洲人在每日生活中也充斥着天使与魔鬼、善与恶的力量，就与我们今天讲的"市场"和"全球化"一样，一点一滴都是真实的。

在欧洲历史上，大约自公元前6世纪开始，受到三种颇为矛盾趋势的影响，扩展后的希腊诸神、众英雄的大家庭，开始逐渐失去其地位。第一种趋势是，更发达的心理学更详尽的阐述及其学科的兴起，以及"灵魂"观念的发展。关于这一点，我们将在下一章展开讨论。第二种趋势是，伴随着贸易和旅游的增长，全球不再众口一词赞美希腊的神。其他族群各有塑造超自然领域的不同方式，也有解释疯狂、魔幻或者创造力的不同方式。多元主义的盛行，不可避免地削弱了确定性与信仰。第三种趋势是，将不合时宜、过于精细的神话，正向捏合成单一的神灵存在。万神殿自重过大，传说与细节过多，因不堪重负而倒塌，并逐渐被一个单个的、更世俗且不那么神通广大的类人半神所替代——早期的万王之王以及众神之神的原型，神学上的至高神，会与犹太教旧约时期里的耶和华一起，变成基督教里核心的永生神，不可见的唯一智慧之上帝。色诺芬是最早声称——"只有一神,诸人与诸神中至伟,以不似凡人之形;轻而易举统领万物;在他所住的地方从未动摇"——观点的人。

希腊万神殿——奥地利心理学家伯利·内维尔(Bernie Neville)称之为"奥林匹克有限公司"——组成了一个相当平面而分散的管理架构。而基督教以及后来的伊斯兰教的组织分层则更加严格。层级的最顶端,董事会主席的位置,坐着上帝或安拉,但为了触及并规范人间事务,一系列的高级、中级和初级经理人被一一任命。有些经理人,比如天使,绝对是超自然的,他们的工作就是将上帝的信息传给世界[英文中"angel"(天使)来自希腊文的希伯来外来词"信使"]。有些精灵是从敌对的宗教招募的对手那里偷学来的。(教皇格利高利一世曾说:"记住!你不得干涉任何与基督教教义一致的传统信仰或宗教仪式。")就像古代的国王转化而成的半人神一样,许多神灵本身都是最初的圣人——真正的具有传奇性质的智者和预言家,随着时间的流逝,转向神性或半神性的存在。然后就有了教皇、主教和包括现世的神甫、监护人和传递上帝信息和内容的信使的完整等级架构。在对手的团队中,也有成堆的妖魔鬼怪,等级制度森严,从基督教中基督的头敌撒旦,再往下,一一将人类本性中的贪婪、残酷、自私、诱惑、背叛以及其他各种内在罪恶外化及拟人化。

将令人不解的体验归因于超自然领域,这完全没有问题,但是,那个世界的居民如何行使他们的影响力,仍然是个未决的大问题。如果是诸神让我们疯狂,那他们究竟是怎样做到的呢?他们存在的故事需要一些补充,让人们理解他们究竟如何与"纯粹的凡人"沟通交流。这中间有各种可能性。第一种,我们已经探索过,就是他们直接对我说话,告诉我该做什么,或者说服我去做某些可能会转变成大灾难的事。他们既可能在我顿悟之中或在我的梦中直接这样做,也可能间接地通过一种媒介或某种类型的灵媒这样做。原则上，正如我们所见，此类对话引发的理解分歧，绝不比两个"真"人面对面的对话所引发的分歧少。但是有的时候——正如朱利恩·杰恩斯所论述的那样——自公元前8世纪以来，越来越多的时候，即使没有听到此类声音，人们也会感觉古怪、臆想古怪，甚至行为古怪。因此，必定存在着人类被神灵或精灵影响的其他可信渠道。第二种可能性，就是神灵或精灵可以直接远程控制我的思想或情感，就像有人挤占了收音机广播频道一样，他们没有事先知会我这样做的目的，以至于我只是感觉自己被骚扰、被激怒，甚至忧愤不已，却完全不知道"为什么"或"究竟发生了什么"。神的行为是有暗示的，然而却找不到任何直接的证据。这感觉就像假设，既抽象又不令人满意，但是追求更好答案却又令我们疑虑重重，究竟是什么东西，它能内化于人身，而又使人们极易受其影响呢？

最简单的可能性，不需要用"心理学"的方式去验证，就是宣称一位神或一个精灵的实体溜到你的体内，并控制了你整个人。这本身就提出了一些令人尴尬的问题。难道宙斯这么小，竟然能溜进我的体内，而我竟然无所知觉？这不符合宙斯那高强伟岸的形象。而且——就像一个孩子开始好奇，圣诞老人怎么能够一夜之间，在全球同时钻进上百万小孩子家里的烟囱呢——同样，上帝怎么会全心全意地关注小小的我呢？这是不可理解的。因此，早在古希腊时代就已经出现一种看法，一个人不可能直接被上帝或撒旦渗透，然而却会被小鬼或神灵的代理者所影响——比如，也许是一张又脏又破的旧地毯，又或许是一只老鼠——它们充满着人神的慈悲，或者更常见的，充满着恶意。一个完整的魔鬼实际上很难消化，但一只小鬼在你不知情的情况下侵入则更容易理解，而且，一旦进入，就像电脑病毒一样，小鬼们将会繁殖膨胀，或者破坏你的头脑和身体的日常程序，在关键时刻瓦解你的勇气，或者夺占你的发声线路，导致你"违背自己的意志"，大放厥词。

16和17世纪,精灵或魔鬼附体在欧洲流传甚广,驱魔者几乎与今天对精神治疗专家的需求一样抢手。在这幅画中,圣巴罗密欧正在将侵入的小鬼从一个被附体的男孩身上驱走魔鬼附体，不仅对心理学的解释要求不高，而且这种"附体"的观念更有其社会优势。在这一观念下，接下来发生的古怪言论或行为，就并不直接是你的错（就好像你得了天花，那些红点绝不是你的"错"一样）。人们当然会首先认为，你自己有弱点，所以魔鬼会选择你附体，但是你现在也得了机会，可以将你那些不良的疯狂的行为，诿过于怀着绝对恶意的入侵者，并逃脱这原先不可逃脱的责任。也许正是出于这种原因，附体现象在历史上四处开花，连绵不绝。举个例子，在性压抑的社会，比如17世纪的英法和清教徒的新英格兰以及19世纪末的维也纳小资社会，这种理论在年轻的少妇中就很流行。此类社会产生了绝大多数弗洛伊德式的"歇斯底里症"的女性病人。被附体后，无论你是行为不端，或者自私自利；无论是诅咒敌人，或是哭泣咆哮，你都可溜之大吉。甚至，如果你足够幸运的话，去质疑圣父上帝本人，也许都能全身而退。

当然，魔鬼附体自然就引发驱魔仪式，这种仪式同样可以溯源至古希腊以及大约于公元前1000年，出现在西地中海地区和小亚细亚的"宿庙求梦"。只要附体发生过的地方，某种形式的驱魔或"释灵"仪式就一定能被发现，而且这些仪式呈现多种形式，服务于一系列社会功能和个人目标。比如，如果那个受到感染某人的鬼东西，以实际的身体病变而不是以虚无缥缈的形式体现出来——如果是一种真实而肮脏的东西存在于你的身体——那么驱魔仪式就能排出毒素并展现出来。约翰·蒙罗（John Monro），其家族曾于18世纪在伦敦东区经营著名的"贝德莱姆"精神病院。他在笔记中写道，有一位沃克先生，刚刚经历了一场驱魔仪式，并且告诉蒙罗，"那位魔鬼于今晨四点离开了他，魔鬼已在他身上寄居七年，魔鬼是棕色的，其形状大致介于大鼠和小鼠之间。"[22] 即使在今天，在东印度洋上位于莫桑比克和马达加斯加之间的马约特小岛上，最常见的驱魔形式，就是由驱魔者定位并清除病人身上一小撮腐烂或恶心的东西——掸灰尘、剪指甲、清走碎玻璃，或是清理粪便——或者，如果确实很难驱除，那么就从病人的屋子或院落里清除那些同样肮脏恶心的东西。清除后的东西被展示、被扯烂、被反复踩踏在脚下，以昭示胜利——目的是迫使魔鬼回到其应该去的地方，从而放弃对受害者身体的夺占，这个目的往往都能达到。[23]

驱魔仪式的有效性似乎取决于驱魔者个体的权威和专业能力，就像在现代医学中一样。牧师和萨满总是精神满满地要去证明，他们以及他们代表的任何宗教或治疗机构，远比魔鬼本身更强有力。驱魔者必须是一位具有相当高的个人威望的人（或者正如安通·麦斯默所说的那样，拥有高度"本能吸引力"），但是个人的魅力通常被低估。"驱魔"一词本身来源于希腊文，与誓言有关，而驱魔仪式不仅仅意味着驱逐魔鬼，而且有着引入不可抗拒的已知最高宗教力量，从而使之"发誓"的意思。比如说，在基督教的驱魔仪式中，驱魔者（均为男性）会有一套开场白，比如"吾以全能上帝的名义，命令尔等万恶的魔鬼……"

仪式中十分典型的场景是在开场白之后，驱魔者与魔鬼之间会有那么几个拉拉扯扯的回合，也许涉及一些关于驱逐时间的争论，或者关于各种形式的补偿的争论。比如说，15岁的妮可·奥伯里的例子，她于1566年被至少像别西卜这样邪恶的鬼附体，魔鬼坚称，他这种鬼是黑王子一级的，所以必须由一位主教来为她驱魔，或者除非地点是在他所讥讽为"大妓院"的拉昂大教堂，否则他绝不会离开女孩的身体。妮可经历过太多次驱魔，有时是在同一天，既有日场，又有晚场，这些故事都有很好的宣传包装，不少于15万人声称曾经见过她。

在这些驱魔仪式中，别西卜在公开揭露旁观者的不可告人的罪行方面，都显得极其灵活——罪行之多，以至于大教堂的每一根柱子旁都必须配备一名牧师，接受上千人的私下祷告，他们都害怕如果不向牧师忏悔，反之就会被魔鬼公之于众。别西卜还创造了一大堆既俏皮又伤人的警句，用来咒骂对立的胡格诺派教徒。但是，这个案例以及其他的案例中，上帝的超能力最终都会勉强承认，魔鬼会说："哦，那么好吧。"然后滑下来，受害者明显解脱——私下里恐怕也不免有些失望（比如，妮可·奥伯里就养成了渴求名利的习惯，十年后，她又一次短暂"失明"——而且只能用施洗者约翰的头治愈）。

一次成功的驱魔激发了驱魔者的可信度，他打赢了一场意志道德之战，又一次加持了他所为之工作的组织的力量与操行。当然，在16世纪的法国，驱魔主要由天主教士完成，目的是要驳斥胡格诺教徒，因此在记录和传播中都有明显的表达。而且还有十分明显的欺骗痕迹以及被附体者与驱魔者之间多多少少的共谋。也许受害人确实是从感染真实疾病开始的——通常是癫痫，或者是某种幻象或幻听症状。她得到耐心的诊治，并且容忍了她本身并不喜欢的手法。有些人认为她被附体了，她就越发成为公众的焦点。有意无意地，她开始学会如何将悖逆的行为融入宗教团体的期望，甚至学会如何在形势所需之时假装一阵子发作。当地的牧师会带来驱魔师，而驱魔师十分乐意再次参与一场舆论攻势，一起对付他们共同的宗教敌人。在相关知情人的帮助下，他可以将她社区熟人的小过失告诉受害人，并且用别西卜的名字将之公之于众。这样，共谋便形成了。[24]

如果妮可的发作能够归结于直接的医疗状况，比如说癫痫或图雷朵综合征，或者来自童年创伤的非清醒的神经反应，那么，无论她或她的牧师就无法声称魔鬼附体的可能性，也就无法获取利益。很有可能，在某种意义上，医学或精神病理学的诊断都会更真实些，但是，这种真实是一种优势，却必定导致社会价值遭受普遍动摇。在"外在"的附体观点，与"内在"的体质或潜意识观点之间的历史运动，不可能离开这些复杂辩论的背景而单独看待。

在此就用一个例子来证明我在上一章曾经强调过的一种观点：对

古怪现象的不同解释的可接受性，受到历史潮流所左右，什么是不可破例的常识，什么又不是。早期的基督教会实质上是谴责一些对古怪行为的超自然的解释。公元314年的安西拉会议（The Council Ancyra）下令："所有地方的牧师都应当教导说，他们知道这种'夜间飞行'是错误的，此类幻影是由邪灵在睡梦中传送专门引诱人类。"公元785年的帕德伯恩教会会议（The Synod of Paderborn）下令："如有任何人被魔鬼愚弄，认同邪教教义，声称女巫存在，因而导致他人被烧，此类人等都必须处以死刑。"（但是请注意，上文的"魔鬼"和"邪灵"都被认作真实存在，而与此同时，"幻影"和"女巫"却被认为不存在）。有些作家坚称，"精灵"通常有一种完全直来直往的行事特质——只要你能证实。1573年，法国怀疑论者皮埃尔·马斯（Pierre Massé）注意到："你会在传说中读到淫妖如何在夜晚来到女性床边并与其交媾；她被冒犯时大声呼救，于是伙伴赶来，却发现他躲在床下，长得很像西尔瓦努斯（Sylvanus）主教阁下。"[25]

现在，我们更倾向于马斯的观点，会居高临下地嘲笑时人不懂科学常识，但当我们从自己高度个体化的角度这样做的时候，也许就低估了这种超自然立场的正面社会价值和文化价值。有许多例子，由巫师或医者治疗附体或疯狂的病症，如果仔细观察，就能够以更复杂的方式愈加认识到针对身体与精神疾病的社会机制。在典型的案例中，一位当时为罗德西亚（Rhodesia）的恩登布（Ndembu）部落的成员，后来变成社交恐惧症和臆想症的患者。"医者"发现，这个男人原先就怯懦，而社交网络需要某种程度的自信，因为他根本没有勇气获得自信，因而陷入了社交恐惧症——然而，"医者"却诊断称，其病是缘于一颗被祖先之灵咬过的破损门牙。但是，治疗涉及一种复杂的社交仪式。仪式上，这个男人的妻子和岳母，还有整个村庄的人，都被要求去指认他们对这个男人的过度要求以及毫无同情心的态度。把这颗门牙拔除之后,似乎病人就会痊愈了,整个村庄的和谐度与容忍度都会得以提升。维克托·特纳(Victor Turner)是记录这次事件的人类学家,他评论说:"与其说,恩登布'医者'将其任务看作治愈个体病人,不如说他是在给一个集体组织开药方。"病人之病主要是一个"组织肌体之烂"的一种迹象。打个比方,如果人们相信他们做某件事,是在帮助实现一种超自然的治愈之法,那么他们就更愿意"买账",如今像这样的社会组织和个体就会自愿地参与自查。以这样的方式,很可能招来的耻辱感较少,因而更容易不被反抗而得以执行。[26]

在正统的基督教义中,大多数附体的事件都被视为负面的,或者是有意被当作负面来处理。如果有人声称"通神"——也就是被上帝附体——这种说法远比这人受魔鬼力量侵犯的说法更不受整个牧师界的欢迎。如果上帝能够直接进入一个平民的身体,教士们作为传道者和调停者的能量就受到威胁。但纵观全世界,确实不是所有附体都会被看作魔鬼的行为。举个现代的例子,巴厘岛的附体通常就被看作一种欢愉而珍贵的经历。它更像是一种被解读为暂时的"理性状态的改变",而不是一种迫切需要专家治疗的长期病态。[27]它并没有被用来解释那些暴怒、破坏或诅咒的"坏"行为;相反,巴厘岛的附体概念更多地被用来解释正向的特例,比如一位传统医者的"神奇"力量,或者某位社区的普通成员,忽然爆发出大放异彩的智慧或洞见。它还被用来解释某种僵尸行为的合理性——就是某种没什么反应、麻木、仿佛昏昏欲睡的状态——就有点像西方的精神分析学者所称的极度抑郁,巴厘人称之为 *ngramang sawang*。通常,这种状态产生的原因,来自不可言状的感情创伤,或者亦有可能仅仅由于疲劳,但如果在一定的时间范围内,这种状态不能主动消失的话,它就会被归于附体。

总体而言,与附体有关的经历,在各种文化中差异颇大,但只要坚信神灵鬼怪的存在及其力量,就会广泛运用,并对其进行干预来为偏差行为赋予神灵鬼怪的新意义,甚至将某些偏离于正常程序和社会期望的病人的行为合理化。在19世纪,附体及其后续往往要求被诊断为"神经衰弱"的病人,在这段发病及康复的阶段退居疗养院,这与现代医学异曲同工,"精神错乱"的患者可以合法合理地每周三次去找医生,让那位和蔼可亲的人每次专门为他服务一小时。

贯穿人类历史,超自然世界都被用来解释人类本身的许多古怪之事。而在20世纪,人们更习惯于将其归于潜意识的门下。躁狂与抑郁、创造性与宗教体验、渎神与贪婪、梦想与野心,全都很方便地归因于神灵的工作。原因和解释被诉之于外,诉之于仿人类代理与仿自然力量的心血来潮与睿智判断之中。但是,诚如我们见到的那样,问题不断出现,这些代理者究竟如何与个体产生联系并获得控制?他们能够对我说话,但如果他们不是现实中的存在,而我根本听不到声音,那我身体里接受信息并与神鬼回应的机制又在哪儿?或者说,他们能够侵入我,在实体上霸占"我",但这中间究竟发生了什么?那种内在的力量斗争又如何外化展现?什么样的内心世界令我与入侵者相遇并战斗不息?或迟或早,甚至即使他们拥有复杂的超自然世界,仍然会有内在的心理上的问题层出不穷。关于精神、灵魂以及最终思维在不断发展的观念,不可避免地出现。而与之相随如影随形,则是潜意识本身。

所有的社会,从古埃及到今天,都无一例外出现过非常令人迷惑的人类经历与行为,也都创造过能提供或真或幻解决方式的信仰体系;奥林匹斯诸神就是古希腊人的创造;来自自然或来自祖先的各种精灵,是非洲与波利尼西亚诸族的创造;繁忙的上帝和撒旦,以及他们身边的各种天使群、魔鬼群,则是17世纪欧洲人的创造。这些体系全都用于与之相似的思维来解读各类生灵,并与各类生灵保持着半慰藉、半紧张的关系。今天的欧洲思维的形成,经历过同样的自我困惑,而且很多,欧洲也有不少理论上的内部假设体系,而且体系中诸神的行为——那些自我、超我和认同——那些典型人物与集体无意识，大体与欧洲人高度神似。但是，欧洲思维基本上选择了与这些体系全都保持着若即若离、模棱两可的关系。正因如此，我们必须着手来探讨，神秘的内在代理者的历史原型究竟是什么。

第三章

灵魂之发明：
潜意识的灵光一闪

> 对于一个虔诚的人，上帝不过是他自己内心灵魂的外在写照。
>
> ——歌德[1]

　　死亡是人类生活中最基本且又普遍令人费解的方面之一。一位朋友或亲人新丧之际，尸体既像他们生前，又完全静默毫无生息。那所有的能量，所有的个性，都去了哪里？他们生前曾经鲜活的，究竟是什么？如今显而易见不再拥有的，又是什么？毋庸置疑，一定是某种力量或某种生活原则消失了吧？毋庸置疑，一定是与呼吸有关，呼吸是生命最初也是最后的迹象：所谓元气（ pneuma ），精气（ spirit ）？当然，这种精气不能简单地消失；当然，这种精气必须继续游走，而不是被压制。但它究竟去了哪里，如果我不再能看到逝去的人们，但仍然能够听到他们的声音，当然，这就说明他们的精气存在于某个非物质的世界里？奥托·兰克说过："对灵魂的原始信仰还能来源于什么？只能源于一种对于永生的信仰，它忙前忙后地否定着死亡的力量……通过保证第二生命，保证此生后的来生，令死亡的念头不是断崖，而是更有支撑……"[2]

　　睡眠也是奇特的。熟睡的人是没有反应的，但与尸体的那种无反应是不一样的。无论我如何大声哭喊，奶奶的尸体不会起死回生，但我熟睡的丈夫会醒来。当我的孩子们睡着时，他们是静止的，但又不是那么静止不动：他们的呼吸仍在，第二天早晨他们醒来，奇迹般地精力充沛，还会喋喋不休地讲述昨晚梦里的旅行故事。这种恢复元气的过程从何而来？内在的电池究竟如何充电？他们去过什么地方？那些在他们睡着的时候拜访的陌生人，究竟是谁？为什么他们会在梦中清醒？那些奇思怪想的源头在哪里？梦又从哪里来？自人类开始思考万物并相应编织我们的故事起，每日的睡眠奇迹多么令人备感迷惑，上述各类问题又是多么紧迫地呼唤答案。在各种推测性的描述中，我们可以找到神秘学和心理学的源头。

还记得吗？上一章的内容我是以四千年前的埃及的神秘学开始的。在那个神秘的地下世界里，有着潜意识的强大象征性回声。而这些回声就在那里，更具体地说，那就是相伴相生的原始心理学。古埃及不像我们今天，有对"灵魂"和"身体"的清晰分类。古埃及的中王国没有与希腊文词语中的"精神"（*psyche*）相对应的词。但他们确实对人的内在做了划分，就像我们所调查到的那样，有"卡"神和"巴"神。巴神是意识的原则。当处于无意识的时候，通过昏迷或睡眠，正是巴神短暂地消失了。而卡神则是生命能量的基本来源。在睡眠的时候，我们仍然与卡神这条"干线"相连。卡神是给予生命的神，充满生命的能量——但它并不清醒。卡神正是潜意识里支撑生命的系统，它的存在方使理性成为可能。卡神向下连接着努恩神的重生之力量与地下的世界。巴神则向上连接幻想与梦想的世界。尽管这是很简单的理论，然而它却是一个不折不扣的心理学假设。在这假设中，每一个生存的基本谜题都幻化成一种神灵的存在。什么是生命力的原则？卡神。什么是理性的原则？巴神。这些精神构建在种类和复杂性各方面都不相同，但在本质上却十分一致，都来自那些十分伟大、光辉、正确的老

祖先的自我身份。³

此类心理学原型既不是特别现代，也不是特别西方。它们能够在古今所有的人类社会被发现。举个例子，人类学家罗宾·霍顿（Robin Horton）证明说，这类双向精神划分，正是非洲西部原始心理学的主要特征。不过，思维在何处"分割"，则大部分取决于主要的逆境被如何解释，以及处在何种文化氛围之中。西非的卡拉巴里社会很盛行这种个体不和谐的悖论——通常一个人发现他自己正在做或说某种完全不同于其期待或倾向的事。诚如艾略特也同样观察到的那样："在理念 / 和创造之间 / 在感情 / 和回应之间，阴影究竟如何降临？"

为了建构一套解释体系，卡拉巴里社会将精神划分成 *biomgbo* 和 *teme* 两种。*biomgbo* 大致上对应理性思维，而 *teme* 代表着一种潜意识，但它是与古埃及的卡神大相径庭的潜意识。*teme* 是一个人的隐秘的命运，一套潜意识的承诺，在其出生之前就已确定，很可能支撑，也有可能妨碍人的一生中更理性的意图。比如，在前世生存中，一个人可能已经取得了社会中的崇高地位，但他却不体面地跌落神坛，原因就是 *teme* 可能早已决定其永不再身居高位。现在，这个人继承了这个 *teme*，于是无论他多么理性，多么努力想要功成名就，却最终发现，一次又一次，他破坏着他自己的成就。他持续不断地，甚至无意识地插手自己的事，而他的理性思维 *biomgbo* 根本摸不着头脑究竟发生了什么。最终，他归于绝望，去寻找当地神职人员的帮助，试图找到这个 *teme* 被隐藏着的自我毁灭的承诺，然后通过一场精心的仪式努力驱逐 *teme*。⁴

卡拉巴里社会的潜意识与古埃及完全不一样，因为它主要不是为了生命、死亡、睡眠和梦而设计的，也不是为了解释理性意图和实际成就之间同样令人迷惑的落差。尽管卡拉巴里将非理性决策的支点放在前世，而不是一个人的幼年生活，他们给出的答案，令人感受到与弗洛伊德的答案有着惊人的相似。

在任何社会内部，归因于潜意识范畴的内容，实际上表达着稳定社会结构的"复杂信息"。在卡拉巴里社会存在强大公开的强制令，不可以用过分自信的方式去赢得对同族的竞争优势。但是，其实如果真的按照"天性"去赢却很危险，因为对手会启用致命的巫术来进行报复。当人们害怕被认作违背社会原则时，他们才会有很大的可能性，手下留情。他们的思维模式便提供了一种解脱困境的方式——你可以放心地停手，不再继续去赢，同时避免社会的任何指责，因为大家发现，你缺乏自信，并不是因为简简单单的胆怯，而部分是因为与你相关的那个 teme 的"天定命运"作怪。相比之下，在弗洛伊德的维也纳，也不是自信心出了问题，而是性的问题，随着时间流逝加以文化整合后发出的复杂信息，因而将性精力而非竞争力作为划分意识/潜意识的分界线，就不足为奇了。尽管——出于我们将在后两章讨论的理由——弗洛伊德心理学令欧洲人极为震惊，但其观点的本质与罗宾·霍顿所说的非洲西部的老花样，其实如出一辙。

在有关人类本质各种磨难的原始叙述中，隐藏着灵魂与精神的种子。这些种子又为 17 世纪以来欧洲文化中萌芽开花的潜意识明确的意象打下了基础。在柏拉图到笛卡儿的欧洲历史之前的历程中，这样的种子扩散着，不断地汇聚着复杂的有时也是矛盾的各种层次的含义，最终形成对笛卡儿归纳所有潜意识消蚀的反应。要在时间线上追溯欧洲潜意识观点的发展，以及其在思维中的位置，我们必须追溯到古希腊，追溯到公元前 9 世纪的荷马时代以及他在《伊利亚特》描述的特洛伊战争。从这里出发，我们能够追踪其逐渐的形成过程，经过公元前的近千年发展，追踪到潜意识的第一个公开的概念，其实是一种人类可以处理的不可触摸之"物"。它被称作 psyche，或者称为"灵魂"。

荷马使用过 psyche 一词，但他使用时恐怕头脑根本就搞不清这是什么——这只是源于希腊的一个简单的词，用来形容不可见的生命力量，能使身体在活着的时候焕发能量，而在死亡的时候离开身体。所有更有趣的人类古怪行为都交给诸神来打理，但"荷马"（如果历史上真有这个人的话，现在的学者推断《伊利亚特》和《奥德赛》是许多作者的共同作品）必会被认作心理学的远祖，因为他提及了与宙斯或雅典娜相呼应的人的内在世界的问题。如果他们的声音不可能总是被听到，他据理力争，必须还有些另外的内部接收机制——无意识地——将神圣的智慧和旨意作远距离传送。当阿芙洛狄忒按下她手中的遥控键，令我不可救药地疯狂爱上一个混蛋的时候，必定是有一种传感器在我体内专门接收信号。而按照荷马的观点，这个传感器与我们常说的 psyche 这种生命能量并不相关，而是与一种叫作 phrenes 的东西相关（按照《伊利亚特》的翻译，phrenes 就是肺，不过后来又被译为肚子或膈膜），也和一种叫作 ker 或 kradie 的东西相关，就是生理上的心脏。接收器官是身体器官，而天神影响你的方式，主要通过你的身体和情绪——通过一种脉搏加速，血液上涌，或是大口呼吸，胃痛紧张，心跳沉重。尽管 psyche 是一种潜在的生命能量，但那可触而多变的生命力 thymos 的核心，人类意识的核心，却是 phrenes。而 kradie 更常被视为情感的温床。[5]

在《伊利亚特》中，这些"感觉和知觉的器官"无法很好地共同融入任何一种连续的身体系统中去（更不要说精神系统了）。个体的人，在其精神和身体的本质上，都被视为各部分的一个松散的、不完整的集合体——用当代的说法，各个部分"模块化"，并不存在什么"整体的身体"，同样更不存在任何整体的叫作"思维"的物质。朱利恩·杰恩斯认为，当时的艺术家很奇特地将身体描述为"由安装古怪的四肢，不太灵光的关节和几乎与臀部分离的躯干共同组合成的大杂烩"。[6] 人类还没能进化成一首演奏流畅的交响乐；他的身体是弦乐器的一个小组，每件乐器由一位单独的神灵把控，而乐器的嗡鸣导致他形成富有自身特色的行为方式。不存在什么内部意志力和决断力的中心。（虽然我们如今对这种理性的内在激发机制的理解已十分先进,但我们也必须意识到,我们其实仍然大量使用着荷马时代的特色句式:"它打动了我……""我被驱使去……""那附着于我的……",以及诸如此类的语言。)我们也许会说,人体的器官,虽然称之为内部,却绝非处在任何一体化的个人控制之下,其实承担着"潜意识"的类似功能,解释着那些不可理喻的冲动和体验。诚如人们所期待的,诸神握有主权回应他们遥远的祈求,绝大多数会在压力与迷惑的情况下出现——这也恰恰是我们的行为和感知开始出格,并因此潜在地胁迫着我们的"共同的感觉"。[7]

《奥德赛》继续使用当时相当原始简单的解剖知识作为感觉和知觉器官的基本类比——但现在,这些器官开始被看作极端或非凡体验的潜在来源,而不仅仅是此类体验的接收物,有了这些,历史就迈出了重要的一步,开始在弗洛伊德和许多其他人的潜意识领地里创造出各种半独立的内部中介。现在这是你自己的 *phrenes*一些相当神秘的特质,决定着你的行为究竟是明智的还是糟糕的。在《奥德赛》里,克吕泰涅斯特拉能够抵抗阿吉斯托斯,因为她的 *phrenes* 是具备 *agathai* 性质的,也就是说是神性的,是好的。珀涅罗珀对长期外出的奥德修斯的忠诚守信也归因于她的 *agathai phrenes*。在诸如此类的描述中,内部器官不仅仅是感受的内在源头,同时也是一个道德的中介,能够用一种"更高尚"或是"更低劣"的方式来作为。尽管还没有分裂为"好的灵魂"和"坏的灵魂",但在柏拉图时代之前,一条明确的分割线早已形成,并逐渐演变成为人类最主要,也最持久的心理学裂变。[8]

如果 *phrenes* 并不总是行为端正,它们当然也不会心思端正。事实上,在《奥德赛》中,它们变成了欺诈的温床,成了小道消息和个人秘密私藏的地方。在《伊利亚特》中,人们并不总是有秘密,但《奥德赛》——像许多后来欧里庇得斯和阿里斯托芬的戏剧那样——主要情节就是掩盖真相和相互欺骗。过去是女神将秘密信息输送给她所青

直到公元前8世纪,希腊艺术家将人形加在他们的陶器装饰上。比如这个迪普隆双耳瓶,用一种高度写意的方式描绘人类。四肢和躯干几乎脱了节,都成了人身上独立不相干的部分,有序排列却不成整体

睐的英雄，现在则是大英雄自己的 *phrenes* 里本身就有此类信息的储备。在人们拥有自我欺骗的能力，对他人甚至对自己隐瞒知识、欲望等各种信息之前，其实还有一条路可走，但是内在的秘密推动着我们向着个体潜意识的方向迈出重要一步。

如果你想，你就能看出来，荷马使用 *psyche* 一词来解释较小的不那么引人注目的神秘和奇怪的事件，这种方式恰恰潜藏着心理潜意识的闪光。那些不可解释的勇气爆发或是阵阵困惑，则仍然交给神来解决，但是来自 *psyche* 的解释方式，犹如身体系统的一声突发的喷嚏。在《荷马史诗》中，*psyche* 有时位于头部，而被称作喷嚏的小型神秘事件，恰恰源自头部。头部的剧烈爆发——喷嚏，没有任何明显的理由，人们对此没有任何理性或自发的控制——这正是一种急需解释的小小的古怪之事！一个喷嚏经常被视作某种先兆。当忒勒玛科斯打喷嚏时，正是他的妈妈珀涅罗珀发愿，要奥德修斯立即返家并降灾于她的敌人的时候，她将这个喷嚏当作一个明确的信号，预示她的愿望将成真。《欧洲思想的起源》一书是关于希腊思维的一系列学术著作之一，其作者理查德·奥尼恩斯（Richard Onians）注意到，一个喷嚏就是"一种来自另一知识体系的力量的象征"，他评论说："*psyche* 似乎在多方面服务于早期希腊人，就好像潜意识的概念服务于我们现代人一样。"[9] 至少在其中某一个意义上，*psyche* 一开始只是用于解释奇特现象的各种"器官"之一。

让我跃过这个按时间顺序讲述的故事，去留意"整体心理学"（ensemble psychology）相类似的种类。在今天它仍然非常活跃。在新西兰，毛利人的心理学有一种相似的关于某人"被炸"的观点，不同的冲动或情绪指向一系列真实或臆想的内部器官。许多其他民间心理学，其最重要的关切，都是为事物以及人类行为的变化无常与不可预测提供一套令人安心的解释。为了保存这种理想化的"核心自我",使之不受各种臆想的纷扰,所谓的不幸,便只能与身体其他内在部位相关。在毛利人中,你可以讲"某人说"或"某人拿",但是讲"嘴巴说"或"手拿"也一样普遍。每一个人体器官都有"自己的思维"——眼睛提供肌肉活动的方向,以便保护身体;舌头决定什么是好的可以吃,以便保护肠胃。ngakau 一词的大意就是肠子,与一系列的感受相关,也与意识的清晰度有关。ngakau 并不在个体的控制之下——毛利人不会说"我改变主意",而是说"另一种 ngakau 出现了"。manawa,就好像希腊语的 thymos,是一种与呼吸和肺有关而又变化多端的生命活力,也被看作一系列令人迷惑的状况的归宿。超级勇气通过深沉稳定的呼吸,体现出"伟大的 manawa",而"封闭的 manawa"则是浅的或被打断的呼吸,可能成为抑郁或极度焦虑的诱因。[10]

有两种与身体的固定区域并不相关的器官,却在潜意识领域里有着特殊的意义。wairua 是"重要的精神",能够超越死亡,进入地下世界,但它在生命之中,也能到处游荡并恢复记忆,收集梦境或者激发灵感。它有自己独立的生命,与精神意识的变化无常有关,也与不存在或不可见的事物有关——继而又与潜意识以及"第六感"有关。如果忘记了一首歌的结尾,一个毛利人会在第二天说:"我现在可以完成这首歌了。我的 wairua 昨晚找到了它。"另一个毛利人晚上听到有人唱歌,会认为是 wairua 预测到有小灾将临。他解释说:"那个歌手根本不知道即将到来的祸事,他不可能探测到,但他的 wairua 知道所有的一切,这样就会促使他唱出来。"第二个"器官",tipua,是一种长驻人身体的精神,用来解释一系列奇怪的性格与行为。普通药方不能治愈的顽疾,也可归咎于 tipua,它既可能是一种强烈的焦虑(在毛利人的文化中,也可能是另一种羞愧的体验)。第一个到达新西兰的欧洲人被称作 tipua,恰恰是因为他们看上去如此古怪。

在有些例子中，这些毛利人的概念，就像《荷马史诗》一样，会在内在与外在之间徘徊。它们是一个人的组成部分，既可能产生不同寻常的感受，也可能成为外界的接收器——或者甚至就是外界影响本身。tipua 可以是一种故意扰乱人的小妖精，也可能是令妖精得以扰乱你的某个身体器官。但是，你的内部肢体和身体的器官本身，也恰是智力和影响力的中心，就像《奥德赛》中描述的那样，它们并不需要由外在媒介所激发。诚如我们所见到的，这就是发生在希腊人器官中的故事，也是发生在 phrenes 和 kradie 的故事。

然而，我们回到故事的主线上。到公元前 7 世纪，希腊诸神开始失去他们的影响力，实体器官日益接管诸神的权威和解释功能。举个例子，创造性日益被视为一种源于个体的品质，而不是诸神的赐予。根据古希腊诗人品达（Pindar）的说法，饮酒歌的作曲者特尔潘德（Terpander），声称其灵感并非源于缪斯，而是来自他自己的 phrenes。"那远道风驰而来的主啊，我的 phrenes，唱给我听！"他用诗句恳请自己的器官。在《奥德赛》中，更常见的是神将曲调传下来，再让 phrenes 捡拾到；现在，特尔潘德只是对着他自己的 phrenes 说话，好像是 phrenes 而不是缪斯，才是他的创造力的神秘之源；请注意，他并没有具体定位是他的哪一种器官——在这里，phrenes 仍然只是多少带着一点独立性质的，而且好像要哄着才能传递美好，正像诸神所做的一样！[11]

所以，到公元前 600 年，灵魂的核心就已然成形。几种最初不同的假想版本，几种原先虚拟的、应对不同迷惑场景的存在，此时开始混合。首先，出现了关于活跃的灵魂的概念——或者诸如此类支撑生命之为生命的某种事物。这种灵魂也能不仅仅被看作生命之源，更是运动和动作之源。由此还产生了这种灵魂在死亡之时不离不弃的想法，仿佛烛光，继续存在于超自然领域，一个地下世界或是天堂，也许有朝一日重新变回人形。这种想法很容易理解，经济方便，能够将这种超凡的"某物"对应于另一个世界里的事物，从而解释了令我们清醒的原因，也用它的短暂逃离，解释了我们昏迷或睡眠的原因。如果真有供亡灵栖息的超自然之域，而睡眠之人却不能前往，并用梦的形式带回异域体验的报告，那真是挺浪费的。所以，尽管这些想法在逻辑上从未相互认证，但它们却很自然地契合在一起。特别是灵魂能够独自离开身体，这样的想法就会推导出另一种想法，必有一处灵魂能够前往的玄妙所在，必有一种超越世俗时空法则，并能使灵魂获得超人类知识的超运动之力与洞察一切的神眼。而且，还必须有一个冥界——或者如果你幸运的话，会遇到极乐世界——在那里，离开人体的灵魂能够大量聚集并恢复元气，直到重新占有另一个身体。[12]

　　这种完全出自人类想象中的虚幻——长生不老、生动鲜活而又清醒理性的灵魂——帮助清理了相当一批人类体验的核心谜团，在各种看上去混乱无意义的事件中提供着一定程度的慰藉。还有，对死亡的恐惧也得以缓解，因为毕竟死亡不是终点。[13]灵魂不死也帮助解开了不平等的千古谜题。生命无常嘲弄着最简单的平等信仰。坏事得不到惩罚；暴君大多发达。大德之人却患癌，他们的孩子无缘无故发疯。"不公平！"是最原始的人类呐喊之一，不仅仅是孩子们在喊。死亡之后的生命，用两种方式帮助拉平记录——从而维护了最终的平等。它用"来生"支撑了善有善报、恶有恶报的承诺。涅槃转世延伸了时间轴，这样，即使这一轮的生命并不公平，从长远来看，事情也会扯平。你可能输了游戏的前两局，其中一局更是输得窝囊，是个争议的边线球，但经过五局之后，公平自会到来。即使公平未至，无所不见的录像在电视重放，慧眼重现，识出狡诈对手的诡计，将他送回受罚席。

　　个体灵魂概念的兴起，还产生了另一种刺激。在一个稳定的世系、清晰的社会里，公平理念的长期维系，全赖于罪恶的可继承性。父母之罪落在儿孙身上，家族中的财富与罪恶都一股脑儿代代传承。但在古希腊的早期时代，大约公元前600年到公元前450年，特别是在雅典，家族的纽带正在破裂，所以道德的考量必须换成个体，而非家庭血脉的传承。因此，唯一用道德的叙述扯平的方法，就是允许个体或者代表个体的灵魂，在从生命走向生命的同时积德积罪。将所有这些因素集合起来，你会很自然地去相信身体里存在着一个基本上自成一体的多功能魂魄。但是，为什么我会认为这样的魂魄构成了我的主体呢？[14]

对于古希腊人，同样对于非洲西部的卡拉巴里人，人类的最核心的秘密在于，内在冲突的弥漫。我认为我想要成功，但我却把所有事情搞砸了。我想要安定，但我的人际却是一场持续的灾难。我想被人喜欢，但我也想拥有我自己的方式。那种同时存在两种思绪的状态，或者明显只有一种思绪却多少心不在焉的状态，绝对与现代性或者说与西方性背道而驰。当他内心的 *Kradie* 有着不顾一切的冲动，想要杀死那个与敌人调情的女仆时，奥德修斯冷静地压制住了自身怒火的蔓延："忍耐，我的心；当独眼巨人吞噬了你的同伴，你曾经忍受过更卑鄙的事。但你仍然要忍耐，直到你的罪孽找到出路。"[15] 即使在《荷马史诗》中，有时人们也会发现一种更冷静的内在的声音，人们反而对这种声音听得更加真切，甚至比五官感受更能产生共鸣。这声音尽管小，却会在接下来的几个世纪里，成长为苏格拉底理性的灵魂概念的核心。

那种更冷静、更无情的内在声音，犹如光源，所有其他灵魂元素均由此发散。我们今天对此十分了解。"得了，安德鲁，你能做得比这更好。"我们会这样自言自语地激励我们体内更本能、更任性的部分，去找到更佳的路线。奥德修斯与安德鲁之间的区别在于，安德鲁更坚信，那个理性的声音就是他自己。

苏格拉底和柏拉图推崇理智，认为理性辩驳，但他们却是靠着抒情诗人和剧作家而非理性本身完成论证。阿里斯托芬和欧里庇得斯将内在冲突的紧张时刻戏剧化，辅之以冷静的人声咏叹，从而启发观众解读他们自身犹豫不决的各种可能的方法。这样的咏叹显得睿智，甚至敢于与诸神争论，在《米底亚》中，有这样的唱段："让我拥有真心的祝福吧，不受感情束缚……让那可恨的阿芙洛狄忒永不将烦人的情绪与无止的纷争强加于我。"

欧里庇得斯喜爱定式，那冲突的伟大时刻——特别是，米底亚的满腔痛苦，犹豫着是否要杀死她与伊阿宋的两个儿子来报复他的背叛。但欧里庇得斯不愧也是最早的肥皂剧作者，拿着笔下主角的弱点与鲁莽大书特书。即使他对诸神创伤的程度已经降低——他所使用的嘲讽的方式，却大大地削弱了诸神那早已岌岌可危的权威。米底亚，尽管她是一个凡人，但她拥有传统上神灵才会有的大部分权威拿了过来（戏剧里，她在舞台上的形象，是龙驾驭神车的写照）。但是，她拥有比奥德修斯深沉的嗓音。"我是个多么任性的存在啊！"她对伊阿宋说——不过她可没说实话。她提醒自己，身在异国，如此孤单，如此无伴："每当我思虑及此，我就会百分百地意识到我的愚蠢，以及我那毫无用处的愤怒……我承认之前失去理智；现在我一天天更了解自己的处境。"米底亚擅长欺骗他人，而在这里，她却生动地演绎了生活中自我欺骗的可能性。她认为自己误判了形势，忘记了重要的因素，将事情搞糟。

但在米底亚不可明说的精神动力学的心理模式中，"潜意识"存乎于"心"，而心是在外在力量的掌控之下的。她企望或者说利用的三种力量，分别是阿芙洛狄忒、将妒忌的怒火和谋杀的欲望强加于她的"西普里安人"；她的 *kradie*，也就是她的心，正是所有情感被接受和感知的地方，她自己的回应，由诸多回应的声音支撑着，理性地权衡着利与弊。但是，不像苏格拉底的理性之眼，米底亚看见了，却无法行动。她洞察到了，但是，在面对阿芙洛狄忒和她自己内心声音的不可抗拒

这幅于1759年由查尔斯－安德鲁·罗绘制的著名女演员克莱尔小姐扮演的米底亚，画中的米底亚公然挑衅，但她戴着头饰。欧里庇得斯将米底亚放在诸神与"纯粹的凡人"之间的位置。她像常人一样容易发怒，但却拥有某些奥林匹斯诸神般的"高于生活"的品质

的联合压力下,她无能为力。"我毫无选择,老师,一点儿选择也没有了",她这样对她的导师说话。"这是诸神和我共同策划的,我和我那愚蠢的心啊!"(这里的"我"似乎是一种符号或一个地址——它更多地揭示着戏剧冲突的地点,而非指那位活跃的"扮演者"本身。)然后过了一会儿:"我很清楚我将要犯下多么可怕的罪孽,但我的感情主宰着我的理性。"这种道德敏感性用米底亚自己的声音表达出来。她并非被诸神攫取意志才有这种意识。这就表明希腊心理学的一项新进展——个人意志的诞生。这个概念很快就被融合进灵魂的集合名词中去,并最终成为被弗洛伊德称之为超级自我的潜意识单元。它有一个声音,它能有意识地哀鸣,但却微弱得像一只刚出生的羔羊,在米底亚那里,它站不稳脚跟,微弱而不稳定。在苏格拉底的著作中,它没有时间固定骨骼,它没有一丁点儿力量。米底亚有顾忌,但那些顾忌根本不算什么。[16]

米底亚并不是卡拉巴里 *teme* 一词的对应词;一种个体传承无意识地用一种而不是另一种方式压迫她。她那种内在的精神错乱或自我毁灭的趋向,总之是与生俱来无法解释的。在《像杀人犯一样快乐》一书中,戈登·伯恩斯(Gordon Burns)用病理学背景,解释了弗里德·韦斯特和罗斯玛丽·韦斯特的行为;欧里庇得斯则不同,他对米底亚个人经历可能导向邪恶的任何方面,或对导致她更易沦为西普里安人工具的任何蛛丝马迹都完全没有兴趣。[17] 如果米底亚曾经被虐待,那是因为经历了阿芙洛狄忒那不可抗拒的激情力量,而绝非被她那受虐待的童年经历所导致。尽管米底亚的心理学要比奥德修斯里的更精细,而且她还拥有奥德修斯从未拥有过的道义的声音,但是在更强大的逼问之下,她那苦难的源头,仍然被置于自身之外。

到了米底亚的年代,抒情诗人已经开始描绘并讴歌个体经历中的成就与癖好。尽管她代表了一种新的自我觉醒,米底亚仍然像她那虚构化的前任一样，只在危机和冲突之际才会变得有趣，才会值得观察与讨论。她仍然是个典型。但当萨福宣布"有些人说一队骑兵就是黑土地上最美的事物，其他人则会宣称一队步兵，或者还有人宣称，一个舰队才是——但我要说，最美的事物其实是我爱的那个人"[18]，她在主张她个体趣味的权利。她在她的爱情中沉醉，在她的爱情的与众不同中沉醉。而她的体验变得有趣，不在于她找到了行动的理由，而在于爱情本身有趣。"当我看到你，只看一眼，我的辞藻便不归我管；我的舌头碎了，我的皮肤下蔓延着微火，我的眼睛什么都看不见，我的耳朵开始嗡鸣。"[19] 在这样的描述中，"思维"或是"灵魂"的另一种成分开始显现——就是将决断与行动的现场压力与体验脱钩的能力，或者也可以说是倾向，然后品尝这种体验本身的滋味。

体验成了精雕细琢与深思熟虑的客体，人们的关注曾经如此强大而持久地由行动的愿望而引发，现在却完全改变。于是，灵魂开始呈现另一种面目——它的身份，既是行动者，又是观察家。诗人们常常如此聚焦于个体的浪漫爱情，这绝不是偶然。希腊人、罗马人，以至现在的我们，其实都认为，爱的力量与情感，有时甚至是爱的疯狂，都与死亡或梦一样，具有神秘的吸引力。阿芙洛狄忒和厄洛斯仍然随时可以用来解释。"又是厄洛斯，使我四肢瘫软；既苦又甜的小精灵，让我元气大伤……"[20] 萨福这样写道。与米底亚一样，在仿佛天外之力的不断打击之下，她无法冷静，也不能思考。这种外来的力量让这两位女性都十分迷惑——但是，与米底亚不一样，对于萨福而言，这种力量是充满爱意的，而非带有谋杀和毁灭。尽管萨福的诗比欧里庇得斯的戏剧早了大约五十年，但那些被认为怪异而需要解释的事物的范围，在她诗句中被拓展了，而她对于这种现象的审视，如果拿来比较的话，甚至要比《米底亚》更加谨慎，且更为个性化。

在迷惑的状态下，人无法看清事件的过程和内心的动因，这种状态颇让希腊人着迷。在《荷马史诗》中，诚如你能预见的那样，迷惑不解的状态，就是阿忒女神的降临，正是诸神的精心设计，故意让你为难。但萨福的看法不一样，迷惑不解的状态，特别是在那种无法看穿他人心底感受和欲望的时刻，更多的是一种个人的品德，可以用鲜活的比喻来捕捉，但绝不是超自然的。她会说，一场风暴席卷内心。灵魂受到震撼，就像狂风灌卷而下，俯冲山中的橡树丛林。酒伤害头脑，宛如闪电般突出。这些生动的形象，与其说是在提供情感的真正来源，不如说是在定格情感的强度与烈度。

也是在公元前6世纪，"头脑"作为意识和思维之源的概念首次出现。在雅典梭伦的作品，noos（或者后来被人拼成nous）这个词其实就带有后来被称为"头脑"一词的许多用法。在《荷马史诗》中，noos指的是某种好像"观点的领域"的意思，但在梭伦的手中，这外向而纯粹的概念，就变得内在且富有象征意味。观点的领域，现在是包含着思想和感受，还有视觉和听觉的，而nous既是此类体验发生的精神"空间"，又是思考、回顾和辨别的具体器官。也许仍是梭伦，创造出"认识自己"的命令，这个概念对于荷马时代的英雄们毫无意义。一个人如何能够认识自己呢？朱利恩·杰恩斯解释说："通过以自我开始的对某人行为和感受的记忆，并综合审视这些记忆，用一个'我'字的模拟，使记忆概念化，依据各自特点将记忆分门别类，并生动描述之，以便能够了解这人下一步可能会做什么。一个人必须在一个想象的'空间'中'看见''自我'……"[21]

信仰中不朽的灵魂，能从一个人的身体进入到另一个身体，这是在大约公元前530年意大利南部克罗托内城的毕达哥拉斯及其追随者们的核心观点。尽管毕达哥拉斯所有的著作都遗失了，普菲力欧斯（Porphyry）所著《毕达哥拉斯生平》成书于公元2世纪。根据该书的记录，"每个人都知道，毕达哥拉斯说过，首先，灵魂是不朽的，其次灵魂会变成其他各种动物。"[22] 正是毕达哥拉斯,第一个看到灵魂不仅仅单纯作为个体事物,而且还是作为一个更广阔的宇宙或神性的灵魂的一部分,它能够穿越整个天际。人的身体会遮蔽和腐蚀它。少量的宇宙灵魂微粒会被人的身体割断;一部分这样的神性灵魂会凝结沉寂于人体的坟墓中。被割断的灵魂微粒,渴望与宇宙的整体再次相连接,人们的工作就是要努力清洗并使他们自己纯洁,这样才能够帮助灵魂重新连接。这中间有一个非常重大的发展,灵魂如今被视为犹如一个"真人",被暂时地囿于身体的鸟笼中,渴望被释放,渴望飞回自己的家。但只有当它被彻底净化,通过生命的一种传承,这种理想化的重新连接的愿望才会发生。直到此时,就像一个木讷的学生,灵魂被贬斥"退后",从生命迁移到生命,直到它足够成熟,能够通过"期末考试",被授予一张天堂证书。在将灵魂分离出身体这方面,毕达哥拉斯绝对比其他人更责无旁贷,相比那软弱、粗糙、易朽而不可靠的身体,他让虚无缥缈的灵魂更"真实"、更有"价值",也更有"灵性"。

早在柏拉图那著名的"洞穴墙上的影子"的比喻之前,其实是毕达哥拉斯颠覆世界,特别是颠覆人本身,头上脚下,由里而外。能被看见和可听见的,将被唾弃而单纯的概念,则被认作唯一真诚可信的现实。在肮脏、复杂、可变的外表之下,在一个人能够理解的范围之内,隐藏着神圣、纯洁、超凡的形式,那才是一个人可以真正依赖的唯一,才体现永恒的秩序、公正与和谐的原则。毫不奇怪,这种秩序与和谐在理想化的数字和公式中,以及在音乐那干净简洁的曲谱中展示得最清晰。灵魂成了每个人都拥有的抽象美和智慧遗落的碎片,但是埋在了成堆的平凡记忆和体验之中。这里有一个草拟灵魂的版本,正是笛卡儿思维的原型——内在、神秘、抽象、理想化。[23]

这种内在的幕后力量——那份荣耀——日常生活的俗世王位背后的力量,被赫拉克利特形容得越发神秘。赫拉克利特着力地鞭挞毕达哥拉斯的理论。他们两人一样，除了一些深奥的"片段"和格言警句，却没有留下原汁原味的著述。其中一段话这样写道："灵魂是构成其他万事万物的蒸气；而且，它是最无形之物，它处于永远的流动中。"赫拉克利特认为，灵魂是构成有形万物基础的"薄薄的东西"，他的指导图形是一种复杂的、转瞬即逝的浆状物，而不是一种持久优雅的形状。（颇有点像爱因斯坦之物质与能量对立统一的理论，这种"薄薄的东西"就是能量，它不时地聚集而形成物质。）

读了赫拉克利特，我们发现，灵魂的深度及其不可知性总是被一再强调。在其他片段中，赫拉克利特还写道，"即使你走过每一条能走的路，你也找不到灵魂的界限，它的本质如此深邃"，而且，"人的灵魂居于遥远的国度，你不可亲近，更无法探索"。如果把毕达哥拉斯与赫拉克利特结合起来看，你有一个灵魂，一种很难懂的内在"真实"——因为相较于普通的日常事物，它是"更高的""更深的"——但认识它却是我们的职责所在。因此就产生了"认识你自己"的使命，同时也凸显了这一使命令人困惑的本质。到了公元前5世纪，灵魂"深"不可测的想法，在希腊人脑海中根深蒂固。到公元前490年，珀拉斯戈斯（Pelasgus）是埃斯库罗斯戏剧《乞援人》的主角，他面临着严峻的问题。"现在，我们必须深入思考救赎，"他说，"就像潜水员潜向深处。"[24]神灵不会救助他。灵魂是答案将被找到的地方，灵魂也是寻找的工具。个体的认知取代了神的干涉。思维开始展现其双重个性，它既是认知的器官，本身却又很难被认知。潜意识向前迈出重要一步，更明确地与它那更冷静、更智慧的孪生理性兄弟分享。

灵魂是神性的老旧大厦上跌落下的个性化碎屑。当灵魂，至少在其"更高级的"展示中，日益抽象，日益单一，其神性的核心也相应地抽象而单一了。如果像《荷马史诗》中的英雄那样，你一个人面对几十个神，而每一个神都潜在地将其自身的一部分影响留在人身上，那么综合诸神的"灵魂",该有多么无助多元而彷徨啊!很难去解释这一切怎么开始的,更不用说去描述那些更复杂的灵魂了。因此,从方便描述灵魂这个角度来看,将所有诸神打包成单一的超级力量,方能支撑灵魂。历史乐见其成,公元前5世纪的各位有影响力的思想大咖,恰恰是这样提议的。赫拉克利特称之为逻各斯——圣约翰所谓"太初有道"的原型——而巴门尼德谈的是"存在",安纳萨格拉斯用的是"常识"。而且,作为神性理性化的一部分,唯一的超级存在也开始成长,变得更加理想化,更加遥不可及。理论上讲,日益抽象化的碎片,必定脱落于一座更加抽象化的大厦。因此,尽管古老的奥林匹斯诸神在形状、雕塑和性格上其实都"很像我们",但到了公元前5世纪的神则开始分化。我曾在第二章引用过色诺芬的句子,他说:"只有一位神,诸神与人中至伟者;他不似凡人之形;他不费周章统领万物;在他所住的地方从未动摇。"[25] 随着这位新的诸神之神占据了大众的想象,古老的奥林匹斯诸神很快便发现他们被放逐冷宫,去管理自己的一方小庙和神谕所,就万事大吉了。

大约在公元前500年,灵魂走了一段认知的弯路。Psyche 开始与 nous 合并,这不仅获得了假定的精神思维空间的含义,还代表了思维所发生的活跃器官。对于肉身凡胎之人,道德的、灵魂的神性和神秘是附加于智力含义之上的。灵魂识别好坏以及了解神灵,正是通过认知和思考的方式进行的。而"头脑"是灵魂的某个方面,提供了探索的工具。尽管经验科学仍然只是在哲学的园子里萌芽,但作为一种认知方式,这一次,体验输给了思考。体验与身体是密切关联的,而身体会败坏和不可信赖。身体只能告诉你表象,而不能告诉你真实。只能透过你的窗户凝望,并不能找到真相;你需要积极地摒弃你所知的一切,在你内心孤独隔离的密室中,真相才会如约而来。

思考的习惯也来自某种道德上的共识,通常冲动被认为是坏的行为，它是不假思索的，因此要过有德行的生活，就需要学习检视这些冲动，给你自己思考的时间。这种概念已经在《伊利亚特》中有所展现。一次，雅典娜没有直接出面控制阿基里斯的脾气，而是把自我约束的好处提醒他，从而帮助了他："所以我告诉你——这很快会应验——只要你能及时克制自己，三倍或更多的漂亮礼物将接踵而来，降临于你，用来补偿你所受的侮辱。"后来，物质奖励的愿景被更加向上的精神情感所取代——如果你先停一下，你更有可能做到行为"正确"。如果你用停顿的时间想一想行动的可能结果，你所做的行为"正确"的可能性更会加大。古希腊七贤之一奇伦（Chilon）发明了一句格言 hora telos，意思是"看看结果，想想过程"。通过计划，错误得以避免，大众的福祉得以保全。到了苏格拉底时代，有德行的生活永远与适当节制的生活携手，这在希腊语中叫作 sophrosyne。为什么灵魂有益的核心与冲动、感情和身体相分离，这里还有另外一个原因，那就是后者越来越不具有归属感，而前者开始形成某种可辨识的、仿佛自我一般的属性。

有了苏格拉底和柏拉图，理性的工具日益锋利有效，其使用更有原则，其目标更理论化、更难以着手操作。也许，部分是由于希腊城邦提供了更多的富足感和安全感，知识的目标从渴望控制自然（以及其他市民）的不羁之力，转向寻找走向富足生活的各种方法——那就是说，提升你的永恒灵魂的福祉。[26] 伯纳德·罗素认为，柏拉图结合了灵魂进化的古老趋势，最终将其糅入理性，并使之与理性密不可分。[27] 如果真理存在于深切的理解中，用智慧的洞察力去穿透掩饰的面纱，那么进行灵魂研究的最佳工具，无疑正是理性本身。

而且，诚如柏拉图在《费德罗篇》所讲："我所说的区域，是真实的居所，有了真实，真正的知识才能存在，这是去除了颜色和形状后的真实，不可触摸，却是完全的真实，是只能被智慧所接近的真实，也是引导灵魂的真实。"[28] 你不能将最严密的思考用于复杂、生动而杂乱不堪的现实世界之中，就诚如你无法用数学来解释那些哪怕是最简单、最理想的模型中原子的行为。除了在神奇的 x 与 y 的轴线上，代数根本无法运行。在一个充斥着尿片与爽约的、忙乱的现实世界里，最纯粹的思考却要求着最纯粹的形式，这种形式因而只可能是隐藏于现实之后的假设，或者只是现实世界的理想化版本而已。柏拉图、毕达哥拉斯，以及后来的笛卡儿都认为，数学提供了秩序和计算的最完美的范例。他们为每天的生活一点也不像数学感到十分遗憾。在家里，我们争论着这个或那个决定是"好"还是"坏"。在柏拉图的世界里，必须专门用一个词来表达这种纯粹的"好"，就这一点，我们便可以聊个通宵。

在苏格拉底的世界里，理性有个帮手叫作意志。一个人的理性如能更清晰地帮助他去发现"好"，穿越迷雾，看透镜面表象，那么一个人的意志力就会更加强大。要理解这一点，一个人必须缓慢有序地向前推进，精确地定义词汇，找到并消灭潜在的迷惑与误解。在苏格拉底的手中，逻辑分析成为工具，一次次地引导你，向你证明，其实你所说的，令人全然不知所云。而如果你不能解释得让苏格拉底满意，你就是根本不知对错。多余的自发性总是错漏百出，值得怀疑，而任何花里胡哨、不接地气的说法，都可以用"你这样说的意思是……"一箭射落。最后，源于智慧的希腊式自信席卷而来。直至今天，在许多课堂上仍然演绎着同样的程式。

舞台已经搭好，可供柏拉图关于 Psyche 的历史三部曲登场了。灵魂过去是，将来也继续被以各种方法一分为二。然而，过去从未一分为三，如果一分为三，柏拉图建立了模型，那么这个模型便在欧洲一直流传至今。

    让我们将灵魂比作有翅膀的马车夫以及他的车队……以人的

统治力量驾驭着两匹马，一匹是优良健壮的纯种马，另一匹则在每个方面都相反……那匹放在主要位置的马，身形高大，四肢利落，笔直地站立着，它高昂着脖子，拥有一个稍微带钩的鼻子；它的毛色是白的，还有着黑色的眼睛；它对荣誉的渴望因为谦虚与节制而缓和；它天生忠于纯粹的名誉而无需鞭打……另一匹马身体弯曲，步态笨拙，品种不好；它的毛色是黑的，眼睛是充血的灰色；它生性鲁莽爱吹牛，它的耳朵长满了毛，听力丧失，即使拼命鞭打也几乎无法控制……因此在我们的例子中，马车夫的任务必然是既困难重重，也并不令人愉快。[29]

在这种道义的小故事中，三位主角的关系似乎基于一种直接的力量测试。当我注意到我现在的诱惑客体（柏拉图用语），那匹白马"被羞耻感所激励"，因此裹足不前，而黑马则"快步冲向前"，而且"（向驾车的小伙子）提及身体之爱的甜蜜"。马车夫正在竭尽全力关注那"绝对之美"的记忆，从而控制马缰（而不是关注实际上的对称之美），但黑马很快就从刺痛中恢复。（然后它爆发出愤怒扭曲的狂吼，羞辱着马车夫和另一匹马的懦弱。）柏拉图选择一匹黑马来担当，恰是描绘一种已经普及人心的景象，我们也曾在第一章有所提及。从荷马以来，那种在人类身上世俗的情感之不受限制的一部分，通常被用动物来象征，而希腊文学中充满了将欢乐形容为"浅色的""明亮的"或是"轻盈的"，而将痛苦和不快形容为"沉重的""黑色的"。

柏拉图的马车为冲突中的灵魂描绘了一幅画，但有意思的是，尽管画中的一位主角是黑色的，但画面本身却无黑暗的阴影死角。这是冲突，但不是潜意识。尽管柏拉图的这种比喻，抓住了思维的某种主要特点，然而这些比喻没有灵魂深无底的概念，也就是说，赫拉克利特和其他人的著作已然使雅典人家喻户晓——那些灵魂有未知的深处的概念，并没有被柏拉图纳入；在很大的程度上，对于他们，人类的存在仍然是一个谜。自我认知是一件很难的事情。同样值得留意的是，柏拉图的马车似乎只能拉出来解释人类本性中明显的邪恶；如果一切事情继续按照计划进行，这马车就得封存在车库里了。

但是，在柏拉图后来的作品中，他似乎确实意识到了黑马既有鬼鬼祟祟难以理解、隐秘的一面，也有狂野淫荡的一面。比如，它愿意在梦里做事，但不敢在马车夫审视的眼睛下做事。在《理想国》一书中，苏格拉底正对阿德曼托斯（Adeimantus）讲解整体愿望与那些必须被控制的欲望的区别。他解释说：

> 当灵魂的其余部分，那理性、柔和并且占优势的部分陷入沉睡之际，被控制的欲望这一部分却仍然清醒；于是我们内心的野兽，饕餮之后开始活蹦乱跳，它逃脱睡眠，四处游走，（在梦里）满足他的愿望；在这样的离开所有羞耻与感官的时刻，像那些与随便什么人甚至和老妈滥交，像暴怒和谋杀之类的你想象不到的愚蠢行为或罪恶，人的这一部分统统会去犯罪。

我们现在会去相信梦里放飞的某种习惯和食物的特质，比如，有人会说烤奶酪——柏拉图也这样认为，理性在潜意识的嘴边站岗的警觉，当晚饭吃得过饱时会不可避免地受到削弱，放任野兽悄然进入，狂乱奔跑。[30]

在《蒂迈欧篇》中，柏拉图总结了灵魂模型，这个模型，即使不再传递那些长期携带的不可置疑的文化信息，也将在整个中世纪及之后的岁月，甚至直到今天，起着定义人类本质的作用。柏拉图认为，无论其名称为何，那些创造人类的物质如下：

它能接受灵魂的不朽原则；基于灵魂，它能着手组建一副人体躯壳；并使之成为灵魂的载体，且在身体内部构建一个不同性质的俗世灵魂，一个易受可怕的不可抗拒的感情影响的灵魂——这些感情包括，首先，愉悦，这是最大的邪恶诱惑；然后，痛苦，能够阻止善的发生；还有冲动和恐惧，两个愚蠢的帮凶；愤怒，需要被平息；而希望，很容易迷失。这些又依据不同的法则，与非理性的感受以及不顾一切的爱情相混杂，从而构成了人。[31]

"浑浑噩噩的生活不值得过。"苏格拉底如是说，但是，对许多人而言，过于节制自省的生活变得生硬而不可忍受。在其他人的心目中，苏格拉底和柏拉图的观念可悲地片面化，因而坍塌成了一种老生常谈的版本。认为最好的计划总是预先规划，考虑好如何做，然后再去实行的观念——那种深思熟虑是道德与有效行动之父的观念——成了信仰的主要公示条文。理解必须先于能力，如果一个人不经过一定的思考就去行动，他很有可能行为笨拙或把事情搞砸。尽管出现这种讽刺，主要原因在柏拉图，但柏拉图本人却出于对"黑马"有效的行动力的理解，从而克制着对理性的绝对尊重。亚里士多德也一样，他知道："要想以纯理性维系生命，只能是昙花一现。"他和他的学生在学习中是给非理性留出空间的，但许多斯多葛派和伊壁鸠鲁派教徒却没有这样做。他们的理想是进入阿塔纳西亚（Ataraxia），拥有一种能完全不受"感情干扰"的能力。这即使不是芝诺和伊壁鸠鲁所倡导的，其追随者的苦行和禁欲，也是极端地否定生命的。他们的目标是清洗思维，这样整个大脑就变得"无感情、无同情，进而完美"。[32]灵魂，即是上帝的存在，不能容忍任何瑕疵，因此潜意识的嫩芽也必须如杂草一般被彻底清除。

这种对理性的夸张信仰——相信最优秀的人是像哲学家一样生活的人——与那些对潜意识的衍生的否定，在17世纪又因笛卡儿再次风光,而且也与在公元前 3 世纪的希腊那样,引发了一波同样的反应。要过这种深思熟虑的生活是很困难的,而且也不是每个人都会热爱这种生活,因此,不管人们怎样在原则上表示赞同,他们在实践中却是大批量地转向自发的娱乐和最简朴的超自然的慰藉。理性至上的受欢迎程度,实际上只停留在嘴皮子的范围。而公元前 3 世纪,早在理性席卷全球之前,恰恰兴起一阵对天象学、魅力学以及各种奇门异道的兴趣。吉尔伯特·默里(Gilbert Murray)说,这样的新时代信仰和实践,"落在泛希腊化人的脑袋里,简单得就像一种新病毒攻入遥远的岛民身体。"[33]

旧的神灵已然走远,严格的天命决定论者却比新的理性主义更吸引人,因为后者背负着个体思考和责任的重担。魔法魅力、治愈的水晶球,通俗易懂的大师,还有江湖庸医大行其道。护身符能保命,抵抗"各种恐怖梦魇或无形恶魔",或是"敌人、诅咒者、强盗以及可怕事件"的"恶意入侵"[34],就像 18 世纪浪漫主义对笛卡儿和洛克的反抗,或者像 20 世纪,人们用脚投票,以神秘主义对抗受到威胁的理性霸权。当发现基因改造粮食的伦理危害时,或者更有基因组计划的伦理危害时,也许这正是需要一点芳香疗法和一次快速浏览占星术的时候了。

当潜意识的领域被过分排斥之际——当排斥得没有底线,只有谩骂,当承认和探索那令人恐惧而又兴奋的梦与弃的世界的边界都不存在的时候——那么似乎社会抵制的各种形式也会爆发,这样的抵制要比被排斥的异端本身还要可怕。正如多纳·塔特(Donna Tartt)所著《神秘的历史》中的一个人物所说的那样:

> 你要知道,希腊人,真的与我们没什么大的不同。他们也是非常庄重的人,也是高度文明的人,也是相当压抑的人。但是,他们常常集体狂欢,肆意纵情——狂舞、疯乱、滥杀、迷幻……

> 占卜者明显无法自控，陷入一种非理性的失智的状态，个性被某种完全不一样的东西所代替——这里的"不一样"，我指的是，某种完全不具人形的东西……我想起了《酒神的伴侣》这出戏，剧中的暴力和奴役使我不安，那嗜血神的施虐也让我发抖……这是野蛮战胜理性——黑暗、混乱，不可理喻。[35]

换句话说，柏拉图那长着黑毛双耳的黑马回来复仇了。

如果说，面对被禁锢、被压抑的灵魂—思维，斯多葛派的反应是，退却到超自然中去，那么，亚里士多德则提供另一种主导后世 18 世纪潜意识的浪漫主义观点的另一种反应。亚里士多德的灵魂观并没有超越身体，也没有把它放在身体的对立面上；在生物学上，灵魂天然而内在。身体可以用其可见部位和器官的术语来描述，但也可以用我们现在所称的"设计清单"来描述，如它们的独特功能、它们的成长方式、它们内在的需求及可能造成的威胁清单，以及它们与生俱来的处理内在利益和优先事务的资源。亚里士多德认为，灵魂不是在粗糙潮湿的身体物质中点燃生机的神样的火焰，而是各个过程的系统的层级化。在系统层级的最下端，有着基本的饮食和呼吸的新陈代谢功能。在系统层级的中端，有着运动与感官的能力，以及思辨的能力——在所有动物中只有人能够具备的思辨程度。在顶端——正像窃贼通常被认为很容易"暴露"的那样，因为他们一般无法突破自身的盗窃模式。同样，每一个物种也都能通过其标志性的习惯和系统来被辨识出来，而这种习惯和系统，就是它们的"灵魂"。

亚里士多德也一样，与其说他是指手画脚的道德家，不如说他是一个细心的观察家，他就喜欢琢磨人类心理学的奇闻逸事。他也许是历史上第一位思考记忆与忘却的神秘性的人物。在《论记忆与回忆》一书中，他点评说，有时，我们看见某物，却并不会立即知道他是否似曾相识。认识的感觉捉摸不定，直到在某个不可预测的时刻，"我们突然有一个主意，事实上，突然回想起我们以前曾经正式听过或见过的某物"。他写道，有时，我们能够通过系统性地搜索我们的记忆来取回某物；在其他的时候，它只是神秘地跳入我们的脑袋，大概是从它以前一直潜伏的内部地方跳出来的吧。[36] 这样，根据亚里士多德的说法，我们就有了种子——未来以智力方式而不是以情绪方式接近潜意识的种子——基于生物学而非神学的方式，这是一种心胸开阔而不动感情的方式，但不是那种灵魂—思维分离的没有感情的方式，不是那种极度二元、绝对道德和强加于人的方式。

在基督诞生前的两百年里，几乎所有潜意识的基本元素以及接近潜意识的方式都已经存在，大部分都十分散乱地围绕着各种灵魂观念，争夺着大众的认可。所有这些心理学建筑单元都已被启动，其推动力正是将人类本性的怪异特征赋予含义的愿望。从死亡那令人担心而又沮丧的寂静之中，从人们"善有善报，恶有恶报"的基本愿望之中，作为不灭之火的灵魂概念因而产生，那神圣的灵，呼吸着生命进入身体，积累着从生命到生命的褒奖或惩罚；梦开启了灵感，使这种情感精华有可能将自身从睡眠中的身体里分离出来，夜间起身离开到其他的世界里漫游。游吟诗人们有着赞叹和表达他们自身体验的能力，在加强这一能力的过程中，作为内在之眼的灵魂概念逐步完善。各种观察与感受，还有内在的声音，在精神的空间中漫步巡游，而观察者躲在空间的角落里，静静地坐着、看着。从人与人之间的有趣的差异中，作为个性载体的灵魂概念油然而生，而从同样有趣的对共同点的观察中，亚里士多德作为物种模型的微妙灵魂概念便应运而生。

从超自然力量到单一抽象神性的集中统一中，诞生了存在于每一个人内心之中的"上帝委派的"灵魂。从折磨与冲突的体验中，迸发出作为高贵与低劣之本性角斗场的灵魂；而从上帝的超凡化，以及现实的超凡化中，出现了灵魂本身非物质的概念，而与之相对应，人之"好的一面"，从抽象概念中大量涌现，人之"坏的一面"，则全都是兽性粗俗属于肉体的。最后，那好的部分，或者说那神的部分，逐渐与冷静的理性相关联，"不动声色、冷酷无情，因而完美"。就像一位数学家致力于代数方程式的答案一样，人性中好的部分也以同样的方式致力于道德问题。将这些元素集合成一个精神的万花筒，用手转动它，思维、灵魂、精神便成为一个整体，以星群的面目出现；再摇晃一下，让一种不同的模式呈现。在其中的某些模式中，灵魂包括了动物和有感情的事物——比如，在某些基督教神学里，撒旦被视为上帝工作的一位必不可少的施事者，是神圣计划的一部分。在其他的模式中，灵魂水晶的碎片的一部分与仅仅围绕好的部分聚合起来，而另一部分——有时两个，有时三个，有时全部——形成不同种类的实体，又以不同的方式互相影响。

尽管精神家园被称作"潜意识"、精神整体中的某一部分、意识的精神舞台的"幕后策划"等，尽管这个概念尚未得到很好的阐释，隐晦幽暗，然而，它却在经典的古希腊，语言与意象的所有要素中全都存在着。意识思维的形象犹如眼睛之窗后面那间亮堂堂的办公室，坐着一位小小的智慧人，"我"，在观察着、思考着，并做着决定，冲着"身体"这个不会说话的仆人发号施令——这种奇怪的念头直到17世纪在欧洲才得以充分演绎。现代的潜意识概念，特别是弗洛伊德的潜意识概念，正是寄生于上述的概念之上的，旨在互为完善。因此，当我们发觉在古希腊文化中被粗略和隐晦暗指的潜意识概念，也就不足为奇。但是，那正在萌芽的身份和超我的概念，将要担负起解释为什么老旧的自我，那位思虑周全的现实主义者马车夫会如此步履维艰。

在西方世界，这些万花筒理论持续震荡争论了一千五百年，但在

15 和 16 世纪之前都毫无新意。对基督教中灵魂与身体的精确关系的技术争论反复出现,这些争论在神学上有着重要价值,但此时的心理学仍然处在未发展的状态。如果你在传统的基督教教义中寻找潜意识,你是可以找到的。你能读到潜意识的力量变化成伊甸园中的羞耻和自我意识的出现,人类的身体与女性的意识与蛇的形象联系在一起。你能读到智慧之树的果实,那是可怕的后荷马时代意识,你自以为神谕告诉你的一切,不过是你自己的腹语而已。我想我正在做着上帝的工作,但实际上,那工作只是我自己。你能在象征性的荒野里,也就是《圣经》中的旷野的沙漠之地中,在魔鬼对耶稣的诱惑中看到潜意识的存在。

但大部分时候,人类苦难的体验持续化,希腊虽有茁壮生长的心理学萌芽,但长期被边缘化、被忽略,直到文艺复兴时期才被发掘。整个中世纪,超自然的世界使凡夫俗子的巨大能量和"现实"得以持续。上帝和他的天使、撒旦和他的魔鬼、天堂与地狱,圣像的神奇能量以及驱魔者的精神权威——所有这些都旨在令普罗大众害怕报应,因而努力遵守规则,并使他们不能专注于自身本性怪异的深层体验。所有这些都在 1400—1700 年的三个世纪中得以迅速改变。

第四章

哑巴仆人：

潜意识，被升华，被放逐，又重振旗鼓

> 你应当说"它想"，就像你说，"它下雨了。"只要你将它译成"我想"，我思故我在，就已经太多。
>
> ——G. C. 利希滕伯格[1]

表面上看，中世纪在身体和精神两方面，都是一个推崇确定性、斯多葛主义和艰苦劳作的时代。存在的基本问题当然要由教会来回答。上帝已经在六天里创造了世界。世界又大、又圆、又扁，被水包围，与人有益。世界由土、气、火、水四种元素构成，而人由相应的四种"体液"——血液、黏液、黑胆汁、黄胆汁构成。体液的平衡决定了你的脾气，如果体液失衡，你的身体或精神就会生病。在巨大的生物链中，万物都有它自己的位置，人类在所有动物之上而在天使之下。天使会在人类与上帝之间调停。人们有身体、有思维、有灵魂，不过三者之间的关系，还并不清晰，你也不需要问。那些神圣的聪明人会争论这些，然后他们会告诉你答案。

众人的工作，就是苦行般忍受他们艰难的生活，对于信仰，他们的牧师已告诉他们去忏悔他们的罪过；对于更有教养的人，可以使用理

性，努力从感官、记忆和想象中堕落的、不可信的真实材料中提炼出真理和知识的精华。在最后的审判面前，一切都将终结，你的生命账本将被彻底审视，你的命运将被决定，或上天堂或下地狱。所有一切都不是看上去的样子——本能的冲动是"罪恶的"，自私而粗俗的神职人员只会关心你灵魂的深处，每一件事——一只落单的喜鹊、一次晚来的霜降、脖子上的一点脓肿——都充满着象征的意味，必须被神化，只有那看不见的，才是最真实的。

然而，在中世纪，有两种心理意象广为人知，也十分值得留意。因为这两种意象是在文艺复兴之前仅有的两种能够从直接观察中推导出潜意识精神活动和潜意识结构存在的意象，也是仅有的两种试图以公开方式描摹精神场景背后过程的意象。第一种是公元3世纪新柏拉图主义哲学家普罗提诺提出的"普罗提诺之镜"。他是一位有心理学家偏好的哲学家，通过观察，他对潜意识24小时的存在确信不疑。"即使我们没有意识到，感觉也仍然存在。"他说，"而且理性观念的缺失，并不能证明精神活动的缺失。"我们只是在注意到思维的时候，才能够意识到思考的过程，他认为这就是事实。为了解释这一事实，他想你存在着一面灵魂的镜子，而镜子的角度决定了灵魂的所作所为是否能够被折射到意识中来。

> 当（这面镜子）在灵魂中存在时，思考和头脑的影像就会被折射，我们看到的只是后者——被折射的影像，从而知晓，原来思维和灵魂是如此活跃。然而一旦（这面镜子）被打碎了（或者被放错地方），由于有机体的和谐被干扰，于是思维和灵魂在思考却没有镜像，也就是说，思维存在却少了它自己的内在影像。[2]

有意思的是，普罗提诺将镜子放置在了人的身体内部，然而却能从外部看见意识本身。镜子将外部"阳光"反射到灵魂的私下活动中来，从而将灵魂照亮。

第二种有指导意义的意象，是记忆作为知识宝库的比喻，对于找寻它，有时很困难——或许是心理黑暗的地下墓穴，或许是《心之书》，而书上的文字深奥难懂。地下墓穴的意象源于奥古斯丁，就像普罗提诺一样，他不仅从生理，也从心理的角度来理解人类。他知道他的"精神工作"需要严谨地对待自身——但他也知道做到这一点很难，他自己的思维很有可能和他玩捉迷藏，将痛苦的记忆和思考常常隐藏。

> 耶和华啊，你曾使我转向自己，从背后将我带离我所站的地方，就是我不愿意作自我反省的地方；你曾使我与自己面对面……我看见了自己，就厌恶自己，却不知道往哪里飞去。

奥古斯丁认为，上帝在他的生活中扮演的角色之一，其实就是一位心理治疗师，在他本心想要逃避的时候，会强迫他关注自身的方方面面。奥古斯丁承认"逃避和忽视其实都是有意识的"，他的这种认识相当于最初的抛砖人，引出了19世纪关于抑郁的重要观念。头脑会有意识地动员起来自我隐瞒——头脑创造出自身的潜意识领域——这种观念正是源于奥古斯丁。

为了解释他如何能够逃避自己，奥古斯丁创造了记忆的地下墓穴模型。他所说的记忆包括我们所有的思想和经验，也包括"任何其他出于安全起见被信任地保存的事务"。当他努力回忆某事，就会启动不同的内部档案管理员。"有些会立即浮上水面；有些要过一会儿才能记起，就仿佛它们曾藏于内部的隐秘角落慢慢被带出来一般……而如果经过短暂的时候，我不再关注的话，它们就会再次沉没，退回到记忆中更遥远的细胞中去……"尽管名称不同，这里实际上冒出了另一种版本的潜意识，这是一种不可接触但却并非故意隐瞒的精神内涵。而在奥古斯丁的意象中，记忆的浩瀚与不可捉摸，有助于解释横卧于每一个灵魂核心的秘密：

> 记忆是一个巨大的、不可估量的避难所。谁能测量它的深度？但这是我灵魂的力量。虽然这是我天性的一部分，但我不能完全理解我自己。这就意味着，心灵太狭隘，无法完全包容自己。但它本身并不包含的那部分在哪里？……当我考虑这个问题时，我茫然不知所措。它让我困惑。人们走出家门，惊奇地注视着高山、波涛汹涌的大海、浩浩荡荡的河流、环绕世界的海洋，或是沿途的繁星，但他们并不关心自己。[3]

[请注意，奥古斯丁的困惑因当时使用的"心灵"（或"灵魂"）一词的模糊而变得更加复杂，"心灵太狭隘，无法完全包容自己"，听起来确实自相矛盾——但其实你无法区分"心灵"与"意识"只是在"思维"与"记忆储存"时才会如此。这种困惑一直困扰着我们的词汇量。]

对奥古斯丁来说，记忆包含两种东西——个人的记录以及"受委托而安全保管的任何其他东西"——奥古斯丁的意思当然是"上帝的话语"，每一个灵魂进入这个世界，都是预先设定的，就像在一台新电脑上安装的 Windows，或者像一本神圣的使用手册。事实上，奥古斯丁用相当引人入胜的意象的一本书——《心之书》——来补充他的地下墓穴的意象，在这本书正文前的左边书页印上了上帝的话语——尽管用的墨水很淡、很稀，会褪色或模糊，使阅读变得困难——而右边的空白之处，则可以写满你自己的每天思想和行为的日记。你一路写下来，有好的也有坏的。你的工作就是尽你所能，不断地破译神圣的教导，不断地重读你的日记，你就能完全忏悔你的罪愆。你努力过上一种尽可能好的生活，这样，你会让左页和右页的悬殊尽可能地保持在一个小的范围里。

即使在4世纪，这样的意象也很普遍。奥古斯丁的同时代人，米兰的圣安布罗斯（Ambrose），告诫他的会众不要让他们的罪覆盖了他们心灵中早已存在的神圣文字。"如果你过着正直的生活，上帝的文字将永远流传。请注意，不要抹掉它，不要用你的恶行墨水来书写。"[4] 一个世纪之前，当"书籍"仍主要是卷轴时，埃及哲学家奥里根（Origen）写道："这些书现在被卷起来，藏在心里，里面有我们行为的书面记录，可以说，上面有良心的谴责，除了上帝，谁也不知道。"[5] 对奥里根来说，上帝似乎比我们自己更能直接接触到这些记录。他能在黑暗中快速阅读，而我们则必须费力地展开卷轴，在我们自我意识的闪烁的烛光中，不确定地注视着它们隐隐约约的铭文。只有到了复苏的号角吹响之时，所有我们自己的一切，才会向我们展示。奥古斯丁说："一生的完整意义将一直隐藏，直到我们无法控制的死亡来临，才会得以揭示。"潜意识的灵魂仍然主要居于神的领域，但对奥古斯丁来说，比起之前居于每个人的生活核心的那一点点神性，潜意识的灵魂更加微妙而周详。现在，它有了自己的结构和运作模式。[6]

中世纪后期，人们更加清楚地认识到自我审视的真正意义。忏悔的心理功能越来越强。埃托利西多会修道院的院长、斯特拉的艾萨克解释说，我们的目标是更充分地了解我们的罪是从何而来，又是如何产生的。我们反复地揣摩自身的一切行为，正是为了推断出行为背后的理由——我们并不喜欢我们所看到的，所以，越是更加准确地了解自身，就越是更加强烈地被上帝所吸引。艾萨克认为，我们阅读《心之书》，是为了找到"在我们心中升腾的一切事物的缘由，包括思虑和感受的本源、欲望和冲动的起因、理性和愉悦的根源"。原来，早在弗洛伊德诞生前七百年，艾萨克就已开始布道。[7]

《心之书》,作于 1485 年。由圣格杜勒大师所作的这幅佛兰德肖像画中,展示了一本心形的书。此类图形在 15 世纪和更早的时期,十分常见

因此，生活在中世纪的人们，他们的内心世界拥有一些非常强大的意象，这些意象以某种方式强调了这样一个事实——其实对于我们自己，我们自己是难以理解的，唯有上帝的恩典，通过努力，才能做到自知之明。但所有这些都被牢牢地束缚在了恐惧与希望交织的道德情感的框架内——既害怕你的罪会被发现，因为它们量大质沉，拖累你无法进入天堂；又希望以足够的勤奋与虔诚也许最终能让你升上天堂。并不是内省本身能带来好处，当时的人们感知个性的差异也少，不像我们现在千差万别。即使为了娱乐而创造出的很多关于人类行为的歌曲和故事，但就好比希腊史诗或是今天的漫画那样，它们的量多，却通常只讲述人物的一维向度——或是"贪婪的""精明的""勇敢的"——在各种考验和苦难面前，要么奸诈、背叛，要么高尚、忠诚。

原先混淆着的从众性与一致性，逐渐被一个楔子撬开，而楔子那锋利的尖端，也许正是一种全新个体化温和人际关系特质的发现（或者也可以说是一种创造）。大约在乔叟时期，大量最初具有神学意义的词语，逐渐以一种更亲密、更亲切、更家常的方式呈现，比如多情（*amorous*）、调情（*dalliance*）、温文尔雅（*debonaire*）、快乐（*delight*）、愉悦（*pleasure*）、美丽（*beauty*）、同情（*compassion*）、激情（*passion*）、耐心（*patience*），已经被神唤起并指向神的各种感觉，现在都可以用来谈论人际关系了。欧文·巴菲尔德（Owen Barfield）在其优雅而权威的《英语词汇史》（*History in English Word*）研究中指出，这种微小转变的累积，开启了"人类个体灵魂的新意识。一方面，它有独立存在和独立活动的意识，它有深不可测、高不可攀的特质，人们带着恐惧或颤抖、希望和喜悦，还带着轻快、欢乐、痛苦、愤怒、绝望、忏悔等各种情绪来探索它。而另一方面，它又纯粹是一个内心世界的感觉"。（我按照巴菲尔德的原文，用斜体标出可能出现新意味的关键词。）[8]

人们慢慢地觉醒，原来他们能够为自己而思考。当然，独立思考的兴起并不是没有招致反对意见。教会发现,此前不容置疑的权威不管用了,普通民众的怀疑日益增多。这种怀疑是个深切的威胁,需要加以遏制,宗教法庭则成为第一个奥威尔式的"思想警察",无情地刺探人们的思想,并负责将初露端倪的怀疑和问题踩死。但是,今天所谓的"尊崇贬值"则走向了过于强烈的另一极端。在接下来的两个世纪里,在整个欧洲,甚至连游吟诗人和说书人的公共世界里,也开始更多地描述人类心灵和爱情中表现出的微妙性、自主性,甚至是自我接纳。像薄伽丘的《十日谈》这样的故事,展现出更加无耻、无礼,甚至下流的一面。教会一向艰难地(至少在字面上)谴责碰上色情和娱乐记录,但人们却开始放胆欢庆。神职人员和贵族引发更多富有洞察力、批判性的长篇大论;更丰富、更大量的心理学词汇出现,用来讨论人们的潜在动机——通常是不值一提的动机——并剖析他们的性格和缺点。不过,人物角色仍然是二维的,也是功能性的,诚如伊恩·瓦特在《小说的崛起》中评论的那样,不过是"展现有趣情景的必要手段而已"。[9]

并不是说教会毫无反抗地放弃了阵地。公开质疑任何基督教教义都属高危,更别提质疑上帝的存在。举个例子就能明白,只有到了18世纪,才有最大胆的怀疑论哲学家,敢于"站出来",就灵魂不朽这个话题聊上两句。他们的怀疑论前辈们,曾经偶有暗示异端学说的可能性,并且谨慎而泛泛地谈及不得不隐瞒自己的真实提问和真实观点的情况。1696年,约翰·托兰(John Toland)发表一篇文章,讨论了包括毕达哥拉斯和柏拉图在内的许多哲学家,称他们"小心谨慎,只向极少数人透露过自己的真实判断,正是害怕迷信者的愤怒与暴力"。他指出,甚至连耶稣,也用寓言来隐晦传达信息。16世纪的意大利医生杰罗拉莫·卡尔达诺(Gerolamo Cardano)在讨论灵魂不朽这一烦人的问题时称:"所有的智者,会公开为俗人叫好。这一事实,连他们自己都不愿相信。"骨子里崇拜马基雅维利的沃尔特·罗利爵士（Sir Walter Raleigh）建议称："智者应该像一只双底的保险柜，即使别人打开看，也看不到全部。"[10]

当然，一般来讲，很少有人会在自己的生活中不计后果，人们甚至不敢提一句这种明显离经叛道的伪善学说。但是，个人私下怀疑的存在，再加上人们日益认识到私密体验的重要性，进一步丰富了自我欺骗的思想——以及由此而产生的一种观念，就是大脑的一部分故意藏着掖着，却不让大脑主人知道——这种观念即将萌芽，并发展成一种比奥古斯丁所能描述的更为多样化的概念。他固然很清楚自我欺骗的种种歪门邪道，但当年可供他驾驭的语言和概念资源却极其有限。

15世纪的社会动向，有一种就是探究人际欺骗可能性以及个体自我欺骗可能性的兴趣日渐大众化，这就冲破了上述的限制。人们不再需要过度关注你应该做什么，也不再痴迷地追踪你的精神银行账户里不断累积的灵魂借贷，他们反倒对自己和周围的邻居正在做的事产生了更浓烈的兴趣。如果我所做的事可以作为一个线索，来揭示我内心的感受、渴望和恐惧，那么我就可以利用其他人行为的细节——一串脚步声或一个白眼——来推断他们可能在想什么。如果我们都想得到同一样东西，多谋善断就能让我处于优势。这就是马基雅维利式思维，每个人或多或少会有，就连黑猩猩这样的动物，也证明拥有这种想法。[11] 但这种想法只有在大操纵者马基雅维利自己的时代，才被提升到如此既有意识又有艺术的高度。

1521年5月17日，尼科罗·马基雅维利（Niccolo Machiavelli）私下向他的朋友弗朗西斯科·吉恰尔迪尼（Francesco Guicciardini）承认："很长时间以来，我都没有说过我真正相信的话，也没有相信过我自己说过的话，如果我确实偶尔说过真话，我也会把它藏在太多谎言之中，使之难以发现。"在八年前出版的《君主论》一书中，他解释说，面对臣民的动机和恐惧，只有秉持现实主义，铁腕无情，才称得上有效的统治。"人们通常会这样形容人类——忘恩负义、首鼠两端、假仁假义、谎话连篇、趋利避害。"统治者必须对这些认识善加利用，作为权术操纵的基础，同时始终表现得诚实和透明。他必须有技巧有胆识，用人家的规则击败所有业余权术家。"最能模仿狐狸的人，最能成功。但是，狡猾应善加隐藏，伟大的统治者必然也是伟大的伪装者和伪君子。"[12] 16世纪有一句流传甚广的格言，"nescit vivere qui nescit dissimulare"，意思是"不懂撒谎的人，就不懂如何生存"。但是，马基雅维利冷眼旁观，透彻地分析他的同类缺乏自我意识而易被操纵的本质，堪称典范。[13]

人们对于权术操纵的兴趣日益升华，自然引发更大程度上的自我控制和形象管理技能的提升。随着掩饰的艺术变得越来越普遍和微妙，人们不可避免地会更加意识到内心的体验——比如贪婪或愤怒——与慷慨或宽恕的外表之间是有差异的。莫里哀的小说《伪君子》的主人公，曾愚蠢地试图用虔诚的信仰来掩饰自己的贪婪和野心，引起人们一阵嘲笑。那个时代，普通人已经对经验和外表之间的差异更加敏感，并且善于利用这种差异牟利。

然后，到了16世纪末，莎士比亚出现了。他对欺骗了如指掌。他笔下的麦克白夫人这样建议她的丈夫：

> 要欺骗世人，
> 必须装出和世人同样的神气，
> 让您的眼睛里、您的手上、您的舌尖，
> 随处流露着欢迎。
> 让人家瞧您像一朵纯洁的花朵，

可是在花瓣底下，却有一条毒蛇潜伏。

[（麦克白，I.5）根据朱生豪译文]

但是，莎士比亚对自我欺骗的理解，却也使他能够将许多新潮的无意识萌芽汇集成书，并能通过他笔下人物的嘴，予以清晰的描述。他笔下的人物，往往正在披荆斩棘，努力穿越自己的心灵泥沼，要为心底里那份感情、恐惧或欲望，找到一个拨云见日的原因。阿基里斯说："我的心烦躁不安，如一汪被搅动着的泉；单凭我自己，完全看不到泉眼在哪儿。"（《特洛伊罗斯和克雷西达》，III.3）《威尼斯商人》一开始，安东尼奥大声地反思他当时的沮丧情绪：

真的，我也不知道为什么这样忧愁：
你们说你们见我这样子，也觉得很厌烦；
这真叫我厌烦；
可是，我怎么会让忧愁沾上、扑上、撞上，
这忧愁竟为何物，又从何处产生，
谁能告诉我！
这样的忧愁啊，使我变成一个傻子，
纷纷扰扰，难以自知。

（《威尼斯商人》，I.1）

他困惑，但他却不能一股脑儿地埋怨外在因素。荷马笔下的阿基里斯，还有米底亚，都已遥不可及。当荷马的英雄们遇到同样的困惑时，就会解释说，一定是阿芙洛狄忒或雅典娜用阿忒神填满了他们的心灵。但是换了安东尼奥，却成了他自己的困惑；要想驱除困惑，也必须依靠他自己的智慧。如果套用弗洛伊德的说法，也许他的忧愁里藏着他不愿意承认的事情——巴萨尼奥对于他的吸引。莎士比亚的男主角与米底亚一样，独白着他们自己的困境；但是，两者相比较而言，米底亚的剖析虽然也很痛苦，却显得粗糙而棱角分明，缺少莎士比亚笔下的那种精心打磨的圆润与精细。

当然，在莎士比亚的笔下，爱情常常被带入不可知的深处。罗瑟琳渴望让西莉娅明白她爱奥兰多"有多深"。"但这爱无声无息，我的感情深不可测，好似葡萄牙湾。"舌尖眼利的西莉娅则回答说："或者，不如说，是个无底洞；你越快地倾注爱，它就越快地从另一头溜走。"(《皆大欢喜》, IV.1）罗瑟琳以为她的爱会是无限的，但是，她的朋友提醒她，她仍然有着对爱人的不安全感，因此才会无休止地寻找一切蛛丝马迹，去证明爱有回报，仿佛只有如此，才能让人安心。莎翁只用短短几行，便将思绪变成一口不可言说的深井，或者一只漏洞百出的水桶！这是多么复杂微妙的心理学啊？

在弗洛伊德之前三百年，《环球报》的读者们被教导说，想法和思维能够钻进你的身体并"占有"你，不仅是半成形的妖精或老鼠这类物质。伊阿古对奥赛罗的嫉妒"这一种思想像毒药一样，啃噬着我的内脏"。(《奥赛罗》, II.1）麦克白夫人的罪恶感变得难以忍受，她的丈夫这样向医生求情：

> 你不能为愁云惨雾的大脑服务吗？
> 你不能将根深蒂固的忧伤从脑海中拔除吗？
> 你不能将白纸黑字的烦恼从头脑中销毁吗？
> 再来点甜蜜的健忘解药吧，

  把那些沉沉地压堵我心的胸中致命块垒
  一扫而光？

  如同任何一位优秀治疗师一样，戏剧中的这位医生回答说："您这样的例子，需要自我治疗。"(《麦克白》，V.3）

  事实上，莎士比亚真有那么一种颇受欢迎的治疗偏方——睡觉。就像在古希腊的宿庙求梦一样，"那纯洁的酣睡，能理清忧虑的乱丝"，睡眠能"疗治受伤的心灵，是自然的二度生命，是生命筵席上的营养极品"。（《麦克白》，Ⅱ.2）我们在《冬天的故事》一开始就被告知，到波希米亚的游客通常会得到"梦游饮料"，这样他们的批判性思维就会平静下来，他们的逗留也会变得更加愉快。失眠是邪恶的后果之一——"自从卡修斯初次鼓动我反凯撒以来，我就睡不着觉，"在《尤利乌斯·凯撒》(Ⅱ.3）一剧中布鲁图这样抱怨。莎士比亚研究学者约翰·维维安（John Vyvyan）评论说："在许多章节中，莎士比亚将治愈与睡眠联系在一起；因而相当于我们现在将无意识与重建联系在一起。"[14]更笼统地讲，他说："据我分析，莎士比亚本人对精神分析法的掌握程度，恐怕已达到现代精神病学家或他们的病患难以企及的高度，只不过用了不同的术语而已。"[15]

  莎士比亚知道，潜意识的思想、欲望和感情往往会使人的感知发生偏差。有"别有用心的术士会迷惑人心"，(《错误的喜剧》Ⅰ.2，根据牛云平译文）人会从内而外地改变。当亨利王子说"我绝没有想到还能听见您的声音"时，他的父亲冷漠而感性地暗示道："哈利，你所愿所想，我烦你久等了。"（《亨利四世》Ⅳ，第二部分，根据张顺赴译文。Ⅳ.5）当格洛斯特出现在亨利六世国王被关押的伦敦塔的房间中时，亨利十分警觉，这是完全正确的。格洛斯特就是想让他更加不安，他说："人凡做过亏心事，总是满脑子猜疑，贼偷了东西，生怕每个灌木丛里都有捕吏。"(《亨利六世》，第三部分，V.6，根据覃学岚译文）显然，莎士比亚自己亦曾犯过这种感性"错误"，因为他又回到了《仲夏夜之梦》（V.1，根据朱生豪译文）的主题："夜间一转到恐惧的念头，一株灌木瞬间便会变成一头熊。"[16]

不仅是感知，还有冲动和行动，都是由无意识的欲望推动的，莎士比亚可能是第一个阐明了投射、"反向作用"和其他防御机制等复杂心理概念的人，比如那位疯疯癫癫的毫无价值的李尔王，却总能像人们期待的疯子那样，挤出一句句宝石般的智慧言语。提议什么都没有发生，李尔王脱口而出：

> 你这可恶的教吏，停住你的残忍的手：
> 为什么你鞭打那个妓女？剥光你自己的背；
> 你自己热切地想和她犯奸淫，
> 却因为她跟人家犯奸淫而鞭打她。
>
> （《李尔王》，Ⅳ.6，根据朱生豪译文）[17]

正是教吏自己投射出来的欲望，导致他下意识地恶毒鞭打，也许莎士比亚借此告诉我们，听一听疯癫的李尔王对缺乏自知之明的哀叹吧，他周围的残忍和混乱恰恰由此而生。

柏拉图确定了四种"疯"的状态——精神错乱、诗意、浪漫和神圣。莎士比亚害怕处理神圣的"疯"，但在《仲夏夜之梦》中，他所赞同的其他三种类型其实非常相似，全都源于过度活跃的想象力。

> 疯子、情人和诗人
> 都是幻想的化身：

> 有一种人撞见的鬼，广阔的地狱都装不下；
> 这种人就是疯子。情人也一样反常，
> 会将埃及人的眉眼视作海伦的天资丽质。
> 诗人的眼眸受狂放灵感的驱使，
> 顾盼一遭，
> 就能将天上地下的事一览无余。
> 想象会造就未知物的形态
> 诗人的笔再赋予它们具体形象，
> 原本虚无缥缈之物，
> 便有了居所和姓名。
>
> （《仲夏夜之梦》，V.1，根据邵雪萍译文）

他很可能已经将梦放在炽热的幻想这一类，因为在《罗密欧与朱丽叶》中，有一段著名的"麦布女王"演讲。在这段演讲里，莎士比亚安排茂丘西奥严厉抨击罗密欧，因为罗密欧不仅没有来由地拒绝与凯普莱特一家共进晚餐，还找了个"先知托梦"的牵强借口。茂丘西奥于是也假装做了一个重要的梦，但他声称"做梦者谎话不休"，然后嘲讽地继续说，"我梦见麦布女王曾和你邂逅"，她"有时经过一位廷臣的鼻子，然后他就会梦见有机会因公揩油"，还有其他类似的荒诞。罗密欧抗议道："你就会胡诌。"茂丘西奥就此回答说："不错，我诌的是各种各样的梦，梦本来是闲汉脑子里幻想的丰收，它只是空虚，只是无益的乌有。"（《罗密欧与朱丽叶》，I.4，根据辜正坤译文）和许多其他事物一样，莎士比亚对头脑有关的事物有一种独特的现代视角，对超自然事物的态度至少是毫不含糊的。

如果无意识处在思虑之湖的混浊湖底，你就必须向下探寻，窥入

尤金·德拉克洛瓦（Eugene Delacroix）于19世纪中叶创作的这幅水彩画，捕捉了哈姆莱特与霍拉修沉思的表情，他们当时正在墓地里调侃约利克的骷髅头骨（莎士比亚《哈姆莱特》第五幕第一场）

湖水，方能注意到它。几乎可以断言，有了内心自省的习惯，有了总想看穿感情欲望之不明起源的习惯，才有可能从经验出发揭示内心奥秘，这就是先决条件。尽管奥古斯丁早已发现，他很难看穿自己，但是，只有到了莎士比亚，才会再次将内心过程的表达带入更高层次。理查二世在庞弗里特堡的地牢里备受煎熬，他有足够的时间来思考自己的心路历程。宫廷繁忙社交的世界与他如今的孤独状态之间，只有他自己的思想一以贯之，他用比喻来形容：

> 我把头脑化作灵魂的妻室，
> 把灵魂化作头脑的郎君，两者媾和
> 生出一代鲜活的思想；
> 这些思想存在于这个小小的世界，
> 也像这个世界中的人一样，有自己的性情，
> 因为思想是不会满足的……
>
> 故而我一人之身，扮演众多角色，
> 却无一开心。有时我是国王：
> 反叛的念头迫使我希望自己是乞丐，
> 于是我就沦为乞丐。穷困难挨之际
> 我觉得还是当国王好些的。
> 然后我又成了国王，不久，
> 我想我已被波林勃洛克废黜，
> 什么也不是了。

（《理查二世》，V.5，根据孟凡君译文）

如此种种，听上去，完全像个当代的冥想者，闭目盘腿，于垫上凝神，脑中连绵不绝的节奏，回荡着日常的细思妙想。理查所谓的思想之子代表着他灵魂的互补和冲突的一面，代表着占据他潜意识的半人类亚人格的声音。事实上，一个"国王"被一个复杂而且充满阴谋的叛乱的富贵宫廷所包围，这种构思恰是一种丰富的反映自我冲破层层束缚，击破阴谋集团的内在冲突形象，自我最终必须尽可能地采取明智的行动，阴谋集团则为达到自身目的，在幕后密谋策划使坏。

理查和莎士比亚本人，都在这里"穿越自我探知的暮色，摸索前行"[18]，也许这就是热热身，十七年后，我们在《暴风雨》中普洛斯彼罗的口中所听到的才华横溢的内省之言，还有普洛斯彼罗与他自己的人格化身卡利班之间的纠缠之中，找到了这种探索的成熟表达。事实上，我们可能会发现，莎士比亚的许多角色都是些典型人物，将某种灵魂的声音特征外化、具象化——美丽的年轻女性戴安娜王妃，代表着爱——奥菲莉亚、苔丝狄蒙娜；年长的参谋代表着智慧——波罗尼乌斯、冈萨洛，以及一个人灵魂中那种人格化的"缺陷"——伊阿古，甚至卡利班自身都可以成为例子。荣格将这些典型分别称作"阿尼玛""智慧老人"和"阴影"，但莎士比亚的发现却比他早。[19]

当业已成熟的莎士比亚正在进行他最复杂的心理学研究——《暴风雨》之际，在英吉利海峡的对岸，来自法国图尔城拉海镇的一位年轻学者，开始为他的心理学研究奠定基础，莎士比亚戏剧中几乎所有的微妙，都将从这种研究中消失。和莎士比亚一样，勒内·笛卡儿是17世纪早期五大运动——个人主义、内省、进步、怀疑和分离——的继承者。人们对此兴趣浓厚，不仅想知道他们自己有多好或多坏，还想知道他们共同的潜在威胁或资源是什么，更想知道彼此经历的细节。士兵、外交官和传教士的回忆录热销大卖。关于人作为独特个体如何不同的问题，以及尽管不同，人又在本质上如何相同的问题，早已有大量辩论。旅行者的故事之所以有趣，不仅因为故事满足了人们对差异性的兴趣，还因为它们包含了作者的思想和思考——他们努力探索自己的经历，并简单地将它们联系起来。故事包含着内省的种子。

　　人们对自我完善的可能性和过程也产生了一种必然的兴趣。不仅在基督教的道德化意义的层面上，而且在"旅行开阔心灵"以及人的观点和期望可以改变这个层面上。1620年之前，改善一直是个法律术语，意思是划出废地范围并耕种。现在，人们却可以"改善"他们自己。其他社会新闻激发了人们对历史变化的兴趣：产生了群体会随着历史的推移而进化的惊人想法。它并不总是"像这样"。弗兰西斯·培根的"归纳法"，鼓励人们环顾四周，并将他们的信念置于事实的检验中，而事实要基于系统方法的观测。路德具有叛逆性质的宣言"这是我的立场；我别无选择"，正是一种对独立思考的呼唤，在整个16世纪震荡回响。所有这些，都是由越来越多的对合法性的质疑所推动的。像"好奇""探寻"这类字眼，曾经是虔诚者眼中的鄙夷，如今却焕发着对学习与发现的无比热情。

　　这样的发展影响了世界上人们的自我意识。在整个中世纪，就像在古希腊一样，内部和外部之间的区别远不像今天这样得以清晰地描绘或感受到。当时，世界的四种成分与构成人的四种气质之间有着十分密切的联系。恒星和行星被视为生命体，能够影响——即"流入"——人体。但通过更多地关注心理学，17世纪的人们开始更清楚地感觉到，物质世界是外部的，也是陌生的。主观性和客观性正在分离。人们"存在于"并且"属于"这个世界的感觉，或者，如果你愿意，也可以说成，人们成为嵌入更广泛系统的某种生态元素的感觉，正处在大发展的过程中。人们吮吸着内在的自我感，远离了大地和天空，甚至逃离了自身的血肉之躯，向着思想和感觉隐身着的私人阴暗世界不断地探索。曾将人与世界联系在一起的灵魂概念，正被丝丝缕缕地剥离，取而代之的是一个冰冷而机械的宇宙,和数以百万计的单独的"自我"和"大脑"。[20]

在这样的氛围中,诞生了笛卡儿,他怀疑一切,认为世间没有什么值得信任的。除非依靠他自己的观察力和智慧,方能发现外在世界和内在人性的真实可靠与腐朽易变。从外部看,笛卡儿的理论与柏拉图和毕达哥拉斯一脉相承——他想把宇宙变成抽象、优雅、美丽的数字和方程式的组合。他想把实际运动与冲突中的种种烦冗的细节的脏肉切除,只剩下干净、清晰的自然法则的骨架。放在人身上,也该是这样。人类所拥有之物中,哪有千真万确属于"灵魂"因而自带神圣属性的呢?人类的所需、所做、所感、所想之中,有多少可以放心委托给没有知觉的生物机器呢?还有,生物机器之外的存在,究竟是什么呢?如果不能单纯地从物理过程和原因中推导产生,是否因此代表着一个完全相异指标的领域呢?有什么是人自认不可或缺的呢?又有什么在经历了怀疑的手术刀后得以保存呢?

笛卡儿在上述这一系列崇高的探索中遇到挫折。首先,人们对人体及其"自身"能力的直接了解甚少,因此人们总是容易低估身体的能力;其次,当时只有少量相当粗糙的技术工具,可供笛卡儿用作身体的隐喻,帮助他实现身体的概念化——主要是钟表和液压机械。比如他无法解释物理系统如何产生意识。他认为身体是一种聪明的液压自动机,其中的运动是由于肌肉被一种神秘的液体"泵出",这种液体从大脑沿着狭窄的"管道"(即神经)流动。由于对大脑的复杂性和力量缺乏任何了解,很明显,这种机制无法解释说话、思考或有意识的能力。

第三,笛卡儿生活在一个概念世界里。在这个世界里,最重要和最明显的事物,是那些对彼此有影响却通过彼此互动而保持住各自身份的事物,就好比台球桌上的球。实体是主要的,也是主动的;过程和变化是次要的,也是应变的。所以他倾向于寻找某种类似代理的东西作为人性的根源。(他总是想把"实体"注入"身份",同时又想把"身份"拿掉。）而到最后，他对灵魂的信仰却坚不可摧——上帝在我们的体内植入了神圣的微芯片，他对这一古老理念深信不疑。他坚信一定有什么东西是不能简化为物质的，自然而然地（就像我们大家所做的那样；笛卡儿在这方面并不例外），他找到了他最初想要找到的东西。

长话短说，他通过上述视角审视自己，发现他几乎可以怀疑一切，没有什么可能成为"核心人性"。他不能怀疑的一件事情是，他正在有意识地进行怀疑和思考。他从这一观察中推断出三件事，所有这三件，实际上，都可以证伪。第一件，他总结说，必须有一个"他"——一个在幕后进行怀疑和思考的内在实体。第二件，他推断，这个"他"的基本特征，是从事着此类有意识的怀疑和推理。第三件，他认为组成人的物质，在原理上是无法支撑这个有意识的思考着的"自我"的。看看我们的身体，一方面，众所周知，它完全是由肌肉和各种半黏液组成；另一方面，再看看我们的"思维"，以及种种珍贵的思考和认知，即使在今天，要说前者应该能够产生后者，也会让人笑掉大牙。当然，两者是不同种类的物质——笛卡儿称之为"广延之物"（也就是物质的东西）与"认知之物"（也就是思维的东西）。

就像他之前的许多人一样，笛卡儿在感知上有一个小问题。他既然清楚地感知到这个世界，却又与追求感官食欲舒适度的凡俗世界紧密地绑在一起。但是，只需微调"思想"一词的含义，似乎这个问题就迎刃而解。他在《沉思录》中宣称："思想是一个涵盖我们内在一切的词，并且用一种我们能够立即意识到的方式存在着。因此，所有意志、智力、想象力和感官的活动，都是思想。"思想的过程被重新定义为"意识"。经此一番推导，他返回干巴巴的原点。"那么，我是什么？"于是他反问。"一个能思考的东西。那什么是能思考的东西呢？它是一种会怀疑、能理解、肯构思、或赞扬、或否定、有意志、能拒绝的东西，也是一种想象和感觉。"而且，他写信给他的朋友和导师默森："关于这个怀疑的命题……在我的内心,也就是在我的头脑中,没有任何东西是我意识不到的,我已在《沉思录》中证明了这一点,这个认知来源于以下事实,灵魂独立于身体而存在,灵魂的本质,正是思考。"

仿佛一刹那间,"灵魂"变得多多少少不再晦涩与神秘,其概念已被榨干挖空,并转变为"可认知的""大脑"。令笛卡儿满意的是,这种"大脑"已被确认完全分离于身体,也完全分离于整个物质世界,并已成为完全基于意识而假想出的"智能器官",或者说,理想的情况是,完全基于系统性有意识理性的练习而假想出的"智能器官"。因此,我们的身体,仅仅是一架无意识的非智能机器。身体也是欲望和情感赖以存在的地方,因此欲望与情感也同样缺乏人们所理解的任何所谓智能,更与"精神"不沾边。净化后的心灵,才是我的"身份"的天然家园;明亮的心理空间,就在眼睛后面的某个地方;"我"就在这个空间里,坐在宽大的皮革扶手椅中,如同威严的首席执行官,注视着映入眼帘的事物,做着决定,发布着命令,让愚蠢卑微的身体仆人去执行。内省是直接的,没有争论的,至少在原则上是完整而准确的。("我清楚地知道,没有什么比我自己了解自己的思想更容易的事。")有意识的观察家、思想家和煽动家则会问"我是谁",所以根本不存在所谓"潜意识"(更不要说身体这种生理机器)。潜意识的心理状态或过程,这种想法本身就不可理喻;如果有任何这样的事情(事实上没有),它肯定不属于智力范围,也不可能与"我"有丝毫关系。证明完毕![21]

这就是笛卡儿学说的传统的意象——由笛卡儿二元论带来的种种误解,被可怕地清晰化、具象化,渗入到欧洲文化,并逐渐传导至全球文化之中。传统的意象总体上是公平的,但并非完全公平。与人们想象的不一样,笛卡儿本人并未执拗于他笔下的干巴巴的人性形象,而是对人类体验的其他方面更加开放。美国哲学家阿米莉·罗蒂(Amelie Rorty)认为,笛卡儿的二元论,可能既反映了他在智力上的关切,也反映了他在政治上的关切。他很清楚，法国教会反对科学的发展，他搬到荷兰，正是为了避免被迫害。也许他还辩解过，对灵魂现实的公开质疑，将导致对整个科学工作的打压。帕特里夏·丘奇兰德（Patricia Churchland）认为，笛卡儿的一些论点带有明显的缺陷，这颇为令人不解，难道是故意"为富有洞察力的读者留下挑剌的乐趣"？²² 二元论的核心问题是，身体和灵魂如何"交谈"？解决这个问题的尝试都挺荒谬——比如让二者通过松果体沟通，因为松果体只有一个，而其他任何器官都有两个。（笛卡儿本人在《沉思录》的后期曾说过，"我和我的身体结合在一起……如此复杂，与（它）交织在一起，就好像我和它形成了一个整体。"那么，这是他宝贵的二元论的代价吗？）²³

在某些地方，笛卡儿承认经验形式的现实，这一点尤其重要，因为这是被他的正统学说（这是吉尔伯特·莱尔发明的称谓）所抹杀的。笛卡儿很清楚直觉的价值以及它所能带来的惊人智慧，但他选择将这种形式的认知归于上帝，而非头脑。在《第二沉思录》中，他承认了一个更大的问题——尽管他很小心和诚实，但他仍有可能在事情上犯错。那么笛卡儿如何处理这个问题呢？他声称："有一些骗子既非常强大，又非常狡猾，他总是利用他所有的诡计来欺骗我。"这骗子是谁？嗯，这不可能是上帝，因为过了一会儿，他断言"上帝不可能欺骗我"，而且，他也拒绝采取明摆着的选择——那就是"魔鬼"。但是，如果这"骗子"是笛卡儿本人的一部分，它又不可能是"身体"，因为身体是哑的，而这个"骗子"器官却有着高度的智能："它恶毒和狡猾，它竭尽所能不遗余力地欺骗我。"这样看来，它必是笛卡儿自己思想的一部分了——这个部分一开始看起来可疑，很像无意识的一个版本——这个部分到后来就从正统学说中被净化出去了。

笛卡儿还在其他地方谈到，"迄今在我头脑中自发产生的想法"，还有"某种东西可以不经我同意就呈现在我脑海……而且我还完全不可能不去察觉它",这是事实。他清楚地看到,许多判断和结论都在意识中涌出,但未必在意识中得出。"我留意到,我习惯于对这些物品评头论足,而我的判断却在慢慢地权衡和考虑各种可能令我做出物品判断的理由之前,早已形成。"他再次承认,在他自己的头脑中,可能有比他所能看到的更多的东西:"尽管这些想法……不依赖我的意志而存在,我不认为人们应该就此得出结论,认为它们来自与我自身不同的东西,因为也许在我身上可以找到一些器官,尽管我至今还不知道是什么导致并产生了这些能力。"[24] 瞧!一旦无意识被踢出了前门,它会从后门再悄悄地溜进来——甚至溜进笛卡儿自己的著作里!

我们甚至可以说,是笛卡儿首先描述了移情现象,或者说类似移情的现象——当代精神分析学家珍妮特·马尔科姆(Janet Malcolm)称,移情现象是弗洛伊德所有发现中"最原始也最激进的发现"[25]。笛卡儿去世于1650年,三年前,他曾在写给他的朋友坎特(Canut)的一封信中描述了这种迷人的洞察力:

> 我还是个孩子的时候,我爱上了一个和我同龄的女孩,她有点斗鸡眼;因此,当我看着她那双发散的眼睛时,我脑海里产生的印象和我心中激起的爱的激情是如此的契合,以至于很久以后,每当我看到斗鸡眼的人时,我更倾向于爱他们,而不是爱别人。仅仅因为他们有这个缺点,然而我不知道这就是原因。因此,当我们在不知道原因的情况下爱上某人时,我们可能会认为,这是因为他们与我们以前爱过的人有些相似之处,尽管我们不知道那是什么……[26]

笛卡儿十分重视自己的梦境,这一点众人皆知。他讲述了他在1619年11月10日晚上做的一系列的梦,梦醒后他开启了他一生的工作。

其中第三个梦叫作"清醒梦",也就是做梦者意识到自己在做梦的梦。笛卡儿在梦里发现自己正试图解释早期的梦。在第三个梦中,他正在攻读两本重要的书,一本是字典,另一本是诗集,特别是一首名为"Est et Non"("It is and it isn't")的诗。在梦中,他决定用字典代表科学和哲学知识,而诗集则代表非智能的智慧。后来笛卡儿用第三人称记录了他自己:"诗人……充满了比哲学家更为严肃、更有感情、更能表达的句子。他把这种神奇现象归因于内心神圣的热情〔"心中充满着上帝"〕,归因于想象的力量{想象力送来智慧的种子}……这是理性做不到的。"他接着说,"Est et non"这首诗代表着人类知识中的真理和谬误,特别是指科学中的真理和谬误。的确,"正是真理的精神,想要通过这个梦,向他打开所有科学的宝库。"对笛卡儿而言,这就仿佛"奥林匹斯诸神通过他的潜意识向他传话一样",而我们的理性大祭司,非常严肃地接受了这一信息。[27] 总而言之,我们必须得出结论,正统学说与其说是完整的图景,不如说是普洛克鲁斯忒斯那强求一致的铁床,笛卡儿本人也清楚地意识到,很多不适合的东西,被强行忽略、扭曲或曲解。我们不能确定的是,这种扭曲在多大程度上是认知和战术上的,在多大程度上是他的理性的传教士热情的无意识的反映。

"正统学说"出版后几乎立即吸引了辩护者和反对者。约翰·洛克在其《关于人类理解的论文》中强烈赞同笛卡儿将"心灵""意识""智慧"和个人身份融合在一起的做法。他这样写道:

〔一个人的本质〕是一种思考着的智能存在,拥有理性与反思,可以在不同的时间和地点考虑同一件事物;它只有通过与思维不可分割的意识来做到这一点,在我看来,意识对于思维不可或缺——任何人要想去感知事物,前提必须是他能感知到自己具备感知的能力。当我们看到、听到、闻到、尝到、感到、冥想或想做任何事情的时候,我们知道我们在这样做。意识总是伴随着思考,正是意识使每个人成为他所谓的"自我"。[28]

不久,大卫·休谟(David Hume)在18世纪初简洁地断言,"大脑的感知是完全已知的","意识从不欺骗"。[29]

同样是休谟,将大脑的形象十分清晰地表述为一种精神"空间"——"一个剧场,在那里,好几种知觉相继出现、传递、再传递、滑动,并融入无数不同的姿态和情景中。"[30] 但就连休谟也意识到,如果用剧场舞台打比方,人们第一时间会问,那么那些舞台之外的支持,场记、技术支持、排练室都在哪儿呢?"我们不能被剧场的比喻误导……我们对这些场景所代表的地方或构成这些场景的材料,其实连最基本的概念都没有。"[31]

有一种观点认为,每个人都有一个全副武装的头脑,既提供智慧发生的场地,又提供产生智慧的劳动力;这种观念还认为,"我"必须参与其中最重要的角色,也就是主要思考者的角色。这种观点很快就发展壮大,并成为欧洲传统共识的核心。很快,人们开始通过这种理念模式来体验自身,这种体验很自然,也很连贯,以至于人们习惯于融入日常生活中的这种模式,几乎将它看作生活的一部分。这一理念模式的核心观点在于,它完整一体,没有什么不可以解释,因而遇到它不对付的现象,就被持续忽略或曲解,就如同笛卡儿自己不得不做的那样。然而,悖论现象无处不在,就比如说,意识丧失的例子,比比皆是,可能伴随头部受伤、昏厥、睡眠或甚至只是片刻失忆等情况一起出现。然而,根据正统学说,这些现象就必然意味着"我"在这片刻时间内并不存在。正如笛卡儿自己所指出的那样,思想常常"突然跌入你脑海"或"猛然出现",这意味着意识常常是头脑的展示柜,而不是它的发动机。口误、普通人的直觉和梦境本身——人们一天的体验中,都会有几十次,拒绝乖乖躺在笛卡儿的普洛克鲁斯忒斯之床上,拒绝砍脚式的完美。然而,令人惊讶的是,许多人并没有注意到这一点——至今仍然没有。正如"常识"所做的那样,正统学说变成了美国心理学家查尔斯·塔特(Charles Tart)所说的"两相情愿的恍惚状态"。

但有些人确实注意到,他们的自我意识正在缩小,以适应笛卡儿对心灵、自我和灵魂的过于简化的看法。他们的声势很快就会聚起来,大声抗议。洛克的论文墨迹未干,英国柏拉图主义者约翰·诺里斯(John Norris)就大胆回应了普罗提诺的观点:"我们可能有一些自己都没意识到的想法","我们头脑中塞入的想法,远远多于我们所能意识到的。"[32]

在法国,笛卡儿的朋友布莱斯·帕斯卡(Blaise Pascal),是一位技能高超、思维缜密的思想家,他就拒绝承认意识是他的全部。在他的《苦行僧》一书中,他观察到人性的内在深度和真知灼见很少被理性所说服,却常被修辞技巧所左右。"说服的手段不仅仅是举证〔也就是说,拿出证据〕。需要举证的东西可真少啊!〔其实〕习俗〔才〕构成我们最有力的证据……它吸引着不假思索的人欢呼追捧……"而且,他最著名的醒世警句,就是告诉世人以下事实,尽管我们费尽周折了解自身,但是,"心有自己的逻辑,而理性对此一无所知"。

与帕斯卡一样,本尼迪克特·德·斯宾诺莎(Benedict de Spinoza)和托马斯·霍布斯(Thomas Hobbes)坚持把他们对心灵的看法建立在它实际运作原理的基础之上,而不是建立在一套关于它应该如何运作的先验假设之上。比如斯宾诺莎在1678年的《政治论文集》中取笑笛卡儿及其前辈对人类情感的批判态度,由于采取此种态度,自然就会哀叹现实而推崇不可能的乌托邦,在乌托邦中,"他们正在做着了不起的事情"。斯宾诺莎不一样,他说:

> 我细心地工作，不是为了嘲笑、哀叹或咒骂，而是为了理解人类的行为；为此目的，我细细观察诸如爱、恨、愤怒、嫉妒、野心、怜悯之类的激情，以及头脑中的其他忧虑，不是将它放在人性本恶的框架中，而是视之为社会属性，置之于与之相关的环境中，就如同热、冷、风暴、雷电等之于大气的自然环境一样，尽管这些天气现象会给人带来不便，但它却仍是必然的。[33]

如果没有斯宾诺莎和马基雅维利的例子，小说家和哲学家恐怕会仍然着迷于理想的人性，而对实际人性的兴趣就不会像现在这样上升得这么快。

斯宾诺莎和霍布斯都留意到，"自由意志"这一新的概念，体现了某种精神能量，能够编造和鼓动行动过程，而不受严格的事件推导约束，却没有考虑到帕斯卡的潜意识之"心"。斯宾诺莎直截了当地说："人们认为自己是自由的，因为他们知道自己的意愿和欲望，甚至在梦中也不考虑决定他们的意愿和意愿的原因，因为他们不知道这些原因。"在正统学说中，如果你不了解它们，它们就不可能存在，因此，在解释你为什么这么做时，任何解释性的空白都必须用"灵魂"或上帝来填补。霍布斯说得更加富有诗意：

> 陀螺在男孩子们的抽打下，有时会撞向一面墙，有时又会撞向另一面墙，有时不停地旋转，有时会蹦到人的脚踝。如果陀螺能感觉到自己的运动，就会认为它是出于自己的意志，除非它感觉到谁在抽打它。那么，如果一个人跑到一处争取利益，跑到另一处谈点便宜货，和全世界较着劲挑着错要求改正，只因为他自以为忙忙碌碌全出于自己的意志，而茫然不见导致他的意志的种种鞭打，他难道比一个陀螺更有智慧吗？[34]

令人困惑的是，大卫·休谟本人，那个声称"意识永远不会欺骗"的休谟，竟在后来的著作中比帕斯卡、斯宾诺莎和霍布斯走得更远，承认我们不仅对我们自己的某些影响和动机茫然无知，而且还很可能主动地藏匿一些，又宣扬另一些，以此制造一个在我们自己眼中更有利的自我形象。休谟的这番分析，既呼应了奥古斯丁，又成为弗洛伊德理论的前驱。"事实上，我们的主要动机或意图，经常与其他动机混杂纠缠，好像和我们捉迷藏一般，而我们的头脑，出于虚荣或自欺的原因，却饥渴地追逐着那些无关紧要的动机，使之看上去更受欢迎。"这一段非常重要，不仅因为它极具现代性地使用自我欺骗这个词，而且因为这可能是第一次"头脑"本身被认为能够使用人类动机和心理策略。现在，这已不仅仅是内部剧场，它已经变成了马基雅维利式的人形存在，深藏不露，激发出意象管理和意识管理的公开机制——恰如弗洛伊德在他的理论中顺手拈来的那种内化的"上帝"或"恶魔"。休谟甚至推荐说，梦的分析是"了解我们自己心灵的绝佳方法"。我们性情中的慷慨或卑鄙，温顺或残忍，勇气或懦弱，带着无限的自由，以想象力编织小说，并发现（也就是说，揭示）自己最耀眼的颜色。[35]

休谟承认潜意识特征和动机对梦的影响，但他仍臆想着认为，梦的表达不受限制。他低估了可能存在的内在的对立和心灵的斗争——比如柏拉图的马车夫所经历的——以阻止这些力量为人所知。然而，这种斗争——也是弗洛伊德杂烩学说的另一个组成部分——在当时有被报道。1644年，也就是笛卡儿《沉思录》出版三年后，在巴黎，火药阴谋者之一埃弗拉德·迪格拜爵士的儿子发表了一篇论文，在文中他强烈地支持理性的审查功能。他警告说，在某些情况下，"激情送给幻想者的那些精神能量和暴力程度是如此之大，以至于现在理性无法平衡它们，也无法遏制它们的冲动。"[36]

因此，第一波反笛卡儿的抗议者们坚持要提醒世界为他们所熟知,亦由莎士比亚金句所采纳的一句话——思想对它自己而言是不透明的。笛卡儿试图把人的思维表现得像玻璃盒子里的钟,所有的工作都能完美无误,可供检查,但这并不奏效。这不是我们体验自己的方式。要想用一个整洁、理想化然而虚假的理论来取代混乱而精确的观察结果,显然并非进步。

还有几种思潮,也是对正统学说的回应,也许我们应该感谢笛卡儿,他错误地试图将心智概念化,这迫使其他人在随后的三个世纪里,更加仔细地思考各种各样的解释方式。丰富而古怪的人类体验,需要恢复和发展潜意识的概念,从而在理论上将它涵盖。大致上,三个主要的趋势是浪漫主义、精神病理学和认知学派,从 18 世纪开始,每一个趋势的发展都是以下三章勾勒的目的所在。

第五章

"内在的非洲":
浪漫主义、神秘主义与梦想

> 潜意识实际上是我们思想中最大的领域,正是因为这种潜意识,内在的非洲才得以存在,其未知的边界可能会延伸到很远的地方。
>
> ——让·保罗,1804 年 [1]

让我再告诉你一些关于那个梦的事情——在梦里,我在布里斯托,我乘坐电梯,穿过岩石裂谷,裂谷的这一边还有桑巴德王国布鲁内尔(Brunel)的宏伟的克利夫顿吊桥。梦里的我感到害怕,但同时也相当兴奋和有"悬停感"。当我醒来时,我感到这个梦在某种程度上是"有意义"的。但我该怎么去理解它呢?我记得,不久前,我坐过这样一部电梯,从加那利群岛之一的拉戈梅拉(La Gomera)一家相当时髦的酒店穿过悬崖,直达下面的海滩——我住的海滨小公寓就离电梯不远。我之前曾沿着小路走上去,知道这家酒店。我发现这条通往酒店的路冷僻无人并崎岖难走——根本不是我喜欢的地方。然后我发现了电梯,这是我的捷径,但只有酒店客人才能有电梯钥匙,所以我偷偷摸摸地藏匿在电梯附近,然后紧张地跟在其他家庭后面挤进电梯,下到海边。我陷入沉思,沉思中激活了我对布里斯托大桥的强烈情感。其实我经常开车经过。这里一直是自杀的好去处,而且——尽管我绝非要去自杀,但这里会让我感觉到可怕而强大的眩晕混合着神秘的魅惑力,仿佛要引诱我从高处跳下去。

躺在床上,细细咀嚼着梦,我意识到我已经产生了足够多的情感记忆和联想来激发一打"解释"。可能是因为我觉得自己被布里斯托大学"停职"了。这可能是在我"回家"之前不得不面对的一些可怕的事情。可能是关于死亡。这可能是因为我意识到,我并不属于"高处",我感觉更确信——或者在"沿岸"——下到海边,我可以更近地看待即将到来的事情,而不是(从悬崖顶端)远望地平线。任何一条线索,都能使我获得思考的食粮。但是,这任何一条线索真的都潜伏在梦里吗?昨晚,我的潜意识是不是在给我发送关于人生优先顺序的加密信息?或者,是否我只是在清醒的头脑中创造这些解释,然后把它们武断地贴回到无辜甚至可能无意义的梦境上面呢?我是在解读这个梦吗?或者只是把它当成另一种罗氏墨迹测试,或是鸡内脏占卜,好比收到一张字迹模糊、语焉不详的邀请,去鼓励创设并检视一个投影中的自我?难道潜意识真的是一位无形的大师,一种无形无念却口吐莲花的声音,滔滔不绝地说着奇巧的谜语,只待我们足够聪明时再去破解吗?

这些问题,正是本章的内容。本章探讨我们是否能够更接近潜意识,包括更接近潜意识居住的地方,了解潜意识知道什么,以及为什么我们会有潜意识。方法是观察那些被归因于潜意识的各种非同寻常的奇异之声——包括梦、符号、敬畏体验或无私经历。我将主要集中分析积极的声音,也就是 18 和 19 世纪欧洲浪漫主义者非常感兴趣的声音,而且在其他文化和更长的历史时期内,也一直是许多形式的审美、神秘和宗教体验主题的声音。对 19 世纪初的欧洲而言,"内在的非洲"象征着异域、神秘和未知的领域,而不是狂野或恐怖的领域。我们将在第六章再谈潜意识的黑暗面。

从潜意识历史的发端之日起，最强烈重复的主题之一，就是潜意识具有鲜明的强大力量，能够通过梦和幻象，为人们提示深刻的洞察力和睿智的建议，而且这样做的时候，会采取暗示或暗喻的方式。如果让清醒意识的头脑去写散文，或者如果假设笛卡儿来写的话，那必定是平淡、明确、毫不含糊的逻辑散文；而潜意识的声音则是诗意的和象征性的。它暗示了未来，暗示了我们本性中已被深埋的隐秘之处，甚至暗示了人类存在的普遍而宏大的主题。但因为它这样做是间接的，所以它取决于"我们"，取决于一个次要的更有意识的过程，来推断和澄清它的意图。早在公元 4 世纪，尼萨的格雷戈里（Gregory of Nyssa）就在一个隐喻中捕捉到了这种隐晦的梦境，它很好地把握住了我们目前对"迷雾幻镜"的共识：

> 就像自然发生的那样，火一旦跳上谷糠，若没有任何助火之风——那么这火焰就既不会烧毁旁边的东西，也不会完全熄灭，而是以烟而非火焰的形式在空气中升腾……同样地，思维，一旦藏身于睡眠中的感官不活跃之后，就既不能穿透感官迷梦而照耀，又不能完全熄灭，而只是，这么说吧，处在一种闷烧状态……这种状态下，思维不能以直接的方式使其意思明确，因而无法就眼前事物的信息简单举证，但其对未来的揭示却是模糊而可疑的——这便是那些解释这类事情的人所说的"谜"吧。[2]

关于是否所有的梦都有其内在的重要性、完全没有或只具有部分重要性，人们的看法向来分歧严重。如果梦是"重要的"，那它们在本质上究竟是可靠甚至神圣的，抑或是被魔鬼植入的恶作剧和误导，只为引我们入歧途，传我们的惑与痛，让我们"违背真实本性"干坏事呢？还有，最重要的一点，由于我们很容易犯错，魔鬼又如此狡猾——我们如何区分哪些是重要的，而哪些又是毫无意义的，哪些是值得信赖的，而哪些又是奸诈欺人的呢？对有些人而言，梦总是有趣的，这一点不言自明。《塔木德经》里的拉比希斯达（Chisda）曾说："未曾解释的梦，就像一封未被阅读的信。"

柏拉图也倾向于认为，梦本质上是有意义的，尽管有些梦反映了肆虐着的"无法无天的野兽本性，会在梦中蠢蠢欲动"，而另一些梦则会提供明智的建议。比如他的笔下，当苏格拉底在狱中等待行刑时，向赛贝斯解释说，他一生都有一个反复出现的梦，那就是他应该"创造和培育音乐"。以前苏格拉底认为，这就是特指他的哲学，那便是"音乐"——但现在，由于哲学是一个有点痛苦的主题，他决定按照它的字面建议去办，着手编写各种赞美诗和诗歌。柏拉图说，你有什么样的梦，取决于你进餐是否有节制，取决于你在打瞌睡之前是否"唤醒你的理性力量"。[3]

而亚里士多德，更是一位冷静的观察家，兼正直的道德家和业余营养学家，他认为梦反映了这一天下来的感官印象的残余回响，有时很清晰，因为头脑非常平静且有微弱的痕迹可追踪；有时被气质或情感的其他方面扭曲——忧郁、发烧、醉酒等——所以"幻象看起来混乱而怪异"，就像在波涛汹涌的水面上破碎的图像。如果梦是预言性的，亚里士多德建议怀疑任何超自然的解释。他的理性思维看到了两种可能性。第一个非常巧妙的方法是，在睡眠期间，人们可能已经探索过预期的情景，并在自己的脑海里尝试了各种可能的反应——因此，如果随后出现了排练过的反应（这种反应更有可能是由于排练而造成的），那么就会有一种似曾相识的感觉。在人们对于排练本身没有意识性记忆的情况下，就被解释成为一种不可思议的预言（"我就知道会发生这种事"）。第二种可能性则是，过于明显的预言应被"归类为纯粹的巧合，尤其是那些花言巧语博人眼球的……我们都知道一个事实，每当一个人提到某事,他就会很自然地发现,所提到的类似事情都会跑出来。真的,为什么这样的联想不应在睡眠中出现呢?很大的可能性是,很多这样的事情都有可能发生。"

亚里士多德的第二种可能性,至今都是怀疑论者的不二选择,当时也一样——他们大煞风景地指出,我们具有选择性记忆、选择性注意力和选择性解释能力,这种能力用来宣扬明显预言性的梦以及忽略未预言的梦,真是堪当此任啊![4] 与其他许多人一样,西塞罗更进一步地否认梦有任何意义:

> 如果通过实验和观察不可能对它们做出确定的解释,那么结果就是,梦无论如何没有资格获得任何荣誉或尊重。因此,让我们拒绝这种梦的神性,以及所有其他迷信。因为,说实在的,凡此种种已经传遍了所有的国家,压迫了所有人的智力,把人们弄成彻头彻尾的傻瓜。[5]

公元前55年左右,卢克瑞提乌斯(Lucretius)提出,只有那些与当前的担忧或需求有关的经历才会入梦,而不是所有最近的经历都能入梦,这已经与后来弗洛伊德的梦的观点有点类似。卢克瑞提乌斯认为,梦代表愿望的实现,尽管他没有(像柏拉图和弗洛伊德那样)将这些愿望分为"可接受的"和"不可接受的"。"现实中你努力而执着地追求着什么不愿放手……通常在梦中你就会遇到同样的事情。"他说。一个最好的例子就是青少年的"湿梦"。"当那些人进入沸腾的洪流岁月,成熟的种子在他们的四肢中产生,他们的年龄第一次消逝",他们最有可能在他们的梦中遇到"一张灿烂的脸和一朵美丽的花,不断地搅动和刺激着画面"。[6]

多年来,对梦进行分类和解释的系统变得更加复杂,甚至更加健全。公元 2 世纪，阿耳忒米多罗斯（Artemidorus）将"梦"一词限制于夜间的体验，他认为，做梦者"发现了真相，只不过打着哑谜；就法老做了七只干瘦的母牛将吃掉七只肥壮的牛的梦，约瑟解梦像释谜一样"。梦与幻象或预知有所区别；神谕，是天使直接对你说话；幻象，发生在"情感如此强烈之际，以至于睡眠中情感冲至大脑，遇上更警觉的精灵（spirits）"；还有纯粹的幻影，一旦呈现在"虚弱的婴儿和古人面前，会令他们有幻觉，以为看到怪物逼近，要恐吓或攻击他们"。如果你找到幻想与梦境的最佳结合点，你会拥有许多伪装成现实愿望的梦的精神分析要素。[7]

有许多解释梦（和其他或神秘或艺术）的符号体系，犹如过眼烟云，其中有不少都会预设一种臆想、淫邪和自以为是的腔调，就和现在的某些过度热情的心理专家一样。比如，《塔木德经》告诉我们，一个在梦里用橄榄油浇灌橄榄树的人，是以一种伪装的形式表达他的乱伦欲望。但是，梦里与你的母亲发生性行为，却是注定要大智大慧的征兆！当时，就像现在一样，一切都有可能被颠倒。释梦也有无限可能，全凭释梦师各自不同的创造性、怪异性和专注性程度。对弗洛伊德而言，阴茎的象征包括领带、雨伞、蛇、飞机和火焰等。风景"绝无例外，代表着做梦者的母亲的生殖器"，[8] 这一判断无疑将使你下次参观英国泰特美术馆时更加饶有兴味，尤其是在欣赏康斯太勃尔（Constables）和特纳（Turners）的美妙的风景画的时候。

有趣的是，梦的意义究竟是被发现出来的，还是被推断出来的呢？在这方面的讨论始终悬而未决。这个问题在很大程度上仍然取决于个人判断和个人信仰。比如在 1999 年出版由安东尼·伊斯特霍普（Antony Easthope）所写的《潜意识》一书中，作者回忆了弗洛伊德对一位女患者梦中出现的无意义的词 *Maistollmutz* 的分析。弗洛伊德说，它可以被解构为 mais［相当于玉米（Maize）］、*toll*［意思是疯狂（mad）］、 mannstoll［意思是色情狂（nymphomania）］、Meissen（一只瓷做的鸟，相当于英国的小姐称呼）、意第绪语的 mies（意思是恶心）等等。经此解构，不需要受过训练的心理分析师就能知道弗洛伊德的方向。但有趣的是，伊斯特霍普用这个词来表示他对弗洛伊德式的创造性活动的评价——弗洛伊德既非"推测"，也非"建议"，甚至非"争论"——按照伊斯特霍普的说法，弗洛伊德在"展示"这些解构就是这个词的"意义所在"。同样地，弗洛伊德声称"火代表阴茎，壁炉代表阴道"的说法，也在某种程度上得到了"证实"，他指的正是一种原始的厌女症的表达（某种类型的英国男性用该词互相提醒，与长相不吸引人的女性发生性关系是 OK 的），也就是俗语"拨个火，用不着看壁炉架"。对于一些热衷象征主义的人所能接受的"证据"，我们不免会友邦惊诧。9

释梦者的角色，究竟是小心翼翼的占卜师，还是富有创造性的投射专家，这个问题永远无法最终解决。即使我们能证明"一切都是弗洛伊德生编硬造"，但也仍然无法证明，各种含义不是梦里自带的。艾瑞克·弗洛姆（"信徒"）在他的《梦的精神分析》一书中说，对同一场释梦实验中出现的不同的解释，正说明解决这个问题有多难。很显然，与没有被催眠的人相比，被催眠的人更有可能认为，梦呈现的一切富有意义，也更愿意对梦做出象征性的解释。由此，弗洛姆总结说，*我们都有理解符号语言的天赋，但这一知识只有在催眠所带来的分裂状态下才起作用*（斜体重点为作者所加）。而且，还有另一种解释：催眠只是诱导了一种心态，在这种心态下，一个人更倾向于、更愿意也更有能力去"诗意地思考"，也就是说，去建立更宽泛的联系，去寻找常规思维轨迹之外的想法，并且去发现其中的关联。这并不是说我们脑袋里预先装了一部符号词典，而催眠可以让我们接触到它。我们只是可能进入了一种更梦幻的思维状态，在这种状态下——奇妙！奇妙！——某些相同的关联可能性往往会出现在不同的人身上。

对长期冥想者的研究，强化了后一种可能性。研究表明（是的，用了"表明"一词，因为这项科学研究是有特定控制条件的），不同类型的冥想改变了冥想者的倾向，使之以不同方式对罗氏墨迹做出奇特的反应。佛教冥想的一种形式叫作"专注于一点"，它培养了一种能力，即抑制头脑中自发的胡言乱语，并在很长一段时间内，集中注意力于单一的事物或思想。当呈现墨迹时，刚结束三个月的"专注于一点"冥想的人们，能够用纯粹的准确性来描述墨迹，并且不被任何投射性的说明所诱导。一位受试者说："冥想消除了原始感知之外的所有解释性内容。"

然而，另一组人花了三个月的时间练习"正念"，在这个过程中，冥想者学会了保持一种无欲观察的姿态，同时让头脑不受拘束地四处游逛。当面对无意义的墨迹时，这些人自发地吐出数十种高度幻想的、大多还是淫秽的"解释"，与此同时，他们却又激烈地表示，他们完全意识到这些解释在任何意义上都不是"真实的"。（"这团墨迹，我看着像割过包皮的阴茎……在这两个红色空间之间向上推入，……这两团红色仿佛是一对长着小爪子的孪生物种……想要击打阴茎……"）"正念"冥想者创造意义的倾向没有受到压制，而是完全释放，而"专注"冥想的实践者，却将他们的寻求意义的倾向牢牢置于掌控之中。[10]目前没有理由怀疑这两组人在他们出生时自带的"集成符号软件"存在差异。

在这些研究的基础上，很难忽视这样一种可能性，即弗洛伊德的主要天赋，与其说是他对患者病情的准确的洞察力，不如说是他不可置疑的创造力，生成一系列复杂的"双关语"，并将其合理化，使这些双关语符合（而"证实"）他的理论怀疑。事实上，有了如此奇异的想象力，有了他对所生活的性压抑社会之影响的强烈兴趣，他的一些诊断结果总令人联想起某个病例，也就不令人惊讶了。

关于梦的起源和意义，人们可以在历史文化的长河中，无休无止

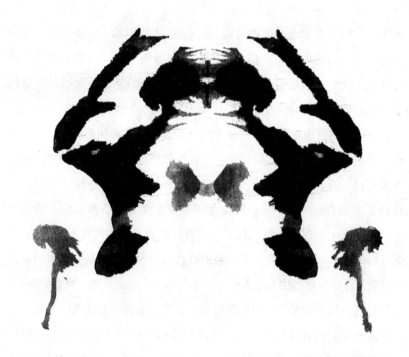

20世纪初,赫尔曼·罗夏(Hermann Rorschach)设计了一个"墨迹"图像,作为"投影测试"来诊断患者的精神状态。罗夏在学校的绰号是"Kleck"(意思是"墨迹斑点"),他让这项技术出了名,其实他是从希曼·亨斯(Szyman Hens)那里借鉴而来的。与弗洛伊德一样,罗夏作为一位坚定的精神分析师,他沉迷于对研究对象之幻想做过度的解读

地探讨各种观点。两千年来,人们都在争论梦的重要性——梦有多少种类型,梦是来自饱腹之神的施舍,还是仁慈之神的慈善,梦的符号具有普遍的意义,还是必须从了解个人生活关注点的角度出发——然而这些争论没什么头绪。圣·托马斯·阿奎那说,梦有四种类型,有些来自上帝。霍布斯相信所有的梦都是由身体刺激引起。伏尔泰说,这些都是无稽之谈。康德有一种奇怪的观点,认为最好的梦是绝对清澈透明的,但不幸的是,因为这样的梦只发生在最深层的睡眠中,所以我们永远记不住梦里的大鱼,只能抓住更浅、更模糊的小鱼丁!爱默生

表达了一种相当于弗洛伊德的观点,他说:"我们称(在梦中)出现的幽灵为我们幻想的创造,但它们的行为却像叛变者,向着它们的指挥官开火。这中间藏着睿智的暗示,有时是可怕的暗示,用一种完全出乎意料的智能方式抛给做梦的人。"而且:"睡眠将环境的伪装一一剥离,我们被可怕的自由武装着,以至于每一种自由意志都匆忙上阵。"[11]

今天人们对梦的理解往往结合了各种可能性。持续的忧虑叠加,混合着这一天逝去的印迹,到了夜晚仍然活跃不息,各种碎片可能上升到了思绪表面,其中一些完全无关紧要,而另一些则被赋予情感意义。在睡眠中,理性、礼仪以及维护良好的自我形象的种种日常约束,全都松弛下来,因而这些不受拘束的碎片就引发出一个富有想象力的内生过程。在这个过程中,仿佛有一个连贯的故事呼之欲出。醒来的时候,却只有这个故事的某些部分仍然存在,于是,那些带有动机的部分——还有这些被删减和挑选的段落,可能只会成为一种更有意识的"梦境"重构与叙述的企图之下的原始材料。因此,当我们有一个"梦",准备向我们的治疗师或研究人员讲述时,我们其实是有了一个经过几个构建和解释阶段的高度锻造后的产品,其中一些是高度自发的,而更多的一些是更加有意识和深思熟虑的。[12]

当我们运用当今脑科学知识的角度来观察潜意识时,我们会再次回来,更详细地讲解梦的构造。现在,我们只需要知道,这些更复杂的关于梦和潜意识的理论都有其历史的痕迹。只需从无数例证中挑一个……马兰·屈罗·德拉尚布尔(Marin Cureau de la Chambre)是黎塞留枢机主教和路易十四的医生,他与笛卡儿同时写作,他认为灵魂是中枢神经系统中某种爱伪装的小鬼,"存在于身体各处,随时留意身体各处发生的一切,并传达给想象"。然而,"由于这种(内在的)知识是模糊和混乱的,它不能明确地指导想象力,而只能给出一个总体的看法"。而且,德拉尚布尔说,这些"轮廓"不仅不能完整地表达事物的生理和感官状态，而且还会因为做梦人的性格和偏好而导致歪曲和曲解。因此，举个例子，当"怒从心头起，恶向胆边生，即使灵魂并不清楚这是什么，却也知道这是一种温暖而热情的气质，并且随后从灵魂传递给想象力的信息中，灵魂也会了解，想象力已勾勒出明亮的色彩，那灼灼的火焰与熊熊的烈火……进攻和战斗的计划、假想中的敌人……这些都符合它接收到的模糊概念"。[13]

笛卡儿打击潜意识，浪漫主义者对此强烈抵触。正是浪漫主义者的全力反攻，再次掀起人们对梦的实际状况这一古老话题的密集讨论和巨大热情。浪漫主义者固执地声称，人类的经验，所有那些辉煌混乱的细节，自有其本身的价值，而不仅仅是为了掩盖纯粹真理和永恒知识的理想本真的一层假象。这一观点导致了对梦的自然迷恋，并发展出一套被称作"善待梦"的方法，使人们能够更好地了解梦——正如典型心理学家詹姆斯·希尔曼（James Hillman）所说，"善待梦"——而不是试图掠夺梦来获取知识。要是总想把一个充满想象力的梦解构成一块块长方形的砖，这种理解就是南辕北辙，就好比偏说特纳那幅宏伟抽象的《诺勒姆城堡》（*Norham Castle*），可以置换成一句对画家意图的简短呆板的描述一样。（或者，就像艾灵顿公爵对一位哑巴面试官说的那样："如果我能说出来，我就不必演示了。"）

浪漫主义"善待"过程的早期支持者中，有一位苏格兰出版商威廉·斯梅利（William Smellie），他也是《大英百科全书》（*Encyclopaedia Britannica*）的第一位编撰者；他去世后四年，也就是1979年，他的《自然历史的哲学》（*Philosophy of Natural History*）得以出版。尽管大卫·休谟曾指出，对梦的反思是"了解我们内心的一个极好的方法"，但斯梅利补充了一个更详细的理由，并就如何去做给出了更明确的指示。他说，人类会"巧妙地掩饰自身行为的真实动机"，以至于试图在清醒状态下"了解自己"几乎是浪费时间。"探寻清醒状态下想象力的自然趋向时,我们会不由自主地陷入与此前提到的所有自我认知障碍的纠缠斗争中去。"然而,在梦中,自我欺骗的压力减轻了,因此,大脑"不太主动去缓冲它的真实动机……总的来说,思绪更开放、更坦率"。然而,由于在晨光下很难捕捉到梦,我们应该练习把梦写下来,不是写在日记里,而是写一本深夜笔谈。"人类思维具备高度的可塑性,仅仅写作的习惯,很快就会使人更专注自己的梦境,并提高记忆梦境的能力"——当代许多研究梦的学者都将证明,这恰是一种学习方式。[14]

五十年后,也就是西格蒙德·弗洛伊德出生前六年,诗人兼剧作家克里斯蒂安·弗里德里希·黑贝尔(Christian Friedrich Hebbel)建议用一种非常现代的方法来解释梦——以梦为饵,诱捕自己潜意识中各种大小暗示,正是梦的诱惑,吸引这些暗示浮出思维的水面。"如果一个人能够收集自己的梦境,并加以审视,再加上他现在所拥有的与之相关的所有想法,所有的回忆,所有他能从梦中捕捉到的画面,如果他能把这些与他过去的梦结合起来,他就能更好地理解自己,而不是通过其他任何一种心理方式。"虽然黑贝尔当时住在维也纳,尽管有证据表明弗洛伊德读过黑贝尔的一些剧本,但我们不知道这段有先见之明的文字是否曾给予弗洛伊德灵感。很可能确实给过。[15]

然而,对重要梦境的归纳和解释,既是对各种疾病的治疗反应,也是一个人寻求灵魂深度的一种体验方法,在古希腊以及更早以前的古埃及,释梦一直享有崇高的地位且广受欢迎。这种做法可能源于古埃及的凯麦特(Kemet)文明,沿着尼罗河传播,然后进入希腊、罗马和近东的地中海各国。在公元前6世纪左右存在的数百个"宿庙求梦"的地点,通常是在洞穴或类似富有戏剧性的自然环境,追求真理、想个通透或者仅仅是寻找情感解脱,都需要经历精心准备的净化和禁食仪式,然后在清醒和睡眠的边界被催眠诱导成一种恍惚状态。在紧接着的半梦半醒状态中,据说人们会直接体验到埃及人所说的阿门塔地下世界,或者卡尔·荣格所说的"集体无意识"。人们声称,当他们被再次唤醒,他们将实现意识和潜意识领域的持久统一,从而增进身心健康并获得有价值的见解。[16]

公元前5世纪初,帕梅尼德斯(Parmenides)在希腊写过一首诗,总结了他"破茧而出"的经历,就是这样一座阿斯克勒庇俄斯神殿。一队年轻女子带着他来到冥府,那是冥王哈得斯和深渊之神塔尔塔罗斯的地盘,在那深不可测的最深处,甚至众神都害怕向前,只能跟着俄耳甫斯的脚印亦步亦趋。他解释说,黑暗象征着无知和困惑——要体验到最高的智慧,你必须准备好穿越自己无法理解的黑夜(或者,正如一位不知名的14世纪英国神秘主义者所称的"未知的乌云",或者就像圣约翰的《福音书》中所说,黑暗,你不理解光明)。在稍做准备之后,帕梅尼德斯躺在 pholeos(潜意识的"巢穴")里,进入梦游状态,什么都不知道,什么也不想,放空自己,以便把"集体无意识"的深层智慧拉入意识的真空。在塔尔塔罗斯那里,帕梅尼德斯被带去遇见哈得斯的妻子珀耳塞福涅并得其指示:"女神亲切地欢迎我,用她的右手握住我的手,"她告诉他,他生下来就为了"学习所有的东西——既有不可动摇的普适真理之心,也有百无一是的俗世意见之念"。有趣的是,这些神殿的主神是阿波罗,今天的人们称阿波罗为神圣理性的化身,但在当时,他通过静心观察或"假寐"[17]两种渠道获得知识,被誉为知识之神。

更宽泛地讲,浪漫主义精神的起源至少可以追溯到古希腊。事实上,法国哲学家皮埃尔·阿多(Pierre Hadot)最近以令人信服的学术方式指出,苏格拉底推理本身有其形成过程,而我们身处理性主义时代的哲学家和评论家误解了这个过程。通常情况下,就像我们已经简要地介绍过的毕达哥拉斯一样,推理论证并不是用来取代更多个人、情感甚至精神上的认知形式的工具,而是它们的附属物。阿多认为,哲学的目的一向都是务实的，是为了找到越来越令人满意的生活方式。这可以上溯到斯多葛学派和伊壁鸠鲁学派，包括苏格拉底和柏拉图。为此目的，推理是苏格拉底眼中的一条主要道路，但仍然并非推理性的唯一道路。而在帕梅尼德斯、芝诺以及济慈、雪莱和布莱克眼中，人为引入某种宝贵的体验，其重要性完全不亚于理性，甚至可能更重要。事实上，在对当时盛极一时的理性主义的反击中，浪漫派倾向于比古希腊人更加两极分化。为了创造浪漫主义运动的小小火苗，他们抱团坐在认识论跷跷板的一端，另一端则坐着洛克和牛顿。

就连苏格拉底的对话——纯理性话语的缩影——也不是为了传递信息，而是为了在参与者中制造某种心理氛围。首先，让他们意识到自己不知道自己在说什么，然后，在这种不安之氛围扩张之后，再帮助他们摆脱内心的不安，从潜意识的母腹中解脱出来，逐渐平静。苏格拉底可能会形容说——一个新的理解的诞生。[18]苏格拉底没有举办过学术研讨会，他坚持认为知识"属于个人"。他称自己归纳知识的过程是接生婆，是帮助他人获得知识的行为。或者就像阿多所说的："仿佛一只不知疲倦的马蝇。""苏格拉底抛出让人自我矛盾的问题，骚扰他的对话者，从而迫使他们关注并管理自己。"[19]正如维特根斯坦所言，哲学思维可以用于治疗，"除蛊破惑，示痴蝇以出瓶之道"，[20]尽管这样做，必须有苏格拉底所寻求并身体力行的发自肺腑的效果。浪漫派的哲学，骨子里追求的是生活的清晰度与活力，而不是纯粹的理论架子。它是逃离概念上聪明的文字狱，而不是画地为牢。

这是在暗示牛津大学的高级会客室是"监狱"吗？听上去有些怪异，但从浪漫派的情怀角度来看，似乎天经地义。不管是古典的、18世纪的还是当代的浪漫派，他们的兴趣都是将经验、情感和想象当作主观探索认知的重要方式，而不是助推理性思考的原材料。对他们而言，梦、神秘体验、诗歌和艺术皆是通往自知之明的门户，其本质相同，皆不

公元前 5 世纪的大理石浮雕上,阿斯克勒庇俄斯和他的女助手,正将一位昏昏欲睡的病人引入可治愈的空灵状态

可能有条理呈现。十字架或是"地下世界"的黑暗景观等符号象征,之所以拥有力量,正是因为它们唤起了我们心中不可言传的多层次共鸣。它们跨越了熟悉而合理的语言类别和语言对立,向人们暗示着,有些被世俗语言模式所掩盖的复杂性,人们却几乎充耳不闻。卡尔·荣格说:"一个词或一个形象……之所以具有象征意义,是因为它拥有更广泛的'潜意识'内容,却从未得到精确定义或充分解释,也从未有人想要定义或解释它。当大脑探索潜意识符号时,就被引向理性之外的各种念头。"[21]

而且,对于浪漫主义者而言,没有什么比自然本身更能激起共鸣。1712年,约瑟夫·艾迪生(Joseph Addison)在《旁观者》(The Spectator)一书中,在提及风景画的一些新发展时反驳说:"我们的想象力喜欢被一个物体填满,也喜欢抓住任何超出人类理解范畴的东西。我们一看到无边无际的风景,便会顿觉惊喜;融入其中,我们感受到从灵魂中涌上来的一种喜悦的宁静与顿悟。"在下面几段,他又说,"崇高"的事物,其本质并非在花园或静物的舒适世界中能找到的,而它蕴含在"白山和孤湖及古老的森林和滚落在岩石上的激流"之中。[22] 在绘制那些在年代和规模上都令人类相形见绌的伟大远景时,特纳这样的艺术家向观众们提示着自然世界的雄伟壮丽,而人们自身不过是一个微观的缩影。埃德蒙·伯克(Edmund Burke)说,那些"巨大的、不清晰的而又可怕"的景观,足以"唤起提振心灵的情感"(与那些"光滑、无害、讨喜"单纯"漂亮"的事物恰恰相反)。[23]

18世纪和19世纪,有过一些公开尝试,试图将潜意识描绘成一条地下通道。这条通道引导你从灵魂走向更广阔的体系。这个体系,不管你叫它上帝还是自然,人都是不可分割的一部分。传统的基督教倾向,都是向上和向外去寻找上帝,远离身体这副腐败的容器;而浪漫主义者则偏好相反的隐喻,潜入水底,越深越好,向下和向内,在最深沉、最内在的自体精神的底部，探寻最高尚的本源——黑暗之处，恰是自然和人性相融相合之处。在许多德国浪漫主义者身上，我们都可以找到这种潜意识的版本，尤其是像歌德、赫德尔和谢林这样的*自然哲学的神秘科学学派*的成员。

比如，对谢林而言，有一个潜意识的"形成原则"，这是自然整体中的一种隐含趋势，令自然在人类及其意识中展现。就像空气中看不见的水蒸气一样，其隐含趋势是凝结成可见的云和有形的雨，潜意识的"生命力量"与许多其他形式的力量一起，推进了人类思想和感官的形成。谢林认为，自然界中的一切事物都必定是相同组织原则的产物，因此我们的意识也正是同样的自我内在能量的代表，这种能量本身，也正是创造云和树的自然形态"智能"的一种。万物皆有"灵魂"，但在它凝结成意识的那一刻之前，它曾经是无意识的。"在［人类］的自由行动中，所有生生不息的有意识行动，必定也是生生不息的没有意识的行动。两者合而为一。"[24]

卡尔·古斯塔夫·卡鲁斯（Carl Gustav Carus，1789—1869）有关潜意识的准生物、近乎泛神论的版本，阐述最为全面［尽管他的作品由于爱德华·冯·哈特曼（Edward von Hartmann）在其早熟而不朽的论文《潜意识之哲学》中加以美化才广为人知］。德累斯顿的妇科教授、萨克森国王的宫廷医生卡鲁斯，就像他之前的亚里士多德一样，把人类和人类意识视为更普遍、更持续的生物脉动的奇妙表现。这种迅速高涨的生物能量在人类体内持续流动，因此"虽然生物体内发生的许多事情从未变得有意识，但在那里发生的一切，至少对意识有间接的影响"。卡鲁斯预言了后来弗洛伊德所说的"前意识"和"潜意识"之间的区别。前意识，或"相对无意识"是"灵魂的有意识生命区域，可能在某一段时间内变得无意识，但会一次又一次地回归意识"。然而，"绝对无意识"指的是"灵魂中意识之光无法触及的区域"。

对卡鲁斯和许多浪漫主义者来说，潜意识因此接管了一些神圣的功能。它既不完全是内在的，也不完全是外在的，而是像灵魂一样，内外相联。正如法国哲学家尼古拉斯·马勒伯朗士（Nicolas Malebranche）在一个多世纪前所指出的那样，受潜意识影响的现象，比如直觉或"第六感"，是上帝思维的体现，而不是个人思维的体现。回溯荷马，人类体验的奇怪之处被解释为存于我心或经由我身而形成的神圣思想，绝非本地的个人事件。[25]

卡鲁斯对荣格有很大的影响（对，荣格甚至取了与他一样的名字卡尔），荣格在学生时代就读过卡鲁斯的书。尽管卡鲁斯并没有像荣格那样意识到心理的病态一面，但他们在许多方面都十分相似。他们两人都站在康德和歌德的肩膀上，都被心理现象的生物学基础所吸引，也都成了非常尊重传统经验疗法的医生。当卡鲁斯写下"我们的潜意识生活受到全人类的影响，受到地球生命、世界生活的影响，因为它确定无疑是整体性的一部分"时，除了名字之外，他其实全部都在描述荣格的所谓"集体无意识"。[26]而且卡鲁斯和荣格都对艺术的表达方式着迷，研究艺术如何表述并激发潜意识模式。荣格主要通过他对藏传佛教的曼荼罗的研究，而卡鲁斯主要通过自然表征的研究。我们在上文提到过，卡鲁斯是一位颇有造诣的风景画家，他的作品至今仍陈列在德国的六个主要博物馆里，这绝非巧合。

卡鲁斯为潜意识隐喻加添了两个可爱的意象。第一，他有意无意地回顾起每天通过地下海的太阳神拉。"精神的生命好比一条大河，盘旋流淌生生不息，阳光只能照亮大河中很小的一部分区域。"第二，他不将潜意识作为一种间歇性的力量，而是作为意识本身的永久基础："所有有意识的灵魂生活中最好的品质，方方面面都依赖着潜意识的灵魂。如果钢筋折断，如果基石倒塌，大教堂的尖顶就会坍塌。即使是最微小的路障，如果令到潜意识灵魂活动受阻，那么哪怕最辉煌的思维成果，也必将消失殆尽。"这种绵延长存无休无止的潜意识能量，负责着呼吸、血液循环等生理功能，也负责着想象力和感知力背后的过程。[27]大教堂尖顶的意象，就好比后来更常用的冰山及其冰尖的意象，由古斯塔夫·费希纳（Gustav Fechner）首创，也是弗洛伊德和荣格最偏好的意象。

弗洛伊德与荣格是20世纪两位标志性的先驱人物。相比之下，荣格比弗洛伊德更具"浪漫"倾向。虽然，荣格像弗洛伊德一样，从研究梦的意义开始，但他很快就相信，梦并不像弗洛伊德所说的那样，是"通向潜意识的康庄大道"，而只是众多起点中的一个。"拿起指南针，你可以从任何一点直达中心。"他说，包括西里尔字母的随意联想、冥想水晶球、曼荼罗或现代绘画，"甚至是关于一些相当琐碎的事件的随意交谈",[28]都可以作为起点。荣格相信，通过潜意识的这些门户，他已发现了一层潜藏的符号象征，其根源不在个体的生命体验中，而在人类的进化史中——也就是他最著名的"集体无意识"理论。

虽然个体的潜意识基本组成内容曾是有意识的，但由于被遗忘或压抑的原因而从意识中消失。集体无意识的内容则从未处于意识之中，因此从未被个体获取，而是完全因遗传而存续。个体无意识主要由复合情结［心理敏感点］组成，而集体无意识的内容主要由典型组成。[29]

典型指的是"神话主题"。荣格相信这些主题会在所有文化中以梦、传说、童话、视觉符号等各种形式反复出现。这些主题支撑着个体体验的具体细节，并转化塑造成各自的文化典型。戴安娜王妃、萨达姆·侯赛因（Saddam Hussein）、巴兹·奥尔德林（Buzz Aldrin）、纳尔逊·曼德拉（Nelson Mandela）和迈克尔·杰克逊（Michael Jackson）的生活和记忆，吸引着人们的眼球，尽管你永远无法完全对号，但是，难道不是因为他们的个性和处境中，确有某种共通的典型——他们，不正是那位悲伤美丽的公主、那个邪恶的怪物、那名英勇的探险家、那位睿智的老人以及那个反复无常的骗子吗？你会发现，在最成功的戏剧和童话中，角色源泉似乎都来自同一份清单——"小红帽"是无辜而迷人的公主，是女性阴柔气质的精髓，也就是阿尼玛。欧比旺·克诺比和甘道夫是智者曼德拉。《仲夏夜之梦》中的帕克和《李尔王》中的愚人是骗子，他们的嘴，像疯子的嘴一样，胡言乱语和真相混杂在一起。《沉默的羔羊》中的超人和克拉丽丝·史达琳是男女英雄，他们那矢志不渝的道德追求，帮助他们战胜对手。而弗雷德里克·韦斯特（Frederick West）和汉尼拔·莱克特（Hannibal Lecter）则是我们这个时代邪恶的化身，还有萨达姆、索伦（Sauron，《魔戒》里的魔王）和达斯·维德（Darth Vader，《星球大战》中的虚构人物）。

的确，强迫性的符号爱好者可以走得很远，误以为他们自己巧妙的投影就是典型的发现。然而，很难不同意荣格的观点，即幼儿期的经历与我们的基因遗传相结合，在一系列普遍主题上创造了个性化的变异组合——依赖与失望、信任与背叛、恐惧与拯救、归属感与抛弃、挫折与克服、快乐与厌恶、公正与不公平、奖励与惩罚、损失与和解、错误与宽恕、愤怒与接受。人类基本情感是否只有一个大的"调色板"呢？每个文化从其中选择一个子集的颜色及其组合并使之合法，而其他的则不予赞同？还有一些典型的人际关系——父母与子女的关系、领导与被领导的关系等——在这些关系中，基本情绪被引发并以成功或非成功的方式宣泄。在人们需要理性基础的时候，所有这些因素便构成一个完美的理性基础，就有点像集体无意识。如果你愿意，你可以用一种"外在"的方式，把这个想法解释为一个独立存在的世界智慧的网络，我们一生都在无意识地登陆，而该网络以梦和符号的形式印在我们的脑海里。荣格本人也在晚年更倾向于这个方向,他更多地视这一典型为柏拉图式的与人类思维相分离的形式,称之潜伏在所有的现象之中,但是没有必要使之外化。

18世纪和19世纪新的文学形式的兴起,以及小说、戏剧和诗歌中灵活运用各种形式的可能性,在许多方面极大地促进了浪漫主义的潜意识的发展。尽管笛卡儿的结论似乎将人类经验的趣味性减少到了最理智的程度,但他将一般的"灵魂"重新塑造成个人的"心灵",并主张内省是获得自知之明的有效方法,这为新的小说形式——一种探索经验细节的小说——奠定了基础。弗朗西斯·杰弗里(Francis Jeffrey)在1804年的《爱丁堡评论》中写道,18世纪之前,作家和剧作家仅仅通过"他们的礼仪服装……",让我们接触到他们笔下人物的性格特征和内心世界。除了那些危急的环境和在现实生活中很少发生的强烈情感时刻,我们仿佛从未见过情绪涌动。但随着塞缪尔·理查森(Samuel Richardson)的《帕梅拉》(Pamela)以及后来的《克拉丽莎》(Clarissa)在18世纪40年代的出现,"我们不知不觉地进入了他笔下人物的家庭隐私,听到并看到了他们之间的一切言行,不管是有趣的还是无趣的"。[30]

特别是,理查森发展了"书信体小说",其中亲密的书信写作(这一做法在当时正变得越来越普遍)被用作打开一扇通往最私密的思考之窗的方式之一。当这些小说人物获得前所未有的自由授权,可以向下洞悉自己内心的深处时,他们很快发现,笛卡儿认为思想对自己是透明的这一信念,根本不符合他们的经验。正如莎士比亚在一个半世纪前说过的那样,大多数情况下,感情、欲望和行动一点儿也不清晰。感情、欲望和行动都必须"推断"自己,用基于自我观察和思考的试探性和不可靠的推断,来代替他们无法直接看到的东西。艺术开始更接近生活，在这样做的过程中，至少在新兴的有阅读习惯的中产阶级的客厅里，生活也开始模仿艺术。

《克拉丽莎》是乔治·艾略特（George Eliot）的《米德尔马奇》（Middlemarch）和亨利·詹姆斯（Henry James）的《一位女士的画像》（Portrait of a Lady）等书信体小说的先驱。书中的主人公以令人痛苦的细节，特别是压抑型社会中敏感女性所面对的性方面的细节，揭示了期望与现实之间似乎不可能的差异。弗洛伊德后来写道，压抑型社会"必定会引致其成员隐瞒真相、文过饰非、自我欺骗并欺骗他人"，克拉丽莎其实正是精神分析学的主要案例。理查森的笔下所展现的她，严肃认真地追求真理、追求清晰，却又同样强烈地向自己否认真理、否认清晰。她瞥见了自己，就像她想知道"是什么让我的思想如此奇怪地支配着我的笔"，但她却选择无视她的朋友安娜的深刻洞见，她之所以对自己来说是个谜，主要原因是她拒绝"关注自己内心的悸动"。相反地，她陷入了困惑："多么奇怪的不完美的存在！"她沉思着。但是，这里的自我，作为我们行为基础和愿望基础的自我，其实才是最大的误导者。[31] 理查森告诉我们，男人是不可信的，但女人却不能相信自己。不管是真是假，我们在这里第一次发现，文学作品非常详细地描绘了一种潜意识的细节，这种潜意识是故意创造出来的，目的是为了解决个人诚实度和社会接受度之间的不可能的等式（通过模糊前者）；文学作品还描述了一种思维，能够狡猾地掩盖自身轨迹，从而使事实和自我欺骗的方法（对女主人公，而不是对读者）变得无形，这正是让克拉丽莎自感困惑之处，同时也是令读者大惑不解之处。

在《帕梅拉》和《克拉丽莎》这两部作品中，被挫败的激情用梦和象征的语言伪装起来，成功地为读者所熟知（尽管不为主人公本人所知）——弗洛伊德那不可思议的象征主义，其实也是如此。帕梅拉的想象力使她的追求者变成了一只眼睛充血的公牛。克拉丽莎虽然清醒地意识到，她害怕拉夫雷斯，却仍然几次三番地邀请他用剪刀和匕首侵犯甚至谋杀她。"带着更疯狂的暴力，撕开她，让她那迷人的脖子露出，"她说，"这里，这里，让你那尖锐的怜悯刺进来。"在拉夫雷斯真的强奸了她之后，她使用一段狂乱的故事揭示她的矛盾，故事讲的是一位女士亲手抚养一头幼狮，后来狮子"恢复了本性，刹那间扑倒在她身上，将她撕成碎片，请问，谁是罪魁祸首呢？是那个畜生，还是那位女士？当然是那位女士！因为她所做的事违反自然，至少也不符合她的个性；而那畜生所做的事，则出自它的天性"。[32]

　　理查森就好像善良的弗洛伊德，他甚至在文字间植入线索，就在男女主角的名字中。这一线索能够被其他角色解读，或者至少会引起我们的注意。很明显 lovelace（拉夫雷斯）的谐音为 loveless（无爱），克拉丽莎的姓 Harlowe（哈洛）也是如此。即使读者不曾留意 Harlowe 与 Harlot（妓女）读音多么相似，阿拉贝拉给克拉丽莎的信中也会提醒读者："这是著名的、闪耀的克拉丽莎——克拉丽莎是什么！ Harlowe，没错！——哈洛，这会使我们大家蒙羞。"[33]

　　狄德罗在写到理查森时说："他把火焰带到了山洞的最深处。正是他，学会了辨别那些微妙而不诚实的动机。这些动机隐藏在更受人尊敬的欲望背后，又被欲望推动向前。他的笔下刮了一阵风，吹走了洞口那漂亮的守门小鬼；再一阵风，让原先藏着的可怕的摩尔人暴露出来。"瓦特向我们解释说，完全没有必要，"可恶的摩尔人深藏在最道德的心灵中，无疑正是那令人恐惧的潜意识生命的存在"。[34]

　　理查森的这个开端很精彩，整个 18 世纪和 19 世纪，出现了其他更多关于潜意识黑暗深处的文学探索。比如哥特式小说在 18 世纪末达到了顶峰，它伪称中世纪背景，模拟潜意识到达心灵深处，主宰人类体验中的黑暗一面。德拉卡拉（Dracula）和多里安·格雷（Dorian Gray）在一个世纪后才出现，但是 1796 年出版的马修·格雷戈里·刘易斯

（Matthew Gregory Lewis）的《修道士》(*The Monk*)，既广受喜爱亦大遭唾弃。好色的修道士安布罗西奥为了躲避宗教裁判所，把自己的灵魂卖给了魔鬼，谋杀了他的母亲，强奸了他的妹妹，并在一周的时间里被鸟和昆虫慢慢地吞食致死。刘易斯很叛逆地指出，邪恶和美德之间没有明确的分界线，两者都是由同样的潜意识力量驱动，这些潜意识力量是由外在恶魔所象征的，但它们只有通过内在深藏的欲望与缺陷才能控制主角。这些故事常常以破败的黑暗城堡和凋敝的庄园为背景，到处是秘密通道和地下管道，其结构甚至刷新了古希腊和古埃及地下世界的空间概念，并且起到了同样的寓意目的。

与此同时，人们着迷于对潜意识主导下的内外表达之间的相互作用，导致大量小说使用"双重"手段。让·保罗的《西本凯斯》(*Siebenkäs*)是一部关于多重替身的研究作品，与《修道士》发表于同一年。对其他文化的研究表明，这种想法十分普遍，例如，一个人的影子被认为构成一个平行自我或第二灵魂，必须认真对待。（据说，赤道岛屿尤利塞岛的居民不会在中午出门，因为他们没有影子，因此会失去灵魂。）[35] 镜中影像和水中倒影也经常被赋予"改变自我"的力量和属性。在德国民间传说中，晚上照镜子的话，虚荣的女孩看到的不是自己的脸，而是魔鬼的脸。在这个传说的另一个版本中，纳西索斯在爱上自己的水中倒影后自杀了。多里安·格雷对衰老的恐惧，体现在他对自己年轻形象的迷恋上。只有当他毁掉这张照片时，他才会立刻重新恢复他那张苍老的脸。[35]

与此同时，新兴学科精神病学正在揭示，否认自己的一部分，却认定为投射出来的"他者"，这种情况并不少见。多重替身综合征，也就是官方所称的"自窥症"，涉及"遭遇"自己认知上的强烈视觉幻觉。[36]

这类经历通常被认作死亡或悲剧的前兆，临床上目前已知，这类经历是由强烈压力引起，所以前兆关联也并非空穴来风。许多在他们的文学作品中使用此类关联的人，作家本人都曾遭受过这种现象的"折磨"——让·保罗、卡夫卡、坡，最著名的，恐怕要数陀思妥耶夫斯基，折磨算是一个合适的词。雪莱记录说，当他在比萨附近散步时，一个戴帽子的另类自我走近他，问他："你满意吗？"把他吓得魂不附体。[37]

在文学中，自我与双重人格的分离往往是因为企图摆脱难以忍受的负罪感。双重人格有时是有罪的人，有时指戳人心的良知。比如，陀思妥耶夫斯基1846年出版的经典之作《双重人格》(The Double)的一种主要解读，就是双重人格之所以被创造，正是为了"解决"主人公戈利亚德金（Golyadkin）无法承受的心理冲突问题，当然，代价极高，戈利亚德金视双重人格为洪水猛兽。尽管双重人格最初的逻辑——只不过是要假装成"另一个和我同样困惑的人"，从而避免尴尬——这就是一种自愿的策略，但可怜的戈利亚德金自己创造出的双重人格（就像弗兰肯斯坦的怪物），很快就开始了该人格自己的生活，侵占他的卧室，模仿他的工作。它的双重功能，就像"附体"的概念一样，是一种介于对怪、力、乱、神的外在与内在两种解释之间的过渡地带。当你被附体时，外在的某个方面变成了内在，结果内在被拉拢或被颠覆。相反，双重人格是内在的某个方面，它游离在外，被制造成外在；在双重人格之中，由双重属性引发的神经质冲突，被转换成更清晰但本质上可能更疯狂的类似错位感的迫害与失控。[38]

陀思妥耶夫斯基本人完全清楚，这类投射是自我欺骗的产物。他于1864年写道：

> 在每个人的记忆中，有些东西他不会向任何人透露，而只会向他的朋友透露。还有一些事情他甚至不愿向他的朋友透露，而

埃德加·爱伦·坡（Edgar Allan Poe）是18世纪末20世纪初众多探索多重替身文学可能性的作家之一。作品《威廉·威尔逊》（*William Wilson*）最早出版于1839年，这幅亚瑟·拉克姆（Arthur Rackham）所画的插画，出现在1935年出版的《爱伦·坡的神秘与想象故事》一书中，画的是威廉·威尔逊面对同样的自己

只是向他自己透露，而且必须在保证保密的情况下告诉自己。最后，也有一些事情是他甚至不敢向自己透露的，这样的事情，任何诚实的人都会累积收藏许多许多……也就是说，一个人越受人尊敬，他就会有越多这样的事情。[39]

浪漫主义诗人，特别是英国的诗人会尝试去描述、表达并唤起他们作品中所珍视的深度和"迷失自我"的感觉。他们写了一些关于潜意识的诗。他们写的诗试图表达他们自己的"浪漫"情感。他们中的一些人把诗歌看作有意为读者营造的一种心理状态，在这种状态下，他们更有可能体验到一些对自己更美好的感觉。济慈在1816年写的诗《睡眠与诗歌》宣称：

沐浴着不尽之光
那是诗篇；它是权力之至高；
它会半枕着自己的右臂小憩……

写完这诗的两年后，济慈在给他的朋友约翰·雷诺（John Reynolds）的一封信中推荐说：

让［一个人］在某一天读一整页诗篇……让他带着诗集漫游、沉迷、思考，再回归诗篇，在诗篇上预想，在诗篇上做梦……当人类在智力上达到一定的成熟程度时，任何一个宏伟的或精神上的历程，都是通向所有"尽善尽美之宫"的起点。这样的"孕育之旅"是多么快乐！这样的怠懒是如此甘之如饴，如此思接千里！

一个月后，在另一封写给他的哥哥和嫂子的信中，济慈把诗歌带来的有益状态描述为"一种愉快的感官体验,大约三度昏迷的状态……在这种柔弱的状态下,大脑的纤维与身体的其他部分一起放松……这是一个罕见的、说明身体有压倒大脑的优势的例子"[40](我们将在第十章再次谈及"大脑的纤维",以及它们与诗歌的关系)。

济慈在其著名的"负能力"概念中抓住了这种诗性态度的基本特征之一。在写给兄弟们的另一封信中,他在调侃万事通老友查尔斯·迪尔克(Charles Dilke,"他这个人根本无法感受其个人身份,因为他对任何事情都下不了决心")的陪伴下,度过了一个无聊的夜晚:

> 我立刻想到是怎样的品质造就了人的成功,
> 尤其是文学方面,莎士比亚很有这种品质——
> 我是指"负能力",意思是,
> 一个人能够安于不确定、神秘与怀疑,
> 而非性急地追求事实和原因。

负能力让我们不再需要知道,不再需要焦虑地去控制自己的思维过程;它欢迎混乱和思想的自发旋转,通过这种方式,通过敢于沉沦到你思想的阴暗底部,它让你更接近潜意识,并体验这样做所带来的无法形容的好处。

就像今天,商业大师汤姆·彼得斯(Tom Peters)告诉他的听众:"如果你不困惑,你就不可能使你的思维清晰。"因此,浪漫主义者相信,只有屈从于自己的不理解,并为潜意识创造空间和时间,使之能以其富有想象力的象征性方式从容不迫地发言,才能到达深刻智慧的彼岸。济慈在《拉弥亚》(Lamia)中问道:"哲学的冰冷之手拂过 / 不是所有的风情都烟消云散?"你会发现他的答案,就与布莱克嘲笑《牛顿的睡眠》一书、华兹华斯的《杀人解剖》和哈兹利特的《知识的进步……

剪掉诗歌的翅膀》一样。要找到美的东西，就要从浪漫的潜意识中感受到粒子发散式的满足；要找到美妙的东西，就要感到更深的震颤，一种把自满的小我从自己世界中心的假定位置上拉开的震颤。

浪漫主义者以寻找美学的方法来接近潜意识，这其实与某种神秘主义的定义异曲同工，从古埃及至今，神秘主义一直有着对潜意识概念的独特视角。在基督教传统中，这种神秘主义往往被称作"否定派"神秘主义者，他们一直声称自己有着与浪漫派相类似的一致性和敬畏的那种经历，但具有更深刻的或"灵性"的色彩。对他们来说，上帝不是任何一种超越式的像人或者其他事物的外在有形"存在"，甚至不是那种"泛神论"的凯鲁斯之类的人所谓内化于所有自然之中的生命力。恰恰相反，"上帝"这个名称是一种误导，误会了经验质量的巨大转变。在这种转变中，所有那些忙着感知、计划与实践的感官，所有认知、探索、控制的单独"自我"或"我"，全部都放下了，而体验生活的热潮却奇迹般地继续着。在这种状态下，你会发现，在你自身的核心，坐着的不是一个焦虑的小"我"，而是一个强大之泉喷涌而出，你不可能去深挖这泉，也不可能探知它，但是你似乎"一切都完成了"。这就是"不知之云"，它是先验的"知识"——它是上帝之神性，甚至生于"上帝"之上，关于它什么也不能说。[阳否阴叙（apophasis）是希腊的一种修辞策略，意指在没有直接评论的情况下传递你的主要观点。]

荣格了解这种神秘的潜意识，他描述为"不过是宗教体验由此而出的管道。至于这种经历的深层原因可能是什么，答案超出了人类知识的范畴"。[41] 但此类"神圣的不理解"的主题，至少可以追溯到公元 5 世纪的叙利亚修道士阿尔奥帕吉特派（Areopagite）的狄奥尼修斯（Dionysius），他曾宣称："对上帝最虔诚的知识是不可知的知识。"神秘主义者是一个"放弃了所有知识，以更好的方式与不可知合而为一，什么都不知道，但所知所觉超过任何智者"的人。14 世纪著名的否定派神秘主义者迈斯特·埃克哈特（Meister Eckhart）说："神性唯有统一，不可说。"《不知之云》一书的匿名作者，则尽其所能地解释说：

> 我所说的"黑暗"是指"无知"——就像任何你不知道或忘记的东西对你来说都可能是"黑暗"的，因为你不能用你内在的眼睛看到它。出于这个原因，它被称为"云"，当然不是天空的云，而是"不知"的云——你和你的神之间的不知云。我们倾向于认为，我们之所以离神很远，是因为在我们和神之间有一团不知的云；但其实，更正确的说法是，如果没有云，我们会离神更远。

同样 14 世纪的约翰·塔勒（Johann Tauler）亦曾提及："上帝的形象，藏于看不见的灵魂深处。"基督教神秘主义者雅各布·博姆（Jakob Boehme）在三百年后说，"藏在内心深处的人，恰是上帝本真"，他还尽可能清晰地描述了体验质量的变化。"在我内心深处的那个人，就像在很深的地方一样，但我能透过混乱，看个清楚。在那片混乱中，所有的东西都被裹住，我无法打开。但它自己不时地在我体内开放，仿佛一株正在生长的植物。"（也许否定派和浪漫派并没有背离太多，不知丁尼生写下这句话时，有没有读过博姆的书，或者甚至他自己也曾有过这样的经历："天堂向内敞开，地缝呵欠连天，/ 灿烂的黎明中巨影幢幢 / 半遮半掩，分崩瓦解，羞涩腼腆"？）[42]

他们认为，某种"精神上的突破"与更多接触和接受潜意识，两者正相关。这种关联中明显含有一些佛教流派的影响。浪漫主义者自 19 世纪初开始了解这些流派。1800 年，德国浪漫派领袖之一弗里德里希·施莱格尔（Friedrich Schlegel）宣称，"我们必须在东方追求最高的浪漫主义"。叔本华后期的哲学很大程度上因其阅读《金刚经》而受到影响。[43] 在 7 世纪，中国禅宗六祖惠能教导人们，"开悟"（在佛教意义上，而非欧洲意义上）是内在的，要接受有一个更宽泛、更难以渗透的源头，过去是，今后也将一直主宰。D. T. 铃木解释说，对惠能而言，"潜意识在于'让事情做成'，而不是坚持我自己的那一套"。行动、感觉、感知、思想：所有这些都会持续出现，但"我"既没有"做"它们，也并不"拥有"它们。

那么，谁，或者说，什么才是最终的源头呢？所有神秘主义文学都说，我们其实不知道，也不可能知道。我们只能用空空如也的态度来形容某物，从而解决这个谜题，这就是"潜意识"，但这种潜意识根本不像弗洛伊德所谓不"上锁的牢笼"或恶臭的丛林，甚至也不像浪漫主义者与自然共鸣式的崇高。它只不过是一个井口，所有形式和运动浮现奔涌于此。"在心理学里，我们称之为潜意识，"铃木说，"意思是我们所有有意识的想法和感觉都从这里生长。"[44] 他说，通常情况下，"感知的头脑大多被外向的注意力占据，忘记了在它的背后是不可捉摸的潜意识深渊"。这虽然听起来很简单，但涅槃的体验就是在当下深刻地记住"潜意识和意识的世界其实相依相偎"。[45] 从这个角度来看，意识就成了一场非同寻常的、相当不可预测的灯光秀，它由一套复杂系统发动，一种本身永远黑暗的"某物"（仿佛那些舞台表演，在灯光昏暗的剧院中，发光的木偶是被操纵者，而它们背后的那些穿着黑色丝绒套装隐身在黑暗中的人，才是真正的操纵者。想象你的思想就如同那些发光的木偶……）

浪漫主义运动就这样重新被点燃、发展壮大，并开始对人类文化从历史的蒙昧时代就隐含着的几种潜意识进行公开阐述。对梦的解释和更普遍的符号解码的兴趣，本就不是什么新鲜事。甚至说，那种认为秘密忠告并非来自于神，而是来自人类自身内在隐藏的智慧源泉的想法，其实也已存在了上千年甚至更长时间，尤其是在神秘主义者的神秘世界里。但是，灵魂的这个方面正变得心理学化和大众化，因为大众逐渐对探索自己内心深处感兴趣——想亲自去看看那里到底有什么,而不是缠在那张由中世纪宗教道德主义激发的希望和恐惧的滤网中,过滤他们对自身经历的选择和解读。

在人类本性的所有怪异之处中,浪漫主义者最感兴趣的,莫过于那些仿佛触及神秘和深度的事物——梦与敬畏之类的感觉与体验,还有意识的转变,比如那些发生在神秘时刻和"高峰体验"(peak experience)中的很难溯源的莫名其妙的经历。如果这些体验不属于神明与精灵,就一定有其内在的源头——隐藏的精神或灵魂的领域里,储藏着大量的创造力与智慧之水,在那里,"我们不是我们自以为是的那样"。人们认为有可能触及这些领域以及领域内所包含的宝藏,还设计了各种方法——从"宿庙求梦"中通过祈祷和冥想进行孵化,到济慈对诗的冥想——这些方法可能会使意识和潜意识对彼此更能相互渗透。不如让20世纪初西装革履的浪漫主义诗人哈罗德·蒙罗总结一下浪漫主义的潜意识吧:

> 在寂静的水池里往下看:
> 野草紧贴在他们所爱的土地上;
> 它们生活得如此安静,如此凉爽;
> 他们不需要思考,也不需要移动。

> 在潜意识的思绪里往下看:
> 一切也很安静
> 深邃、凉爽,而你会发现
> 平静的成长,没什么难的,
> 没有什么,会烦扰着你。[46]

但是，随着自省越来越大众化并趋于成熟，人们发现，当你往下看自己内心深处的时候，你并不总是会发现哈罗德·蒙罗信誓旦旦的诗中景象，一切并非全都宁静而凉爽，也绝不是"没有什么，会烦扰着你"。恰恰相反，那里似乎存在着许许多多反常、可怕、自我毁灭的东西。这些也是来自相同的潜意识源头吗？或者是思想之地下墓穴的其他区域内，有着完全不同的特征？如果我们能将神的智慧——甚至是神自己——以及崇高的源泉——内在化，我们是否就能找到一个内在家园，让困惑和痛苦的情绪以及疯狂的本身，有所安顿？

第六章

地下室里的野兽

> 如果我不能征服上面的神,那么我将移动地狱。
>
> ——维吉尔(弗洛伊德用作《梦的解释》的题词)[1]

在很深的阴影里,在房间里较远的一端,一个人影前后跑着。它是什么,不管是野兽还是人类,乍一看,谁也看不出来:它好像四肢都在低垂;它像某种奇怪的野兽一样抓来抓去,咆哮着;但它身上披着衣服,一头乌黑的、灰白的头发,像鬃毛一样狂野,遮住了它的头和脸。

"啊!先生,她看见你了!"格雷斯叫道。"——看在上帝的份上,小心点!"

疯子吼叫着:她把脸上蓬乱的头发撩开,疯狂地盯着她的客人……罗切斯特先生把我甩到身后,疯子跳了起来,凶狠地咬住他的喉咙,把她的牙齿放在他的脸颊上……

就是这样,就像简·爱(Jane Eyre)在阁楼牢笼中第一次面对罗切斯特夫人时所描述的那样,这就是典型的疯狂。[2]

疯狂是很可怕的。疯子和我们很相似,但他们的行为、言谈或感受都与"常识"大相径庭。他们表现出极端的情感——恐惧、欲念、暴怒、忧伤、狂喜——其强度与不合时宜的程度,使我们惊惧。他们如石头般站立,对言语和痛苦一概麻木不仁。他们刺痛我们的心,却又似乎活在我们的能力之外。正常的期望毫不适用;在他们身边,我们时常感到游离与笨拙,局促不安,就好像我们与无法知悉其意图的蛇和动物在一起,我们无法确定下一刻会出现什么,因而也就失去了通常令我们自己感到安全的预见与有所准备的能力。面对疯狂,我们不能完全做好准备。由于疯狂的意义和起源通常模糊不清——普通的因果故事并不适用——疯狂使我们对自己思想的控制显得更加脆弱。如果我们不了解噩梦的起源,我们就无法阻止噩梦的发生。正常的梦不会溢出到意识清醒的生活中,但梦中之事发生的可能性却是非常真实的,而常识中缺少对此先发制人的策略工具。疯狂是典型的怪异,相应地也更强烈地需要"解释"。

纵观人类历史至今天,超自然的、生理的和心理的三种耳熟能详的故事类型,一直在找理由争论和解读。在超自然类型中,疯狂的直接原因是诸神或精灵的直接影响。你的思想要么被远程的神秘力量控制着,要么被入侵的生物占领着。"神想要摧毁他们,就会先让他们发疯",希腊人说。根据这一观点,有许多可能的治疗反应。如果恶魔被困在你的头骨里,你可以在你的头顶上钻一些小洞让他们出来。人们发现了五千多年前的头骨,[3] 就是用这种方法在头顶钻孔。你可以试着赎罪。你可以试着讨好那邪恶的灵魂,看看能否说服它解除诅咒,还你安宁。你可以尝试驱魔,看看你是否可以通过优越的道德或精神力量驱逐入侵者。或者,如果一切都失败了,你可以选择宿命论,接受"上帝的意志",看看你是否能捏造一个二手故事,让生命的价值与意义全部付诸东流,归因于完全不值得却不可避免的痛苦(尽管这样一来,疯狂本身就被双重诅咒了,因为正是疯狂,才使人类赋予痛苦以意义的能力被剥夺)。

荷马认为:"精神错乱并不是由精神结构中的混乱或错乱引起的,因为根本没有这种结构的概念。"[4] 力量和冲突的内化尚未出现,若它真的发生,在伟大的希腊剧作家的抒情时代,如《美狄亚》中的那种冲突,与潜意识绝无相关。美狄亚是因愤怒和嫉妒而疯狂——但所有的原因和冲动,都平铺于前,洞若观火。

第二条线索认为,疯狂是身体上的不平衡或紊乱的结果,最常见的是在"气血"中。就像今天的精神病学将幻觉和抑郁转化为大脑中神经递质和神经调节剂水平的变化一样,古人和中古之人,也将过多的"黑胆汁"视为导致忧郁的原因,将"胆汁"视为导致易怒或愤怒的原因,或将"血液"视为使研究对象变得狂躁、过度自信或"乐观"的原因。蒙彼利埃的丹尼斯·方台农(Denis Fontanon)警告说,当血液和胆汁的混合物特别黏稠时,就会出现"残忍的疯狂,也是最危险的狂热"。[5] 复杂的准医疗系统将这些(在大多数情况下)假设流体(气血在拉丁语中指流体)与当时被视为土、空气、火和水的四个基本"元素"联系起来。血液温暖、湿润、"活泼",就像空气;胆汁温暖、干燥,就像火;痰像水一样,又冷又湿;而黑色的胆汁则像泥土一样寒冷、干燥。这些分类,为各种怪诞奇异的"疗法"创造了美妙的理论基础,比如说放血。有些疗法无疑确实起过一些作用。气血是内在的假想物——就像潜意识一样——但气血绝对是属于身体而非心理的。一个人"得了"疯狂,就像一个人得了麻疹或头痛病一样。痰怎会拥有自己的思想。

实践中,这两种方法以及它们的联合疗法经常被结合运用。神仙与精灵捕食着那些根本无法抵抗的人;他们可以通过彻底的催眠手段来达到他们的效果。复仇女神,那些身披黑衣、颈上缠蛇的精灵,这样解释如何让奥瑞斯忒斯发疯:"我们在那受害者的头顶唱这首歌,令他的大脑发狂,带走他的感官。"[6] 公元1世纪,人称"罗马的希波克拉底"的塞尔苏斯,区分了由于"被幻影欺骗"而导致的疯狂和由于心智障

亨利·富塞利（Henry Fuseli）在 1806—1807 年间画的《疯狂的凯特》（Mad Kate），是女性精神错乱的另一个缩影

碍而导致的疯狂。如果幻影作怪，矛盾的是，草药疗法就会有效：抑郁症应该用黑菟葵来治疗，而"狂躁症"应该用白菟葵来治疗，"如果病人不能把菟葵一饮而尽，就应该把它掺进面包里，这样更容易欺骗他喝完"。然而，如果是心智本身出现障碍，那么疯者最好是接受各种酷刑治疗。"如果他说了什么或者做了什么错事，他就会受到饥饿、束缚和鞭打的种种威逼。这样，逐渐地他会因为害怕而被迫重新考虑他正在做的事。受到突发的惊吓以及受到彻底的惊吓，对这种病是有益的。"[7]

很难在古代找到"精神疾病"的心理学疗法的源头。这种疗法在前基督教时代就已经存在一些端倪，柏拉图将疯狂赞同于野性和破坏性的欲望的释放，在他的论点中，理性和知识阻止其大爆发。另一个端倪是自我欺骗的概念，我们发现，是柏拉图的同时代人色诺芬首先清晰地阐述了这个概念。正是色诺芬发展了苏格拉底的思想，使其能够为精神错乱的心理描述提供一个开端："不了解自己，*想象自己知道自己不知道的事情，是最接近彻底疯狂的事情*。"（斜体重点为作者所加）[8]

然而，真正的心理学方法开始得比较晚，是在认识到人类拥有辅助生存和健康的内部复杂过程和机制之后才开始的——但在某些情况下，这些过程和机制可能会失灵，并在这样做的过程中背叛其所有者，逐渐削弱而不是支持他们的精神健全。这就需要使用我们在第四章中所提到的那种能力，来看待人们的激情。不要透过道德的视角，而是透过一个既冷静又富有同情心的视角。约翰·洛克与霍布斯和斯宾诺莎一样，是这方面的先驱，也是最早将疯狂视为既非恶魔也非肉体，但本质上属于妄想的人之一。他拓展了柏拉图首创的疯狂与非理性之间的联系。他解释说："疯子，把错误的想法放在一起，因而提出了错误的主张，但从他们自己的角度，其辩论和推理却是正确的。"在这一点上，疯狂与白痴不一样，因为"白痴很少或根本没有提出主张，也几乎没有争论和推理"。一个世纪后，伏尔泰在他的《哲学词典》中支持了洛克的观点。"疯狂是拥有错误的认知，并从错误的认知中正确地推理。"

但是，洛克其实也不是第一个对疯狂采取心理学态度的人。在15世纪末期，意大利文艺复兴学者皮科·德拉·米兰多拉（Pico della Mirandola）拓展着柏拉图的马车夫模式并解释说，这种情感上的纠结是由于内心的冲突而产生的。人的灵魂包含两个不和谐的能量和运作中心，正是它们的激烈争论和扭曲，导致了自然情感的凝结和败坏。"我们的灵魂中植入了两种本性，"他说，"一种本性把我们提升到天堂，另一种本性把我们向下推到下层世界。"这样，我们"就如同疯子一样，被冲突与不和所驱使，被赶出神的怀抱。事实上，先祖们，我们的身体内部有许多不和，我们有严重的肠内冲突，比国内战场的内战激烈得多"。[9] 皮科说，这种冲突是我们所有人的特点——我们本质上都与疯子类似，但蒙上帝拯救，方得慈悲，不至于被逼到极端。

五十年后，西班牙学者路易斯·维夫斯（Luis Vives）——很可能具备现代心理学家的素质的第一人——他认为，疯狂的根源不是标签，不是观念，而是情感。他看到，所有基本的负面情绪——恐惧、愤怒、悲伤等等——本质上都是有用的：我们拥有它们是有充分理由的，但它们可能会犯错。比如"人有了恐惧，就可以在有害物触及他之前，先行保护自己不受伤害"。维夫斯观察到："恐惧之中的声音是微弱的，因为热量已经从心脏和上半身流失……因而变得苍白和发冷……而在愤怒之中的声音是强烈的，因为热量上升了……恐惧对灵魂的影响是扰乱它和混淆它的思想。恐惧的后果是沮丧、自贬、奉承、怀疑和谨慎，这些在虚弱的灵魂中，会导致惊疑、恐惧、精神错乱，以及懒惰、绝望和颓废。"[10] 虽然他的结论是基于当时较为幼稚的生理学，但是，将抑郁和妄想症理解为自然心理过程"出错"的反映，这是弗洛伊德学说的另一个早期征兆。

值得注意的是，柏拉图—皮科—维夫斯（Plato-Pico-Vives）的传统是弗洛伊德定性非理性的前奏，并使弗洛伊德的定性拥有可运作心理的中心地位。这正是一种对抗理性的力量。另一方面，对洛克而言，非理性只不过是理性的弱点或缺失——是在理性能力自身力量之中的某种或暂时或永久的动摇。洛克的这一传统使19世纪精神病学定性为一门以"理性复活"为核心关注的职业。[11]

疯狂被纳入心理学研究，这其中包含着一个重要观念，就是疯狂可能有其积极作用——它可以被视为一种战略，尽管患者本人是否意识到这一点是值得怀疑的。"虽然这是疯狂的，但还是有路径的"，波洛尼斯（Polonius）观察到。疯狂与"附体"一样，会引起你的注意，不过，这种引发注意的后果是好是坏，很大程度上取决于对社会环境的精准评估。疯狂也能让你摆脱那些正常、理智的人无法摆脱的事情。一位18世纪的精神病院探访者观察到其中一名囚犯"强烈反对强权式的政府"。这位探访者告诉他，他应该为这种叛国的谈话而被绞死。但疯子回答说，这位探访者才是傻瓜，"因为我们疯子有说出自己想法的特权……你可以随便说，没人会为此质问你。真理在国外到处受到迫害，于是就飞到这里寻求庇护，在这里，真理安全得就像教堂里的流氓或者尼姑庵里的妓女。在这里，我可以随心所欲地使用［真理］，你可不敢这样"。[12]

从13世纪开始，人们就有了一种观念，认为一旦出现使人忧虑可能引致疯狂的想法和感受，大脑可以通过主观转移注意力，来应对由此带来的内心紧张与不安。换句话说，这就是压抑的可能性，或者说是精神病理式集中反击的可能性。但丁在《炼狱》长诗中写道，他已经忘记了他可耻地对待贝雅特丽齐："我不记得我曾经和你疏远过。"作为回应，贝雅特丽齐嘲笑他说："就像从烟雾中可以推断出火苗，你的健忘就是明摆着的证明，意志一旦错误，一切都会扭曲。"[13]莎士比亚，则正如我们所见,一直活在"选择性失忆"的可能性中。理查森笔下的克拉丽莎的形象基础,则是年轻女性潜意识里一再无视自己的性吸引力和性困惑。

受压抑的性行为是导致精神和情绪紊乱的主要原因之一,这一观点可以追溯到古代。在 1621 年首次出版的《忧郁的解剖》(The Anatomy of Melancholy)一书中,罗伯特·伯顿(Robert Burton)总结了关于某些"特定类型的忧郁"的思想史,如果天生性欲得不到表达,这类忧郁便会降临折磨人。然而,他指出,"他们中的许多人并不知道……是什么让他们苦恼"。伯顿认为,"修女、女佣、处女、寡妇(和)独居闲散的善良淑女"尤其容易因不明原因的性挫折而出现躁狂和抑郁,他建议,"最好、最可靠的补救办法是让她们安居乐业,嫁个好丈夫……从而满足她们的欲望"。问题不在于挫折,而在于对挫折的压制。"如果邻居的房子着火了,她们定会不惜一切把它扑灭,但是,遇到这种令人五内俱焚的欲望之火,她们却丝毫不在意,她们的肝肠血肉都怒火中烧,她们却仍然视而不见……"[14]

但是,叔本华来了!19 世纪初,他把压抑的概念带到了一个新的高度,并像弗洛伊德后来所做的那样,在更广泛地重组潜意识的过程中,将其作为杠杆,把潜意识撬回思维动态中心的位置。在 1819 年首次出版的《意志与表象的世界》(The World as Will and Idea)一书中,叔本华反思了我们如何避免去思考那些可能"损害我们的利益、伤害我们的自尊或干扰我们愿望"的事情。[15] 他指出,人们是多么不愿意有意识地面对这些事情,多么容易"不假思索地摆脱或逃避它们"。我们的注意力从这些事情上转移到更中立或更令人愉快的话题上。但如果这种回避的习惯变得过于强烈,他表示,长期成本可能相当高。因为"在意志的抵抗中,与之相反的东西将不允许进入智力的检查范围,这恰恰就是疯狂可能在头脑中爆发的地方"。

叔本华认为，我们的心理健康取决于我们是否愿意克服这种阻力，是否愿意将使我们感到害怕或不快的东西融入我们的"智力"中，他使用这个术语的方式与弗洛伊德使用"自我"的方式非常相似。他说，智力不是头脑的"深度"，而是"通过调节有机体与外部世界的关系来达到自我保护的目的"。同时它也像意识的编辑者一样，向我们隐藏着令人不快的东西，但代价是把它们埋在思想的黑暗角落，没有整合，没有回报。如果不进行整合，

> 那么，某些事件或情况对于智力来说就完全被抑制了，因为意志不能忍受它们的出现，然后，为了必要的连接，因此产生的空隙被愉快所填补；于是，疯狂出现了。因为理智已经放弃了它的本性去满足意志——这人现在想象着不存在的东西。然而，这样产生的疯狂，现在却成了不可忍受的痛苦之根源；它是对受到骚扰的大自然的最后的补救办法。因此，人们可以把疯狂的起源看作是头脑需要非常猛烈地摒弃某些事情，然而，这只有在头脑中植入其他东西，才有可能做到这一点。[16]

有趣的是，叔本华强调的是压抑的积极动能的一方面——即积极地避免去与更有意识、更为人接受的自我形象相冲突的体验——而不是此类压抑被贬入的那个头脑假想之中的照不到光的"空间"。在这一点上，我们将会看到，他甚至比弗洛伊德更现代。还要指出的是，他敏锐地意识到，压抑只有在其活动本身被掩盖的情况下，作为一种自我欺骗的机制才会起作用。一个粗鲁的军方审查员可能会用记号笔把士兵家信中关键的几行文字涂黑，而不必担心他那明显的审查事实被收信人看见。但是，如果大脑想要有效地净化自己的体验，就必须漂白那些令人不快的字句，然后在它的位置上写上些安慰话。魔术师必

须欺骗我们，也必须把我们的注意力从欺骗上引开，否则我们就可能会对技巧过于好奇，也就能够知道在哪里去追踪它。叔本华说，希望用正直换取平静生活的心灵也必须如此。

叔本华把他关于压抑的思想发展成一个大致包括意识和潜意识两大区域的整体心智模型，并打算将其应用于大脑的理智和"认知"方面以及大脑的苦恼和激情方面。在这个模型中，他和卡鲁斯一样，把潜意识的一面放在核心，意识被描绘成边缘性的、肤浅的、不可信的，以此将传统笛卡儿思维形象完全颠倒过来。为了形象地说明这一点，他没有选择用人们更熟悉的柏拉图模式和皮科式的描述模式，那样的模式，是人为创造两三个任性的类人代理者，并描述他们之间发生的人格化冲突。叔本华则回顾了古代世界的"地理"心理隐喻。他请读者把心灵想象成不断运动的水体，就像大海一样。它固有的流量与力度相加，就是他所说的"意志"，意志构成了"人的内在、真实和坚不可摧的本性；然而，意志之中住着潜意识"。这种黑暗的动态心理团与"模糊的思想和感觉"以及"普遍的感知和体验的后感觉"交织在一起，而且"从外部接受的［这些］物质的反刍，是在思想的模糊深处发生的……并且几乎是在不知不觉中进行，就像营养不知不觉地转化为身体的体液和物质一样"。通过这些潜意识的阴谋，我们活跃的欲望与忘却的记忆被"加工成思想"，并且如气泡般浮上表面，构成意识本身。"那浮出水面的……是用语言和意志的决心表达出来的、由幻想或独特的意识想法组成的清晰画面。"这些只是标志着潜意识的间歇性产物，是潜意识那不可思议的起伏与旋转膨大的溢出物。"我们的思想和目标的整个过程很少处于表面，［或］很少包含在明确的思想判断的组合中。"

叔本华认为，这些有意识的产物可能在两个方面歪曲了实际的心理状况。首先，正如我们所看到的，他们可能被粉饰和净化过，以避免意识到令人不快的真相。但是第二，我们可以想象有意识的思想流比潜意识思想更全面、更"紧凑"、更合乎逻辑。叔本华说:"我们努力克服这种(痛苦),以便我们能够向自己和他人解释我们的想法。"——因为,在后笛卡儿时代,我们被培养成一个个连续而严密的"思想者"。对叔本华而言,真相在于,清晰的有意识的思想或知觉的碎片会突然出现,然后我们会在事后试图将它们联系在一起(或忽略这些不连续性),这样一来,我们就会形成一种错觉,认为完整的思想序列源自灯火通明的意识车间,并在此由我们自己、由"我"亲自组装,而且我们将这一错觉永久化,因为思想建构是我们得以了解自己的核心方式,也是我们被引导去相信的核心方式。

叔本华属于他的那个时代,几乎没有系统的证据支持他的理论。他只有自己的观察和直觉,他和我们一样,知道个人经验有多容易出错。事实上,就好比第 22 条军规那样,意识的易错性是人的自身心智模型的核心部分之一。然而,尽管心理学作为一门科学尚未萌芽,正如我们后来证明的那样,叔本华的观点是多么有先见之明。事实上,我们稍后还会谈到的一些关于潜意识的最新观点,跳过了弗洛伊德而与百年前的叔本华相呼应。

要想成功地摆脱压抑,就需要通过做一些或想一些什么其他的事——某种不那么威胁的事——来填补压抑制造的空缺,这一观念在整个 19 世纪都很有市场。尽管莎士比亚已经阐明了投射的自我欺骗策略,在这种策略中,一个人可以评判其他人,却不愿承认自己也一样,但莎士比亚没有明确连贯的思维理论来支撑他敏锐的观察。然而,到了 19 世纪,人们已经在讨论"心理防御机制"的概念。例如,1831 年,有一位瑞安(M. Ryan)先生,呼应罗伯特·伯顿的观点,声称性挫折可能隐藏在"对生殖行为的完全厌恶之中,即使是信息灵通、有趣和可爱的女性也会如此"。相反,根据他的经验,"所有研究对象都对自己的外表过分虚荣,醉心于他人的欣赏"。瑞安说,他们的性欲变得如此凝滞和漂移,以至于即使他们真的发生了性行为,"他们也会在夫妻生活中最热烈地谈论衣着,却没有丝毫享受"。[17](我们可能会想,他是怎么知道的?还有,他又倾向于提供什么样的补救呢?)

19世纪50年代,贡考特兄弟(Goncourt brothers)日志极尽谩骂之能事,他们记录了一位法国作家圣伯夫(Sainte-Beuve),在晚宴时向大伙儿解释弗洛伊德后来称之为"升华"的东西:

"我的脑袋里,在这里,或者这里,"他轻敲自己的头盖骨——"有个抽屉,有个格子,我一直不敢正视它。我所有的工作,我所做的一切,我所发表的大量文章——所有的一切,都是因为我不想知道那个格子里有什么。我堵住它,我用书塞满它,这样我就没有空闲去思考它,也就没有时间翻来覆去念叨它。"[18]

1892年,马萨诸塞州丹弗斯精神病医院(Danvers Lunatic Hospital)院长查尔斯·W.佩奇(Charles W. Paige)发表了一篇题为《压抑的不良后果》的论文,他在论文中描述了"压抑的情感"以及——用与叔本华非常相似的术语——相关的心理危险。"幻听者,"他写道,"极容易屈服于一些脑海中的想法和建议的声音,而这些想法和建议的主人其实一直试图将其排除在他的思想和生活之外……这样,这些想法与建议与他的个性联系反而更紧密,并使之成为他头脑中最具攻击性的想法。"[19]在19世纪80年代,当弗洛伊德还是个小男孩的时候,压抑以及与之相伴的潜意识,都是受阻的记忆和想法的加压器,两者在美国和欧洲的知识社会十分普遍。

在19世纪的欧洲,压抑的概念与另一个关键概念——分离的概念——同时发展起来。如果自己的某些方面可以不被察觉,也许这些方面就可以继续过他们自己的生活。一个人可能会分裂成两部分或两个"次生人格"——或者也许不止两部分。其中一个在意识的帮助下运作，而另一个则不在意识的帮助下运作。如果占主导地位的"光明"人格与自我意识持续地、不可分割地联系在一起，另一个"黑暗"人格只能秘密地运作，通过疯狂或其他奇怪的力量或苦难，间接地使之为人所知。但是，如果这些次生人格能够交替出现，轮流地占据意识的聚光灯，那么我们可能会在同一个身体里看到几个，也许是截然不同的人格，每个人格都无视其他人格的存在。[20]

毫不奇怪，"分离"学说在19世纪后期的发展心理学中占据了中心地位，因为那种公然的分离恰是这个时代的特征。在国外，军队和传教士一心要"把文明带到世界上来"，改造异教徒，但他们的恩惠经常伴随着肆意的掠夺、屠杀和疾病的传播。道德目的将武器与物质贪婪和文化破坏绑在一起，在公共讨论中，前者包庇着后者。在国内，社会正在分裂成两部分，既有"中产阶级"专业人士的迅速崛起，也有其对立面的极端贫苦。只要你愿意花点时间关注一下，在各个大城市的贫民窟里，都能看到这种惨景。许多人根本不会去关注——尽管他们读过狄更斯的《艰难时世》（Hard Times）或左拉（Zola）的《萌芽》（Geminal）等小说，并且照单全收，毫无障碍。这些小说记录了此类人的虚伪，但显然没有意识到他们才是"坏蛋"。工匠们习惯于把做好的性感曲线的木头桌腿藏在锦缎布的后面；一家之长则会先给孩子们来一通道貌岸然的说教，然后溜出去让情妇们为之口交。[21]

双重标准和双重生活是普遍存在的，但类似压抑这样的分离，只有当它掩盖自身轨迹，令直接对话日益稀少，而战术性的偏见习以为常。除了在临床圈子里，很少有直接明确描述人格中隐藏着的非理性方面的文章，但是分离现象却一直是一种间接的吸引读者的桥段。比如在最早的疯人院"贝特兰"（指当时在南沃克的贝特兰皇家医院）那拥挤的公共走廊里，可以看到囚犯们在前一分钟还理性地说话，而在后一分钟却歇斯底里地号叫。催眠、灵媒等奇异的"分离"现象，引起了人们极大的兴趣。关于狼人和"分裂人格"的故事被一遍遍地讲述和赏玩。只要分离现象稍加伪装，成了畸形表演或小说，它就可以在保持一定距离的情况下被社会所承认。

关于分离现象的典型描述，当数罗伯特·路易斯·史蒂文森（Robert Louis Stevenson）于1889年出版的《化身博士》（*Dr Jekyll and Mr Hyde*）。在某种程度上，可敬的杰基尔变成邪恶暴力的海德，是因为喝了一种化学混合物（史蒂文森很可能想用它来代表酒精）。然而，在另一个故事中，读者逐渐了解到杰基尔早期的挣扎，他的内在鞭策消失了，他对"低快感"和暴力倾向的迷恋，以及他试图将这些与他正直、道德的人格区分开来的努力。我们发现，当他还是个孩子的时候，他没有受过任何创伤，只是学会了对别人，然后对自己掩饰自己本性中不可接受的一面。作为一个成年人，在某种程度上，他成功地采取了否定事实和否认关系的策略。海德及其爱好，似乎是另一个独特分离的人格。

但是随后，内在分隔开始瓦解，彼此间潜意识的面纱被撕开，海德的欲望开始萦绕纠缠，然后侵袭不幸的杰基尔。[毕竟，杰基尔的名字与"豺狼"（jackel）谐音，因而暗示了野生动物的邪恶本性。除此之外，"海德"与"隐藏"（hide）谐音，听起来似乎还挺值得尊敬。]如果放在更早的文学作品中，海德更可能是一个具有侵略性的灵魂，被魔鬼派去通过他任性的思想来颠覆杰基尔的正直。但在史蒂文森的故事中，我们受邀看到海德作为杰基尔自身心理学的一个分离的方面。不仅如此，他还想让我们看到，海德的权力之所以存在，是因为早期的内部冲突管理不善——他告诉我们，自我欺骗就是自我毁灭——此外，内心分裂与压抑的混合是会爆炸的。它会积聚压力，这些压力可能会在虚弱或缺乏警惕（比如醉酒）的时候释放出来。这本书出版于1886年，传递的却是彻彻底底的现代信息，它甚至比弗洛伊德最早的主要出版物还要早五年。

催眠是19世纪引起人们极大兴趣的怪诞之一。在催眠的恍惚状态中，人们似乎能做、能感觉并能记住他们在正常意识状态下所不能做以及作为清醒意志所不能再现的各种事情。他们令人信服地回忆起童年时的事情，甚至是"前世"的事情。他们能使自己的身体如此僵硬，头靠在一把椅子上，脚靠在另一把椅子上，中间什么也没有，然而他们还能承受一个人以全部重量坐在他们的肚子上，却不显任何吃力的迹象。他们可以热切地吃一个被告知是苹果的生洋葱，可以让自己听不见噪音，以至于他们不会在突如其来的巨大噪音面前退缩，也不会在一桶冰水中握手而感到疼痛。真不可思议，正常的意识似乎是这些神奇效应的主体，而非其工具，就像心智的"正统说法"愿意让我们相信的那样。有意识的思想正被改变，但它不可能是被思维所改变。究竟发生了什么？

好吧，如果不是"思维"在干这事，那看起来难道是身体这个实体在干吗？或者除此之外还有什么？因此，18世纪的神奇催眠师弗兰兹·安东·梅斯默（Franz Anton Mesmer）自创了一种无形但仍属于身体的力量，他说，这种力量从催眠师流向受体，赋予受体以不同寻常的能力。只有某些催眠师——比如他自己，能够天然地——拥有足够的"动物磁性"储能，并使这种释放得以发生。（梅斯默的观念由其博士论文推断而来，论文中，他认为天体运动通过类似于物理磁性或"天体引力"的东西影响人类的生理。）[22] 梅斯默将其方法运用于各种生理的和心理的问题，起初他声称他那夸张的新"治疗"方法拥有科学依据。他无疑是一个完美的表演家，在18世纪70年代末，他曾在巴黎被奉为名人。当时，正如乔纳森·米勒（Jonathan Miller）所言："受过教育的公众对科学创新却不屑一顾"，结果，"被那些基于从前不为人知的自然力的医疗手段趋之若鹜"。[23] 然而，1785年，由本杰明·富兰克林和著名化学家拉瓦锡担任成员的一个官方委员会，却发现没有任何证据证明"动物磁性"的存在。在委员会自行测试后，他们得出结论认为："没有磁性的想象力可能轰动一时；而剔除想象力的单纯磁性完全默默无闻。"[24] 尽管梅斯默继续吸引着普罗大众——毫不奇怪，许多浪漫主义者都是他的超级粉丝——但他的科学可信度仍然受到打击。（有人怀疑他曾把磁铁贴身捆绑以编造能力"愚弄"大众。）至于那些令人极度困惑的催眠现象，人们也一直在锲而不舍地寻找其他解释。

当然不乏错误的推测。1841年，曼彻斯特的苏格兰裔外科医生詹姆斯·布雷德（James Braid）自以为找到了答案。他声称，催眠性恍惚状态的诱发，通常是通过让受试者固定地盯着高于眼睛水平的一点来完成的，布雷德还确信这会令眼部肌肉迅速疲劳，导致受试者陷入"不安的睡眠"。布雷德设计了一个巧妙的神经学理论，来解释在这种"睡眠"中出现的更高的暗示性，尽管这是相对于梅斯默的一种明显改进，但很不幸，他试图将催眠（实际上是布雷德创造了这个术语）与当时流行的颅相学联系起来——从人类头部的形状来解读大脑功能。因此，布雷德声称，如果触摸一位被催眠者的"尊重器官"，她就会态度虔诚双膝跪地，而"触摸自重器官，她会以最自以为是的态度在房间里转来转去"。[25]

尽管这些乱七八糟的理论得不出任何真正的结论，但布雷德确实激起对催眠的一系列系统化的研究，并且引发人们对清醒意识和注意力暂停的奇特现象的关注。在笛卡儿模型中，智能行为需要有意识的自由意志来激发：没有意图，没有行为，或者至少除了卑微的生理管理之外，什么都没有。然而，实际上存在着大量各不相同的复杂行为，明显是不由意志支配的——或者说意志更多由催眠师支配，而非意志主体。挑战依然存在：这类行为的背后还有谁？还有什么？

英国的哲学家威廉·汉密尔顿爵士（Sir William Hamilton）与三位生理学家本杰明·卡彭特（Benjamin Carpenter）、托马斯·赫胥黎（Thomas Huxley）和托马斯·莱科克（Thomas Laycock）一起迎向这一挑战。他们创造出一种实际效果更靠谱的行为根源模式，不同于叔本华模式。思想并不导致行为，思想和行为都是潜意识智能的产物，而潜意识智能是思想和行为的根基——思想和行为有时互相关联，有时毫无关联。比如，汉密尔顿在1842年声称："我们意识到的东西，是由我们没有意识到的东西构成的……有许多东西我们自己既不知道，也不可能知道，但它们通过认知效应间接地表达出来。"催眠的意义在于，通过驱走主体自己的思想和意图，从而让隐藏着的潜意识过程为人所见。赫胥黎更有勇气，他更加直白地解释这个离经叛道的想法。"我们称之为自由意志的那种感觉，"他说，"并不是自发行为的原因，而只是作为直接原因的（潜在行为的）某个阶段在意识中的符号而已。"[26]赫胥黎用了一个著名的比喻，即我们自认为掌控在手的意识感觉，与我们实际所做的事情的关系，就与机车汽笛与车轮转动的关系一样：汽笛发出信号，但车轮转动并非源于汽笛。

尽管催眠提供了一种短期的、容易逆转的、相当良性的——尽管相当娱乐性的——意识"宝座背后力量"的展示，但那些在精神病院工作的人每天看到的，却是分离现象更黑暗、更恶性的展示。他们看到，被切断的潜意识力量常常颠覆并毒化人们的生活，使他们痛苦不堪，智慧功能遭到破坏。在巴黎的萨尔佩特里尔医院（Salpêtrière Hospital），伟大的神经学家让-马丁·夏科（Jean-Martin Charcot）和之后的皮埃尔·让内（Pierre Janet）认为，一系列精神错乱症，特别是癔症，随着源于创伤观念从主要的意识人格中分离出来，并被深埋在潜意识之中，操纵着行动、思想和感觉。就像催眠师可以在一个自愿受体的潜意识里植入这样的想法：在释放信号出现之前，他们会对所有声音充耳不

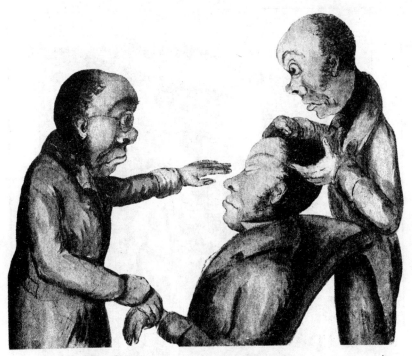

19世纪的水彩画,略为调侃了颅相学的两位创始者,约瑟夫·盖尔(Joseph Gall)和卡斯珀·斯珀蔡姆(Caspar Spurzheim)。画面上,这两人正热心"治疗"一位病人,一边感受他的头骨隆起,一边调整其"动物精神"。下面的小字隐晦地写道:切掉实体,那样非实体可能会有效

另一幅乔治·克鲁申克于1826年创作的讽刺漫画,展示了一位"颅骨隆起专家"用他那博学的眼睛仔细地研究着骨相图……"并且由助手记录他的研究发现"。旁边那位可能是患者的母亲,她观察整个过程,她的表情说明一切

闻；同样地，一份压抑的创伤记忆可以向受体植入同类想法，导致明显的失明或瘫痪，或者导致悲喜等感觉的麻木或夸张。清醒意识的健康连续性被打破，一股日益衰竭的意识流继续在意识的表面流动，而另一部分——或者，在"多重人格障碍"的情况下，其余部分——进入地下暗流，开始他们自己的分离性、破坏性的生活。[27]

比如说，癔症导致的麻痹，使患者在没有任何明显神经损伤的情况下却不能移动双腿。到了19世纪末，这种准生理疾病日益多发（不过，就像许多精神疾病一样，它们流行一时，现在相对罕见，因为已被诸如厌食症和"慢性疲劳综合征"等新的当代谜团所取代）。夏科推断，如果这种状态可以通过催眠术再现，那么催眠术就可以起到治疗的作用，揭示被压抑的记忆，就像深埋的"催眠后暗示"可以被发掘一样，只要将压抑的记忆暴露在清醒意识中，就会帮助患者摆脱其控制，并从紊乱状态中解脱出来。然而，以催眠为手段的心理疗法，却是一场沮丧故事的重演。夏科被称为"神经界拿破仑"，他戏剧性地展示了自己的能力，并对这种能力的效力提出了戏剧性的理论，但这种能力并没有持续下去，也无法被其他人复制。几年后，弗洛伊德对夏科关于癔症和催眠术的研究深感兴趣——大约在1885—1886年间，他曾在萨尔佩特里尔医院待了四个月——与约瑟夫·布鲁尔（Joseph Breuer）合作进行了几项催眠术研究，但很快就对此感到失望，并迅速转向"自由联想"心理治疗法，这是他著名的精神分析"谈话疗法"中的关键技术（尽管就像弗洛伊德自己在职业生涯即将结束时承认，这种疗法本身令人失望）。[28]

19世纪人们对催眠术的广泛兴趣，催生了人们企图接近神秘的潜意识海底的各种尝试，也促进了探索能力的显著提升。浪漫主义者和唯心主义者不加批判地接受了其中不少理论。媒体以超自然的方式呈现他们的作品，声称掌握着"从另一边"传播信息的管道。1853年，在骗子四起的巴黎，巴龙·德·居尔登斯蒂伯（Baron de Guldenstubbe）男爵声称，柏拉图和西塞罗曾经直接向他口述教诲。但是，到了19世纪80年代，知识界舆论逐渐发现，如果用更加心理学的术语来包装唯心主义的技巧，比如说"自动写作"之类，可以绕过逻辑理智的控制性及审查性影响，从而成为汲取丰富的个人潜意识灵感储备的好方法。心理研究学会在19世纪80年代后期得出结论，以潜意识的视角来解释此类方法，要比诸神、精灵或祖先的声音来解释要稳妥得多。而且精神病学的常规观点，是将"附体"的症状转化为分离的术语。

有些主张似乎与这种转化理论并不相容——比如，对前世的了解，或者对非正常方式获得的信息或语言的了解——这类故事大行其道，但许多科学家态度谨慎，今天也是如此。有一个最详细的案例，日内瓦大学心理学教授西奥多·弗卢努瓦（Theodore Flournoy），是最早的一批心理学教授，也是威廉·詹姆斯的密友。他研究了著名灵媒"海伦·史密斯"（Helen Smith）的非凡记忆和语言能力。弗卢努瓦谨慎而开放，尽管他以拉普拉斯（Laplace）的原则为指导，即"证据的分量必须与事实的奇怪程度成正比"，他追溯了海伦的早期经历，并证明了她作为15世纪印度公主的"前世"所表现出来的知识，很可能是从她的童年阅读中获得的，这类知识被有意识地遗忘，但它却被"自然而然地记住并再现"，而表现出来却仿佛"自发地"涌出一般。同样，海伦有时说的"火星"语言与她父亲的母语匈牙利语非常相似。如果我们考虑到今天所谓的"内隐记忆"——影响思想和行为的记忆，而这些记忆本身却不能够被回忆——许多（尽管不是全部）唯心主义者的主张在心理上更容易被解读。[29]

英国精神病学家亨利·莫兹利（Henry Maudsley）在许多方面对发展潜意识的概念做出了贡献，其中一项贡献在于，他认识到潜意识力量反映了一个人的个人生活史，尤其是早年生活。在他1867年出版的《大脑的生理学与病理学》(*The Physiology and Pathology of the Mind*)一书中，莫兹利观察到："综合考察一个人的生活环境以及他所发展的与环境的关系，对于了解此人的完整心理是多么必要。"[30] 他甚至（在他难以理解的字里行间）暗示，解开当前问题的早年谜团，具有治疗价值。"如果这种特定的自由意志要通过倒退变形为它的组成部分来解决，那么就需要对所有形成自由意志的思想和欲望加以解释或加以解剖；而且，在进一步的分析中，甚至会发现个体……自我暗示的那些生命中特定的关系都犹如天启。"[31] 他特别注意到儿童性行为的重要性，声称"在早期生活中，无论是在动物还是在儿童身上，性行为的存在都是频繁的，都属于盲目冲动，没有任何有意识的目的或设计"。他再一次比弗洛伊德更早发出警告："而那些规避性行为的人……必定是或古怪或虚伪地忘记自己早年生活中发生之事的人。"[32]

巧合的是，莫兹利很清楚疯狂对有条不紊的笛卡儿的思维观察所构成的挑战。他指出，错觉和幻觉"足以激起人们对个体自我意识的客观事实和主观价值的深深怀疑"。他指出，笛卡儿哲学的基本命题是：能够由大脑完整清晰地构想出的一切，就是真实："但如果有一件事比另一件更清晰而完整地构想出来，那通常就是疯子的错觉。"他得出结论，自我意识不仅是不可靠的，而且"它并没有解释我们精神活动中的大部分以及重要的部分"。[33]

该是我坦率地说出我一直暗示之事的时候了！有意无意地，西格蒙德·弗洛伊德的潜意识概念其实包含着许多我一直追寻的历史主题。他远非"潜意识的发现者"，而是与古人的研究一脉相承。弗洛伊德的尝试与古人一样，都是要解释人类行为和体验的古怪之处。他一方面利用地点和空间的隐喻，另一方面利用看不见的、类人的隐喻。除非到了现在，阴间那毁灭和再生的力量是被折叠在精神之中的；神灵和精灵,无论好坏,也同样藏匿其间,就像莫洛克一样藏在思维的黑暗深处。

这两类比喻充斥着弗洛伊德的著作。一方面,潜意识是位于有意识的头脑和身体之间的精神活动的"领域"。就像"内在的非洲"——黑暗的大陆——这片领域是与意识相同的地方——类似的事情在那里发生,同样的词汇也适用——但它们却从一个人的自我反省中消失了。正如我心目中的"自我"是有思想的、有欲望的、是经历冲突的,并且能够形成意图开始行动的那部分,那么我的内心也不是我。为了让这个令人困惑的想法更加具体,弗洛伊德把这些心理动力——以及诡计——归因于三个因素,这三个因素在科学上相当于柏拉图的两匹马和一个马车夫,即超我的白马,本我的黑马,自我的马车夫,努力调和着良心与性欲那相互冲突的要求,以及外部世界的制约与机会。[34] 或者,用通俗的话来讲,弗洛伊德的拟人化模型,把大脑想象成一位清教徒牧师与一只性狂热的猴子之间的持续斗争,两者之间由一个紧张兮兮的银行职员负责调和。

将20世纪早期英国诗人巴灵顿·盖茨的一首深受弗洛伊德思想影响的诗歌,与我在前一章中总结的哈罗德·蒙罗的浪漫主义诗歌进行对比是很有趣的。两者都使用一个池塘的意象——但是效果截然不同。盖茨的诗歌《反常的心理》开篇如下:

> 他们说,我是一潭黑暗的池塘,
> 在这个巨大、狡猾的地方潜伏着一个傻瓜
> 幼稚和丑陋,不受时间之教,
> 总爱嬉戏于原始的黏液……
>
> 他最无情、最孤独,也最骄傲,

> 他在鳞片状的黑暗里低眉垂首，
> 他睡觉、吃饭、贪婪、哭泣，
> 永世不生，永世不灭。[36]

正如许多人在他之前所做的那样，通过将心理中好的和坏的部分相分离，弗洛伊德在某种程度上也同样试图挽救"灵魂"的声誉。他从灵魂或"自我"中剔除了人性中所有古怪和狡猾的部分，并把它们放到了别的地方。但他不是把它们定义为魔鬼的作品，而是把它们困锁于思维本身的地下室中。自古希腊以来，神学家们就一直在争论，"黑马"是否应该包含在灵魂中——在这种情况下，灵魂的神圣本性可能会受到损害——或者又是否应该将其排除在外，在这种情况下，必须有一个"某物"或"某处"——无论是内在之处或外在之处——成为它必须存在的地方。弗洛伊德更钟爱的选项是，将问题的根源锁定在内部，但同时又把这个根源放在"真实的我"的范围之外——因此"本我"（das Id），"它"（It），既是我的一部分，又不是我。以这种方式，他得以调整并补充笛卡儿那净化版的精神模型，以便它既能解释理性的理想，又能解释奇怪的体验，而且保留了意识思维的核心概念，这仍然是"我"的本质，也仍然是智力的本质。潜意识——与身体的简单机制不同——被定性为一种带点狡猾的部分，有能力掩盖其真实、卑鄙而自私的动机；但"理性的"部分肯定不会这样。笛卡儿说，事实上，潜意识不是我，不是智力，也不存在。弗洛伊德以笛卡儿同样的方式，将上述三点中的两点保留下来，从而完整地保存了柏拉图和整个犹太教—基督教传统的道德二元论。[37]

弗洛伊德的三元模型显然可以追溯到柏拉图的马车夫和他为调和两匹马相互冲突的性情而进行的斗争。在结构上，它们非常相似，然而，在弗洛伊德的世界里有更多的暗度陈仓。对柏拉图来说，这三个角色都十分清楚彼此的意图。就他们对彼此的理性认识而言，他们之间似乎没有什么区别。柏拉图的黑马有性欲，但没有狡诈，而弗洛伊德的黑马则没有疯狂地奔向它的欲望目标，而是掩饰和搪塞。柏拉图错失良机，没能指出黑马既难见到又难解读，所以才是黑色的。即使是表达超我的"白马"，到了弗洛伊德的手中，也不会仍然纯白，而是一种斑驳的白。它是部分以潜意识运作的，而马车夫对于这种运作方式并不完全知悉，也不完全理解。正如我在第三章中所指出的，柏拉图的战车似乎只是在解释人类生活中显著怪异之处时，才被拉出来走一圈。而当事情按部就班，它会安闲地留在车棚，而不是弗洛伊德式本我、自我和超我的三元论（Freudian trinity）。据说，三元论旨在成为精神生活的通用模式，理论上既适用于办公室里正常的一天，也适用于最怪异的神经症症状。

在治疗方面，弗洛伊德完全同意笛卡儿的观点，意识是好的，我们对自己的心理观念和动力越有意识，我们就会越快乐和健康。他治疗过程的咒语是"本我所在，自我即在"，而他治疗的主要隐喻之一就是考古学。弗洛伊德本人对考古学很有热情，他的咨询室里堆满了文物，看起来更像是一个博物馆，而不是一个令人放松的密室。他经常明确地将精神分析比作挖掘，或者有时比作土地复垦。他认为自我"就像一块被本我上升的水所威胁的陆地"，并认为"就像荷兰人收复须得海（Zuider Zee）一样，精神分析学家必须赢回一部分已经屈从于潜意识的心智"。[38] 与荣格和浪漫主义者尊重并赞美潜意识的语言和意象不同，弗洛伊德总是迫不及待地拆散并解读潜意识，将潜意识的诗歌转化为充斥"洞见"的警句。

事实上，他的整个方法可以被视为试图用"科学"的中性化的理性语言当襁褓，裹住人类生活中肮脏非理性的一面。18世纪，浪漫主义者和哥特式小说家曾有力地提醒着欧洲文化人性中所有令人尴尬的部分，也就是笛卡儿试图忽略的部分。但他们是通过诗歌、小说和视觉艺术的手段来达至这一点的。然而，在弗洛伊德时代，面对科学理性的迅速而咄咄逼人的崛起，此类手段已经失去认识论地位。相对于在欧洲激辩也在美国兴起的以理性为内核、以科学为典型的哲学及心理学大脑研究模式而言，这些艺术家对人性的评论，越来越多地被视为审美附属物。如果要认真对待心灵的黑暗角落，我们需要的不是诗歌的语言，而是严肃的仿科学的警句。在19世纪，这种语言正在形成。"潜意识"作为大脑中一个可识别区域的概念，被承认是有效的技术术语。

但是，仍然需要弗洛伊德来提供某种经反复推敲的科学理论的最基本框架形式。虽然他的许多理论被证明是高度空想，证据薄弱，推理存在缺陷，但他发起的经验主义传统延续至今，并最终取得了我们将要看到的显著良好的进展。弗洛伊德与自此以后数以百计的自恋科学家一样，他本人爱上了自己的想法，看到了其想法在他周围的反映，并把他的投射错误地当成了发现。[39]所有的梦都必须符合愿望实现的理论；所有的童年问题都必须是未解决的俄狄浦斯欲望的表现。他惊人的聪明才智使他总能找到他需要的东西。（他的前合作者布鲁尔指出，弗洛伊德似乎是被"过度泛化的本能需求"所驱使。）[40]但是，那种想看看自己在精神范畴内是否能找到怪异体验原因的冲动，那种试图扩展心智模型来做出此类解释的冲动——这样的冲动是合理的，值得尊敬的，而且在其探索范围上讲，也是新颖的。

我们已经有理由质疑那些声称在一切事物中发现象征意义的人，我们也有理由指责西格蒙德·弗洛伊德在这方面的过错。在这里，我们可能只需提及一个特别恰当的例子，其中弗洛伊德十分热心地对一起发生在17世纪的附体案例提供精神分析解读。你可能猜得到，他自信地将恶魔和魔鬼转化为"坏的和应该受到谴责的愿望，已经被否定和压制的本能冲动的衍生物。我们仅仅消除了这些精神实体向外在世界的投射，这是中世纪的驱魔；相反，我们认为它们是在病人的内在生活中产生的，它们蜷曲于此"。然而，这对弗洛伊德来说还不够详细。让我们看看他是如何继续的。[41]

此案涉及巴伐利亚画家克里斯托弗·海茨曼（Christoph Haizmann），1677年据当地牧师"揭发"，海茨曼的抽搐是因为他在大约九年前将自己的灵魂卖给了魔鬼。从当代的叙述来看，弗洛伊德诊断出海茨曼父亲的死导致了其抑郁症，并将魔鬼解释为父亲的替代物。为什么被哀悼的父亲会被妖魔化呢（而所有的历史证据都表明他深受爱戴时）？弗洛伊德说，因为我们知道"从分析揭示的个人的私密生活中，他和他父亲的关系可能从一开始就是矛盾的，或者，无论如何，很快就会变成矛盾的"。然而，在弗洛伊德的叙述中，"也许"这个线索很快就被忘却，我们确信父亲是"上帝和魔鬼的个体典型"。海茨曼"忧郁的"哀悼这一事实，进一步"证明"了他的矛盾心理。更重要的是，这一矛盾心理是与性有关的，因为魔鬼协议的九年，恰好"代表"了怀孕的九个月。弗洛伊德向我们保证，没有必要"对从九个月到九年的变化感到不安"，因为我们知道——又是那种自以为是的"我就是知道"——"潜意识的精神活动在数字方面享受充分自由"。至今尚不清楚弗洛伊德为何要进行这种富有想象力（而且完全没有必要）的重构。[42]

弗洛伊德的心智模式，以及潜意识区域的位置和作用，在他漫长而多产的写作生涯中也一直在变化和发展，我们不应为此而责怪他。最初，他粗略地将潜意识划分为两个不同功能的层次：前意识层，其中包含着完全可能是有意识的思想，但在此刻恰巧不是；潜意识层，这里是各种观念的发源地，这些观念不能转化成意识，即使能够转化，也是困难重重，因为它们受到压制，从而强烈地抗拒被曝光。这种潜意识描述方式基于"场所"的隐喻。前意识是意识的前厅，是它和潜意识之间的一种缓冲区，它是思想的地窖，大门紧锁无法入内，里头包含着不可理喻的冲动以及不愿承认的恐怖回忆。在前意识生活中，弗洛伊德早期的一种假设的内部代理审查员的角色，主要工作就是采集需要表达的潜意识，并将其伪装——以梦的符号，或神经症的症状——这将防止他们恐吓自我。他将这个审查员描述为"我们精神健康的守护者"。[43] 通过这个安全阀，人在精神上便能够防止潜意识中过度压力的积累，过度的压力如果不被释放，可能会导致真正的疯狂。

但是后来，在《自我和本我》(*The Ego and the Id*, 1923 年) 一书中，弗洛伊德用更像人类的次人格来讲解思想。这个新的比喻更像柏拉图的"战车"，而不是他自己的"地下世界"，这使他能够把人类的战略和意图归因于不同的思想部分：自我、超我和本我。[44] 他也会用拟人的方式来讲解。"可怜的自我服务于三个专制的主人……外部世界、超我和本我"，或者"在忧郁的攻击中，超我变得过于严厉，虐待可怜的自我，羞辱它，虐待它"。[45] 潜意识和本我与意识和自我想得不一样。它们不太关心清晰度和一致性，但它们是那种能"思考"的东西，有其想法和动机。这些冲突越激烈，"可怜的自我"就变得越疲惫、越紧张，因此，它越是无法让压抑的思想维持原位，那么它们就越有可能以神经质的"症状"或以噩梦的形式突围。

我忍不住要靠边站。精神分析师贝内特·西蒙（Bennett Simon）在《现代精神病学的古典根源》(*The Classical Roots of Modern Psychology*) 一书中提出，柏拉图的整个哲学都源于他小时候的经历。柏拉图（就像弗洛伊德本人一样）确实把性与其他"基本本能"结合在一起，认为性是头脑或灵魂中最基本的部分——黑马——并从平衡和克制的角度来看待健康和道德。对柏拉图而言，疯狂就像做梦一样，是与野性和缺乏抑制联系在一起的。他为什么要这样看待这个世界？西蒙说，因为"柏拉图式对话中疯狂的核心潜意识含义，就是孩子所感知的父母交媾中的狂野、困惑和好斗的场景"。⁴⁶ 于是——很明显——柏拉图的意识中抑制这种强大情感的哲学和政治愿望"是对原始场景潜意识专注的投影"。同样地，他对理想状态的设计也反映了"一种潜意识欲望，想要保护精英和卫道士们免受原始场景创伤及其后遗症"。这种陈腐的理论，与其说是源于其明显的谬误，不如说是源于其完全的无理取闹。西蒙为支持"证据"所做的努力真的很有趣。就连柏拉图关于现实和外表的著名"洞穴"隐喻——洞穴里的男人们看到的他们面前的阴影，其实来自他们目力之外的活动投射——"也可以被理解为一种原始的场景幻想：孩子们在卧室的黑暗中，看到阴影，听到父母交媾的回声。"好吧，这就好比你在派对上玩玩抢椅子游戏，觉得凑合；但开车回家的路上，你总不会持续不停地玩着抢椅子而乐此不疲吧？⁴⁷

弗洛伊德的潜意识观点曾被前人叙述，这一点他自己即使承认，也相当分散，我们这样说已经很客气了。弗洛伊德喜欢将功劳归于他的一些年份遥远的前辈，比如"神圣的柏拉图"以及古典剧作家。他曾借用索福克勒斯笔下俄狄浦斯的神话，以便形成婴儿性行为理论的基石。正如我们刚才所谈到的，他看到了自己早期的一些想法与现有"附体"理论之间的直接联系。比如，在1897年写给他的朋友兼导师威廉·弗雷斯的一封信中，他指出，"我的整个全新的歇斯底里理论在几百年前就已经发表了100次……中世纪的附体理论与我们关于外来物体和意识分裂的理论是一致的"。⁴⁸ 他最终承认了尼采的影响，尤其是他对压抑概念的发展，引用了尼采著名的概括："我的记忆说：'我做了。'我的傲慢说：'我不可能那样做。'还能全身而退。最终——屈服的是我的记忆。"⁴⁹

然而，弗洛伊德对他最近的同侪的影响，却是吝于承认的。比如他最终清楚地知道了叔本华的工作，但他仍然声称："压抑学说肯定是独立于任何其他来源而来到我这里的；我不知道外界对它的印象会给我什么暗示。"这种说法一直持续到他职业生涯的很晚的一段时期。虽然没有人比弗洛伊德更意识到作家们经常吸收其他作家的思想并忘记他们已经这样做了,但在他自己的自传中,他却极力否认这种洞见适用于他自己![50] 他声称自己故意抵制阅读他人的作品,以便"保持我自己的公正",也许这是真的。

然而,他的世界将会充斥着关于潜意识的想法,其中许多想法肯定是他吸收前辈或同辈的作品的。1874年弗洛伊德开始在维也纳大学学习的那一年,弗朗茨·布伦塔诺教授发表了一篇关于亨利·莫德斯利观点的详细研究报告。布伦塔诺为弗洛伊德当了两年导师;弗洛伊德的另一位导师是西奥多·迈纳特(Theodore Meynert),他是维也纳的神经学和精神病学教授。迈纳特关于思维的理论受到了两位潜意识倡导者的极大影响。其中之一是约翰·弗里德里希·赫尔巴特(Johann Friedrich Herbart),他最早提出将压抑作为一个动态过程的观点,在这个过程中,"更强大的"观念积极作为,将不那么强大的观念压在"意识门槛"之下。另一位是德国精神病学家威廉·格里辛格(Wilhelm Griesinger),他早在1845年就发表了关于精神错乱潜意识根源的观点。事实上,弗洛伊德甚至在更早的时候就读到过赫尔巴特的观点,当时他正在吉姆纳森文理中学读书,学习古斯塔夫·林德纳(Gustaf Lindner)所写的《经验心理学教材》(*Textbook on Experiative Psychology*),这是对赫尔巴特思想的介绍。然而,弗洛伊德不承认任何来自赫尔巴特或格里辛格的影响。[51]

1889年,在关于实验性及治疗性催眠的国际大会上,弗洛伊德坐在观众席上,皮埃尔·让内(Pierre Janet)发布演说,认为癔症是由于部分大脑与主流意识"分离"所致。在弗洛伊德的整个职业生涯中,让内力排众议,让他担任了几个重要的职务。弗洛伊德本人很清楚这一点,但他不仅同样不承认让内对他的影响,而且利用一切机会贬低让内。1937年,让内曾提议在经过维也纳时与他会面,弗洛伊德回了一封粗鲁的信,拒绝会面。[52]

兰斯洛特·劳·怀特(Lancelot Law Whyt)确定无疑地证明,"到1870—1880年间,潜意识思维的一般概念已在欧洲深入人心,而对于一般概念的许多特殊应用,已被热烈讨论了几十年"。[53]冯·哈特曼(von Hartmann)的《潜意识》一书在19世纪70年代在欧洲售出了5万册,当时对该书的讨论和理查德·道金斯(Richard Dawkins)或斯蒂芬·杰伊·古尔德(Stephen Jay Gould)的作品一样广泛。在弗洛伊德之前的两百年里,几十位思想家,甚至可能多达100位,发表过各种各样关于潜意识过程的观点。然而,在弗洛伊德70岁生日前不久,他仍然坚持认为"绝大多数哲学家认为精神层面只存在意识现象"[54]。他的失忆症与其他所有的证据来源都是相反的,这究竟是伪装、故意还是潜意识所为,我们也只能猜测。

尽管弗洛伊德最终可能没有给我们对潜意识的理解添加任何真正新颖的成分,但他将许多思想链聚集在一起,并以一种既超级平易近人的色情方式包装,而且看上去还似乎挺科学。他吸引小报趣味粉丝,也引来知识广博读者,赋予压抑的欧洲社会一套冷静术语,可以用来谈论他们成长过程中被教导必须遮掩的欲望和失败。他一直坚持使用类似考古的术语来谈论心理发现——比如他以谨慎的方法,挖掘出又一套埋藏已久让人惊叹的心灵宝藏——不承认他的大部分作品其实只是发明和想象,这种谈论方式逐渐地打消了许多人的怀疑,并赢得了他们的认可。他们相信弗洛伊德的说法,即精神分析"使我们能够在与任何其他科学(如物理学)类似的基础上建立心理学"。[55]然而,就连许多分析人士现在也一致认为,科学的客观性和考古"发现",都不过是虚饰的表象。心理学家亚当·菲利普斯(Adam Phillips)最近称,弗洛伊德的论点不可能被证实或证伪,它们"只是多少有点鼓舞人心,多少有点趣味而已"。这与伍德沃思（R. S. Woodworth）的判断相呼应。伍德沃思是美国心理学的奠基人之一，曾于1917年得出结论认为，精神分析理念"只能被看作是装饰艺术的产物"。[56]

理查德·韦伯斯特在他的著作《为什么弗洛伊德错了》（*Why Freud Was Wrong*）中，给出严厉判断。"此前包含在各种流动隐喻之观点中的智慧……被浮夸虚假的科学概念混入，仿佛存在一种叫作潜意识的精神实体——一种有着病态生理能力却受生物学圈定的大脑区域。弗洛伊德……从不曾发明过'潜意识动机'这个概念。"[57]弗洛伊德的无稽之谈——比如他对俄狄浦斯情结的普适性的过度解释和过度倚重，以及他对女性心理学的忽视，如今都得以纠正。然而，韦伯斯特的质疑仍然悬而未决。

毕竟，如果没有被称作潜意识的精神实体，如果所有内在地狱和叛逆构造的整个设计都是错误的，那我们能从哪里开始，去解释人类经验中最令人困惑的方面呢？那些方面显然不是来自有意识理性的运作，因为如果是这样，他们就不会如此"古怪"，但是大多数人同样很难重拾对超自然神灵全心崇拜。留存的可能性只有一种。我们将不得不重新审视身体和生理的能力。如今，我们是否能够至少开始把梦和神经症、催眠和神灵之中的部分怪诞现象归入物质大脑的运作中呢？我们几乎准备好探索这种可能性了。但在我们这样做之前，还有另一个版本的潜意识，在历史上与浪漫主义版本和病理学版本一样强大，我们必须予以讨论——这就是如人们所说的认知潜意识。

第七章

智能孵化器：

认知与创造

在记忆隐秘的角落中，在不请自来的暗示中，在不经意间追踪的一连串思路中，在无数的思绪与思潮中……在无法安置的梦中，在直觉的支配中……我们瞬间感受到生命的洪流，在我们看不见的地方潮起潮落，起伏荡漾，迂回游走。

——E. S. 达拉斯《同性恋科学》，1866年

西格蒙德·弗洛伊德被认作与潜意识的某一个版本有关：地下室里的野兽扭曲了我们的舌头，扭曲了我们的情感。但是弗洛伊德最初的梦想，是发展一个更全面的、普遍而非病态的潜意识概论。与他之前的威廉·汉密尔顿爵士一样，他最初设想的潜意识，并非意识和理性的间歇性对手，而是它们持续不断的背景。在弗洛伊德的书首次出版前大约四十年，汉密尔顿曾提出："我们有意识修改的范围只是一个小圆，处于一个更广泛的行动与激情范围的核心。对于这个更大的范围，我们只能通过它的影响效果，才能有意识地体会到它的存在。"这与弗洛伊德在1900年介绍他最初的潜意识的概念时所用的语言，惊人地相似：

潜意识是更大的球体，其中包括更小的意识球体。一切有意

识的东西都曾经历潜意识的初始阶段，而一切潜意识的东西则停留在那个阶段，但被视作具有心理过程的全部价值。潜意识是真实的心理现实；在其最内在的本质上，它与外部世界的现实一样，对我们来说是未知的；它并不完全由意识数据来呈现，正如外部世界也并不完全由我们的感官交流来呈现。[1]

在这里，他认为潜意识无处不在，甚至是有意识的、认识论的，而非如他后来所说，是一堆被限制、被压抑的记忆和欲望。在这幅迥然不同的认知论图像中，潜意识对于意识来说，并不像疯狂的猴子对于神经紧张的银行职员，而是如同海洋之于白色的浪尖——或者换个新的比喻，如同电脑主板之于屏幕。

然而，除了隐喻，弗洛伊德根本无法为这一观点提供一个令人满意的生物学基础。于是，他放弃了这一说法，正如我们后来所见，集中精力试图解释压抑的原因和后果，并发展出缓解心理痛苦的方法。然后，他试图将这种潜意识模型——这种被设计来解释大脑运作中一些奇异事件的模型——安装在他对整个大脑的看法的核心，这样的装配也许并不明智。人们对此既感好奇，又觉好笑，还有些排斥，也就不足为奇。我们需要的是一个更平衡的模型：它应该能够更多地解释大脑的日常平衡运作功能，以及其突发大型故障的原因。我们还需要一套比弗洛伊德更系统、更冷静的调查——用上更好的方法和更圆满的证据——从而能够囊括弗洛伊德的所有声明以及浪漫主义者的所有激情。

幸运的是，现在我们所称的"认知"潜意识，早在19世纪就已大行其道，并且从发现至今已经存在了将近两千年。对自己的行为、冲动、想法和感知有观察和怀疑倾向的人，总是会发现很多让他们困惑的东西。如果你仔细观察，你就会发现，人类经历中的奇怪之处，并不只是像疯癫、宗教体验以及梦想这样的宏观的显而易见的事情。还有数十种日常生活中的细小谜团。其中三种特定的精神领域活动尤为突出，第一种是记忆，第二种是感知，第三种是创造力。

如果"思维"或"灵魂"与意识有关，如果"身体"包括大脑，都与"思维这玩意儿"没有任何关系，那么当我不去想它们的时候，我原先知道的所有东西都去了哪里？我们在第四章看到，圣奥古斯丁对此感到困惑，认为记忆是一个巨大的内部仓库，多少得费点力气，才能将特定记忆恢复到意识中。

在他之前的柏拉图也试图理解记忆，并且创造了两个隐喻来试图解释记忆中的一些奇特方式。为什么有些人学得比其他人快？为什么有些人更容易忘记呢？他在《泰阿泰德篇》(*Theatetus*)中说，记忆也许就像一块蜡版，事件就像印章一样印在上面。他推测，有些人——不太"聪明"的人——天生蜡版很硬，所以要形成良好的印象需要很多体验。另一些人可能有非常软的蜡版：他们学得飞快，但是记忆印象可能消失得同样快，或者很容易被后来的印象覆盖，所以他们健忘。

但是柏拉图还想知道，当你试图记住某事，比如在记一个人的名字的时候，另一个你明明知道错误的名字却一直往你脑海里蹦跶，这又是为什么？蜡版模型在这里似乎对不上号，所以柏拉图引入他的第二个比喻，与他对鸟笼或者鸽子笼的印象有关，它将大脑分为不同形如"鸽子洞"的部分。下面就是他更详尽的解释：

> 我们将每个人的灵魂按它本来的样子，划分成各种各样的鸟居住的鸽笼鸟舍，有些自成大群，不与他鸟混杂；有些三五成群，组成小分队；还有一些各自往四面八方单飞……当我们还是孩子的时候，我们必须假设容器是空的——通过鸟的比喻，我们就可以理解知识；无论什么知识，只要获得并将其关入围栏，我们就可认定孩子已经学会……现在，我们可以将拥有和夺回鸽子与〔记

忆过程]做一比较,并称这是一种双重追逐;一次是在获取之前,目标是为了获取;另一次是在拥有之后,目标是为了再次拥有早已获得的东西……对于一个人而言,他可能没能抓住他想要的知识,而是抓了一些其他的知识,如果当他从他的记忆储备中寻找某些特定的知识时,而其他知识恰好蹿到他面前,他便错误地拿起了另一个——可惜,这却是一只斑鸠,而不是鸽子。[2]

在这个模型上,手中之鸟,即是清醒意识本体。那些在鸟舍某地尚未关入笼内的鸟,就是潜意识——或者弗洛伊德所称的前意识。有时,当你在黑暗的笼子里摸索鸽子时,愚蠢的斑鸠却一直飞到你的手里。因此,"我们实际知道的比我们意识到自己知道的,其实多得多"[这是当代哲学家迈克尔·波拉尼(Michael Polanyi)的说法],而我们体内某个地方必定有一个黑暗的仓库来容纳所有这些"更多",此类观念,其实在两千多年的岁月中一直都是不言自明的。

柏拉图的两种形象之间的差异富有教育意义。在蜡版模型上,记录本身是被动怠惰的。如果没被照顾到,所有记录只不过是存在而已,可能会被时间的流逝或后期印象的叠加所侵蚀,但这种比喻下的记忆,没有自己的生命——好像鸟一样的生命。在第二种形象比喻中,尽管在任何时候,这座复杂鸟舍的绝大部分都是灰黑色的,但可能会持续地好事频出。那些鸟儿到处飞,互相争斗、交配、下蛋、筑巢,哪管"你"这个清醒意味监督与否。这两种比喻中,哪一幅能更好地捕捉潜意识思维的真实本质呢?

直到中世纪之前,记忆的隐喻更多的是被动的,整个中世纪也大多如此。随着书籍编目技术的发展更新,先是出现卷轴,然后出现手抄本,最后是书和图书馆。记忆的"蜡版"模型于是应运而生。记忆包含知识,就如同一本书包含单词。还比如乔叟经常将记忆比作容器。他的记忆被称为 male 或 mail，当时这词的字面意思，指的是皮制的旅行提包或旅行背包。因此，在坎特伯雷故事集中，轮到牧师说话时，他就被邀请去"打开搭扣，向我们展示背包里装了什么"。

所有这些形象比喻都不约而同地认为，"人"自己掌握着记忆的智能开发能力：那位"图书管理员"，是与记忆仓库相当分离的角色。在这些模型中，"图书管理员"可以做所有的"工作"：他或她的工作，是为他们自己的图书馆设计一个有效的分类系统和"索引"，并提升记忆检索功能。从亚里士多德开始，记忆的主要形象，是熟练的渔夫或猎人"捕鱼"或"追猎"所需的记忆，这些记忆的追踪技巧在很大程度上决定了记忆的价值。罗马演说家昆提利安把"能言善辩的演说家"比作一个猎人或渔夫，他完全了解猎物的习惯和行踪。不同种类的鱼亦常被画在中世纪手稿的边缘，作为助记符。[3] 同样，学习常常被比作精心构建一座复杂建筑。圣维克托的休（Hugh of St Victor）将学习描述为建造一个复杂多层的"挪亚方舟"（Noah's Ark），即记忆中的智人区，"好比药剂师的店，充满了各种乐趣"，如果它的结构恰当，"你能在其中找到任何你想找的东西"。[4] 休的意思是说，通过努力和技巧，你可以创造出一种无所不包、随时可以提取的记忆。但记忆本身却不会自动建立或组织：这正是"你"的责任。

但是，自 17 世纪开始，人们开始对思维的实际动作方式产生了新的兴趣（而不愿听某些理论关于思维应当如何工作的说教），人们开始注意到，事物并不像这些模型说的那样有条不紊尽在掌控，"鸟舍"模型的各类版本重新开始流行。我们看到，对弗洛伊德而言，潜意识的记忆绝对更像鸽笼——尽管在他的例子中，"鸟"是恶毒的乌鸦和秃鹫，而不是可爱的小鹦鹉。从前文弗洛伊德的相关引用语中可以看出，他将潜意识称为"心理过程"，与清醒意识的思维具有同等地位。汉密尔顿则认为，我们只有在潜意识的"行动和激情"的影响下，才能有清醒意识。

事实上，自17世纪以来，许多人选择相信这样一种观念，即记忆本身有其潜意识的生命。

举几个例子。18世纪的伊曼纽尔·康德（Immanuel Kant）宣称：

> 感觉和感知数不胜数，尽管我们坚信自己拥有这些感觉和感知，其实我们却未必自知其存在，也许它们应当被称为模糊的想法……确实，清晰的思想只不过是大量感觉与感知中极小的一部分，尽管同样暴露在意识中。在我们的思想之图中，很可能只有几处地方被照亮，但这照亮的几个点，恐怕足以使我们在思考自我本性时无比震惊。[5]

研究潜意识的感觉和感知，不仅是研究潜意识中不活跃的部分，更要研究其当前的活跃部分。

1880年，塞缪尔·巴特勒（Samuel Butler）写了一整本叫作《潜意识记忆》(*Unconcept Memory*)的书，使用了另一种值得重视的意象，即记忆好比内部活跃的海洋。比如：

> 记忆不仅是我们意识状态的一种能力，更重要的是，我们潜意识状态的一种能力。昨天我意识到了这个或那个，今天我又意识到了它。与此同时，记忆去哪儿了？……谁能指望解开我们内心生活的无限复杂？因为我们只能在记忆徜徉至意识的区域内时，跟随记忆的线索。通过观察偶尔浮出水面并很快返回深海的少数生物，我们倒可以指望获悉海洋深处的各种形式的世界。[6]

这样的海洋里，不仅包含着物体，而且充满着生命。

总的来说，这些对思维的一般性隐喻，是观察家们本着比浪漫主义者或精神病学家更清醒更探奇的方式,去接近潜意识后得出的结论。浪漫主义者对过程的细节不感兴趣——他们拒绝以机械的方式处理像潜意识那样微妙而深刻的事物。对他们来说,这种粗略的分析就像把一朵花撕成碎片,看看它是如何形成的——这是一种不合情理的侵犯。毕竟,他们最感兴趣的是经验本身的丰富性和不可言喻性。而临床医生们,则是另一方面,在很大程度上对治疗的可能性感兴趣,因此他们的潜意识理论是由更实际的关注驱动的。如果潜意识是魔鬼,我们可以赶走魔鬼;如果潜意识是气血中的不平衡,我们可以在面包上抹点儿莨蓉,找回平衡;如果潜意识是被压抑的记忆,我们可以试着把它们带到表面,希望它们的力量(好比吸血鬼)在白天的有意识的光中消失。但哲学家们,当然还有后来的实验心理学家们,都致力于开发日益普遍而强大的模型,用来理解一系列更常见的怪诞。他们对"治疗"或"体验"的兴趣小于对智力理解的兴趣。这导致他们发展出更精细、更可靠和更系统的观察方法,能够揭示甚至是最普通的人性过程背后的心理复杂性(尽管当更多戏剧性的怪事和故障出现时,他们也会很高兴地抓住研究的机会)。

记忆是探索潜意识过程和效应的主要场所,原因很多,不仅因为很多时候记忆必定是潜意识,而且——正如"动态"意识所注意到的那样——因为它似乎常常有自己的思维。有时,它会抛出各种不需要的、不恰当的观念和想法,让它的主人感到困惑。比如,在一首名为《思想的飘忽不定》(*The Flightness of Thought*)的可爱小诗中,一位10世纪的爱尔兰僧人抱怨说,他自己的思想多么放肆不羁:

> 我的想法真是羞耻,它们怎会游离于我。
> 在万劫不复的日子里,我害怕这将带来的巨大危险。
> 在诗篇中,它们徘徊在一条不正确的道路上:

它们暴跳如雷，它们焦躁不安，它们在伟大的上帝
面前行为不端。
穿过热情的人群，穿过放荡女人的簇拥，
穿过树林，穿过城市——它们比风儿轻快……
尽管人们应把它们绑起来，或给它们戴上脚镣，
它们连一会儿的休息也不常有，它们从不在乎……
它们滑得像鳗鱼的尾巴，从我的手中溜走……[7]

以同样的口吻，某位 15 世纪的法国贵族，德拉图兰德里（de la Tour Landry）骑士，写了一本关于任性的思想的小册子，以此启迪他贪婪的女儿们。"许多年轻时坠入爱河的女性，当她们身在教堂，脑子里的想法和幻觉，却是更多地停留在敏捷的想象和恋爱的喜悦里，而非对上帝的敬奉，而且……就在敬奉上帝的最神圣的时刻……大多数脑海中的小想法仍会袭来。"[8]

另一些时候，熟悉的单词或名字会顽固地拒绝出现在脑海中，相反地，记忆却总是反向操作，一遍又一遍地冒出一些明显的冒名顶替的单词或名字。然后，当你想着一些完全不同的事物——Bingo！丢失的单词就像烤面包机里的一片吐司一样，突然自发地弹出到意识中。世上没有一个如此自动化的"图书馆"。令人不安的是，如果"我"认为我自己就是头脑中的那个"图书管理员"，而"我"在这种"就在嘴边却说不出来"的情况发生时，似乎无法控制自己的记忆，这么说来，一定是大脑的更深处发生了什么事情。

许多人（尤其是年纪越来越大的人）都有过阅读"新"书籍或观看"新"视频的经历，然后有一种毛骨悚然的感觉，即他们知道接下来会发生什么。你不知道你是怎么知道的，但你只知道一个穿着蓝色牛仔衬衫、留着乱糟糟胡子的男人会从那个角落走过来。他当然会这么

做。然后，渐渐地，你可能会意识到你以前看过这部电影或读过这本书，但你没有这样做的"记忆"。没有必要让超自然现象来解释这种常见的奇怪现象：这种现象现在已经得到了很好的研究，认知科学家将其称为"内隐记忆"。很明显，记忆能够影响你脑海里闪现的其他东西，或者影响你的感觉或者你的行动，而不会影响到你自己。记忆可以在幕后工作。

人们很容易低估这种效应的普遍程度，原因很简单，因为当时意识通常忙于注意别的东西。但是在遭受某些类型的头部损伤的人中，可以非常清楚地观察到这一效应。20世纪早期的一个著名病例中，法国医生爱德华·克拉帕雷德（Edouard Claparède）有一个病患，似乎缺乏形成新记忆的所有能力。一周又一周，这个病患每天早上都会问候他，好像他是个完全陌生的人。即使克拉帕雷德离开房间几分钟，她也不会记得他上次回来时的情景。然而，克拉帕雷德有一个暗示，虽然她完全没有任何有意识的记忆，但她可能有一些"内隐记忆"。为了测试这个想法，一天早上，当他们"介绍"时，他在手中藏了一个别针（又一次），因此他们的握手导致她被刺伤。第二天早上，虽然她仍然像第一次那样跟他打招呼，但她却奇怪地不愿意和他握手。当被问及为什么会出现这种情况时，她表示对自己的不情愿感到困惑，但她大胆地说出，"有时医生会耍花招"。[9]〔神经学家安东尼奥·达马西奥（Antonio Damasio）最近对一位名叫戴维（David）的病人也显示出了同样的效果，尽管戴维完全没有意识到这一点。如若你问他"需要帮助时，你会去找谁"，并让他在一组照片中选择那个人。他便会选择曾经对他很好的人的照片，而避开了另一个曾经对他粗鲁厌烦的人。如果你被要求他选出一张他在清醒意识时认识的面孔，他却做不到。〕[10]

这些例子十分生动，但是"内隐记忆"不仅仅发生于受损的大脑，你可以在人未受损伤的大脑运作过程中看到同样的动作，只要你使点手段控制脑回路,就能屏蔽清醒的意识。通过对这类实验进行精确、系统的观察,科学的心理学得以在更早世纪的直觉以及有创造力的猜想基础上建立起来,在 20 世纪以及现在的 21 世纪成为一门学科。

举个例子——让受试者集中注意力,在他们眼前快速闪现一组单词列表,闪动速度快到他们无法声称看到任何东西。如果让他们回忆这些词,他们一定会看着你,好像你是个疯子。但如果邀请他们把自己的记忆以一种不同的、更间接的方式表达,你会发现,这些信息实际上已经进入大脑并且被保存。假设闪过的单词中有一个是 BRUNT——这是一个在英语中相对少见的单词。过了一会儿,你和她一起玩一个游戏——一个她认为和最初的潜意识闪词毫无关系的游戏——其中包括说出第一个能根据你给她的单词"框架"正确组词,比如 BR。其他没有潜意识接触过的人会生成常见的单词,比如 BRUSH 或 BRAND。但你最初的受试者更有可能自发地提出 BRUNT。同样,如果你让(母语并非中文的)受试者看一些像汉字的图像,稍后他们是无法从更大的数字组合中挑选出这些图像的。但是,如果你稍后给他们看的是一串字符,并且询问他们更喜欢哪些字符,而不是问他们记得哪个,他们十有八九会选择刚才被展示的字符。记忆是存在的,但只是间接地表达出来。事件可以改变我们的记忆,而我们却没有意识到;这些变化可以改变我们所做的(或所想的,或所喜欢的),而我们却没有意识到。毫无疑问,现代科学已经证实了认知潜意识中的积极的"鸟舍"的观点。[11]

记忆不仅仅是在记忆的过程中表现出来的。显然,当我们思考、感受和理解我们周围发生的事情时,记忆很大程度上是在幕后工作。以感知为例。当我坐在桌边的时候,我看到——我实际上不仅仅是在思考,我在感知——用对我有意义的熟悉类别来感知。我看不到光和阴影的斑点。即使我试过我也做不到。我看见了"电脑屏幕""鼠标垫""一杯咖啡""粉色电话"等。在落在我的视网膜上的光斑和我有意识地看到的世界的画面之间的某个地方，一定已经发生了大量的"抬头"和"填补空白"——但我几乎没有意识到任何这种幕后活动。我只知道鼠标垫还在鼠标下面，杯子底部还有一滴我看不到的冷咖啡，我知道，我之所以"认识"这些东西，因为我下意识地认为它们是真的——我移动鼠标，伸手去拿咖啡杯——偶尔，当我错了的时候，我会感到惊讶——比如我突然间出乎意料地发现，鼠标垫原来只是有一个隐藏的鼠标形状的洞；或者如果我心不在焉地啜饮着的冷棕色液体，原来竟是昨天的茶。因为我曾经有过期望，所以我才会感到惊讶——大多数的期望，恐怕连我自己都没有意识到它的存在。我的世界展现在我面前，充满了我自己的信念、记忆和欲望——然而它们是如何进入那里的，我一点也不知道。海量的思路不再仅仅指向零星古怪的梦或神秘的事件；它们影响了我对我自己每时每刻如何运作的世俗之心的理解。这比偶尔经历一些奇怪的事情更糟糕。事实证明，我不仅是间歇性的古怪，而且是本质上彻彻底底的古怪。如果"我"是有意识的，为什么这么多的我——比我想象的多得多的我——会满足于背着我去我行我素呢？我是否必须一直扩展我的思维疆界，总是将潜意识包含进来呢？

自 17 世纪开始，潜意识过程在感知中的作用引起了许多人的兴趣。1672 年，法国哲学家伊格纳斯·加斯顿·帕迪斯（Ignace Gaston Pardies）出版了一本书，名字叫作《关于野兽的知识》（Concerning the Knowledge of Beasts），他在书中提出一个略有不同的论证，但得出了同样的结论。

> 我们有时也会有感知……我们在没有意识到自己在感知的情况下感知。要完全相信这一点，我们只需要想一想，当我们每天读一本有一些应用的书时，我们会发生什么。我们集中精力思考

词语的含义，而不会专注于思考字母，这些字母以其不同的形状和排列方式构成了整句话的基调。在这种情况下，我们不会去感知字母和带有感知力的词语，它使我们能够对自己所感知的事物做出解释，并使我们意识到自己所感知的事物。然而，很明显，我们已经看到了所有这些字母。如果没有这些字母，我们将永远无法理解这些字母的含义，然而，我们却能很好地理解其含义。[12]

基于这样的论点，在笛卡儿的观点发布仅仅三十年之后，帕迪斯宣称："我认为任何人都不会再有争论，我们其实感知着某些我们自己意识不到的东西。"

第一个关于"潜意识感知"的理论，通常认为是由戈特弗里德·莱布尼茨（Gottfried Leibniz）提出的，但是帕迪斯的发现，比莱布尼茨出版《关于人类理解的新论文》（*New Essays Concerning Human Understanding*）的时间早了三十年。可以肯定的是，在17世纪70年代，帕迪斯与莱布尼茨的关系，正如莱布尼茨所说的，拥有"不寻常的友谊"。他们共同发展了这一观念，而且很有可能，帕迪斯投入的智慧更多。关于阅读，莱布尼茨习惯于用倾听大海的例子来代替、来表达同样的观点。我们听到的只是单一的声音：海浪的咆哮。然而，除非我们也在潜意识的水平上"听到"所有微小的个体声音——他称之为"微小感知"——所有这些声音的整体"咆哮"都是由它们组成的，否则我们就无法听到这些声音。他还指出，当我们对刚刚发生的事情有所警觉却没有立即注意到时，我们的潜意识感知就会被表现出来。"我们自己的一些允许范围内的感知……流淌过却没有被思考过，甚至都没有被注意到；但是如果有人……比如说，迫使我们注意到刚才听到的一些噪音，我们会记得它，并且意识到听到之时其实已经有过某种感觉。"[13]

因此，笛卡儿和洛克的"正统学说"很快就引发争论，而且不止一方面，是腹背受敌。那些前浪漫主义者抱怨他们最珍视的情感被排除在外；但与此同时，像莱布尼茨和帕迪斯这样的哲学家坚持认为，所有经验，经过仔细观察，都必须承认潜意识的过程和贡献。也有用更冷静、更科学的理由来质疑这种大脑在原则上对自身完全透明的论点。很快就有许多人提出了哲学上的抗议。1675年，尼古拉斯·马利布兰奇（Nicolas Malebranche）抗议道：“我们对自己的认识也许并没有向我们揭示出比我们存在的一小部分更多的东西。”剑桥哲学家拉尔夫·库德沃思（Ralph Cudworth）也提出了许多反对"正统学说"的观点。他指出，笛卡儿在暗示，说如果你停止思考，你就不再存在，这纯粹是愚蠢的。他指出，许多行动都是在"自动驾驶仪"上在潜意识中进行的。我们甚至没有意识到我们有意识的思想本身形成的过程。"在灵魂中还有一种更内在的可塑性力量……因此，它形成了自己的思考，而这种思考本身并不总是有意识的。"而马利布兰奇的弟子，英国柏拉图主义者约翰·诺里斯，在1690年不露声色地说："给我们留下深刻印象的思想，远远多于我们所能注意到的。"[14]

然而，最引人注目的是莱布尼茨对洛克的回击，而莱布尼茨通常被认为是现代"认知潜意识"研究的始作俑者。他对思维的看法显然是现代的。他认为思维并非一种被动的、大致上的印象和感知的简单记录仪，而是一个复杂的、难以理解的内在机制，拥有结构和过程。这些结构和过程在很大程度上处于意识的幕后，将感觉转化为有意识的感知：认知科学家今天仍然持有这种观点。他还开创了解决棘手的先天—后天争论的现代视角。他说，思维不是一块白板——不是洛克所谓的*白板*（*Tabula Rasa*）——并非所有体验都可在石板上肆意书写；思维是一块大理石，它的内部缺陷和结构限制引导了经验塑造它的方式。因此，由此产生的心理结构和过程是先天因素和经验因素不可分割的共同结果。[15]

正是莱布尼茨推广了两个关键的概念，这在塑造潜意识发展图像中发挥了重要作用。第一个概念是，意识的连续统一体，从一端明亮、清晰的感知，通过更模糊或模糊的感知，延伸到那些完全保持潜意识状态的感知。第二个概念是，在意识和潜意识之间有一个门槛的观念：人的某种想法在"强大到足以"从潜意识上升到意识之前，所必须具有的"能量"的临界水平。为了使这两个概念相符，他创造了一个最持久的意识和潜意识之间关系的形象："孤岛"或"冰山"模型。"我们清晰的概念就像漂浮在朦胧海洋之上的岛屿。"[16] 在岛屿的顶端是最清晰的感觉；在下面是笼罩在薄雾中的岛屿，在水线之下是真正的潜意识。

事实上，意识连续统一体的概念并不完全是新的。在13世纪末，邓斯·斯各脱（Duns Scotus）观察到，"在视野中有一个清晰的视觉点和许多模糊的元素"。他认为，如果这在感知领域是可能的，那么放在思维领域就一定更加可能。"在意志所表明的那些想法之下，可能有许多不明确或不完全实现的想法；意志转向这些想法，并努力使其中一个想法变得清晰。"相反，随着意志行为的停止，这种想法往往会跌落到清晰的视野之外。[17]

尽管莱布尼茨对笛卡儿关于思维的结论提出了异议，但他坚持使用周密的观测和定量方法，并且十分谨慎；他之所以具有号召力，部分原因正在于，他使用了准数学的语言发展这些概念的方法。事实上，这种对潜意识的定量的、实验性的方法，在19世纪形成了新兴的心理学科学的基石之一。韦伯和费希纳等第一批真正的实验科学家花了大量时间试图定位意识的"门槛"，例如通过识别最微弱的闪光（或最微弱的声音）中可被有意识地检测到的物理能量的数量。直到最近，剑桥的安东尼·马塞尔（Anthony Marcel）延续并发展这一传统，发现这个明显的门槛其实是因人而异的，取决于你如何要求你的实验受体做出回应。如果他们在检测到微弱刺激时必须回答"是",那么他们需要的能量水平,就比要求只用手指按下按钮,或者甚至只是眨眼时更高。[18]

莱布尼茨还试图从他的思维观中推导出一种不依赖灵魂鬼手做出选择和决定的机制。像霍布斯和斯宾诺莎一样,他认为我们自以为我们能够"自由地"做出决定,只不过是因为我们意识不到许多影响——"*微小感知*"(*petites perceptions*)——正在潜意识中被权衡。他认为,这些潜意识微小的感知:

> 就像许多小弹簧试图弹起,这样驱动着我们的机器前行……这就是为什么即使当我们看起来仿佛最漫不经心的时候,我们其实从未无动于衷,比如在车道的尽头左转或是右转的选择。因为我们所做的选择来自于这些潜意识的刺激,这些刺激与物体的动作和我们的身体内部相混合,使我们发现一个运动方向比另一个更舒适。[19]

当然,莱布尼茨"小弹簧"的比喻并没有流传下来,但它背后的思想绝对经受住了时间的考验。安布罗斯·比厄斯(Ambrose Bierce)1906年出版《魔鬼词典》一书,讽刺地将"决定"定义为"屈从于一个势力对另一个势力的支配",而丹尼尔·韦格纳(Daniel Wegner)在他最近的著作《意识意志的幻觉》(*The Illusion of Conscious Will*)中,基于大量确凿的研究证据,也采取了类似的立场。[20]

感知涉及大量的前意识过程,而服务于意识的是"我们自己的思维的貌似合理的虚构",而不是"外部世界"的(有时略显退化的)复制品。19世纪各类视觉错觉的研究持续佐证了这一观点。比如第194页图展示了部分被对角线遮挡的同一个立方体的三个不同视图。在(a)

图中，对角线被直接标出，没有歧义，而在（b）图中，只有轮廓形状奇怪的线形组合，没有其他，我们的思维便会无中生有"发明"对角线，为那奇怪的组合创建连贯的而貌似合理的解释。为了支持这种解释，思维实际上在"抚平"数据，使之与它已经得出并即将呈现给意识的"结论"相一致。它会令对角线的线条呈现，即使并没有什么对角线。它使对角线部分比起背景来，看上去有点更"白"或更明亮，虽然他们不是。对许多人来说，它甚至创造了一种深度错觉，在这种错觉中，虚幻的线条实际上看起来好像比立方体更接近观察者。如果你现在比较图（b）和图（c），你将看到这种解释是多么微妙。只需要简单地切断这些线条，截断形状边缘，就能证明另一种全新假设，人们会认为这图形本身就是"真正的"K形和Y形，而原先的它们是立方体一部分的假设被削弱了。这种转化的出现，并非通过一种想法来实现，而是通过一种感知。在图（c）中，看到立方体要困难得多——尽管人们通过努力仍能经常看到立方体。

19世纪德国生理学家赫尔曼·冯·黑尔姆霍尔茨（Hermann von Helmholtz）是探索这一思路的先驱者之一。他于1867年出版的《生理学光学论文集》(*A Treatise on Physiological Optics*)中，将知觉的概念发展为"结论"或"推论"，并非由有意识的头脑得出，而是以知觉的形式直接传递给我们："精神活动使我们推断，在我们面前的某个地方，存在着某个特定性质的某个对象，这类精神活动通常并非有意识的活动，而是潜意识的活动。结果是，它们相当于某种结论。"换句话说，感知实际上比我们通常认为的更类似于*想象*，"这样的物体总是被想象为存在于视野中，就像必须存在于视野中一样，以便在神经机制中产生同样的印象"。[21]

和记忆一样，潜意识感知的问题也是由某些类型的脑损伤引起的。例如，对大脑后部——枕叶——的损伤，可能导致一种奇怪的失明。

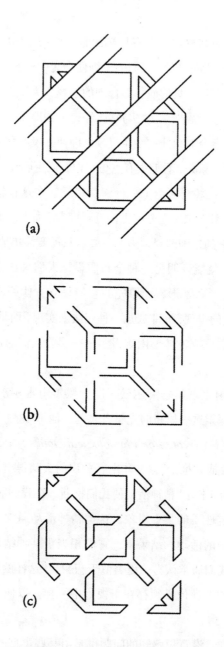

著名心理学家、英国皇家协会会员理查德·格里高利教授创造的模糊立方体错觉

在这种失明中,人们的有意识视力被移除,但不会使他们完全失去对视觉事件做出反应。某种潜意识的视觉被放置于大脑后部——尽管患者对这种想法是如此的不习惯,以至于他们非常不愿意去利用它。好奇的神经学家伊丽莎白·沃灵顿(Elizabeth Warrington)让她的一位病人"猜测"闪光的地方时,这种"后部视觉"(这是后来形成的专有名词)首次被发现;她十分惊讶地发现,尽管这位病人并没有有意识地"看见"光——但他准确无误地指向正确的发光方向,连病人本人都始料未及。[22]

其他的一些例子曾发生在正常视力的人身上。这些事件如此富有戏剧性,以至于人们的第一反应,是去怀疑是否真的存在超自然的通灵。这样的事件发生在世界赛车冠军,阿根廷传奇车手胡安·凡基奥身上。1957年摩纳哥大奖赛期间,在接近一个死角时,凡基奥非常不自然地用力刹车——他使了特别大的劲儿,刚刚好让他在绕过弯道时避开了前面发生的、他不可能看到的多车相撞。然后,凡基奥在撞毁的赛车之间小心穿梭,继续赢得了比赛。几个月来,他一直相信上帝曾向他微笑,并且善意地加大他右脚的力量。但是,有一天早上,当他醒来的时候,他突然在脑海里回顾了当时实际发生的事情。当他驶到拐弯处时,前面有一个看台,看台上满是观众。伟大的凡基奥通常(但都是在潜意识里)希望观众们全都看着他——但在那一刻正相反,当他从白日梦醒来的时候所看到的,却是观众们都面向另一边,他们的注意力被撞车所吸引。一定是凡基奥的潜意识里记录了这种偏离预期的情况,提醒他"出了什么问题",并且在一瞬间,唤醒他了不起的赛车手的本能,从而采取了防范措施。

我们并没有在清醒意识中看到却被记录在案的东西,已经被证明能够以各种方式影响"接下来发生的事情"。就像经典的"潜意识感知"演示一样,我们先前存在的欲望可以被激活——我们或许非常有可能根据潜意识欲望采取行动,因为我们并不知道自己受到了影响。举个例子,如果我们有更高级别的愿望,那种愿望在正常情况下将超越我们可能想要抑制的冲动,那种愿望在触发事件以潜意识方式悄悄潜入之时,其"控制系统"仍可能不被激活。所以,如果电影院太热导致你口渴了,你可能会有购买软饮料的冲动;但如果"喝可乐"或"吃爆米花"的冲动是有意识地触发的,那么这种冲动可能会受到其他更有意识的考虑因素的抑制,比如消费、节食或给孩子们树立榜样。但在 20 世纪 50 年代,当"喝可乐"和"吃爆米花"的信息在新泽西州一家电影院里被有意识地反复播放时,确实令电影院增加了销售额:可口可乐增加了 18%,爆米花则令人惊异地增加了 58%。至少当时的数据是这样。然而,在随后的热度中,参与研究的人却改变了腔调,宣称整个事件只不过是一场精心策划的骗局。五十年过去了,事情的真相仍不清楚。[23]

不管潜意识广告的现状如何,潜意识感知可以释放出一种倾向,就是通常被更清醒的意识控制所抑制,这已在许多情况下的实验室研究中被证明为事实。[24] C. J. 巴顿在她关于潜意识刺激和暴饮暴食之间关系的研究中,提供了一个特别生动的例子。她研究了两组女大学生,一组在饮食紊乱问卷上的得分与患有贪食症的女性相似,另一组得分平均。所有受试者首先接受了他们认为是初步的"视力测试",在测试过程中,两个不同的信息中的一个被闪现给他们,时间要么长到可以看到,要么是潜意识闪现。其中一条信息是"妈咪要离开我了",之前已经证明,这条信息能够影响焦虑的生理指标。另一条是控制组信息,"妈咪把它借出去了"。在眼睛测试之后,女大学生们被引入到"适当的实验"中,她们被告知,这是关于三种不同类型的饼干的相对优点的消费者测试。在解释了测试之后,每位女性都被单独留在房间里,手里拿着三碗饼干。问题不是她们的口味有多好,而是她们会吃多少饼干?只有一组与所有其他组不同：那些以潜意识方式接收到"威胁"信息的暴饮暴食女性，她吃的饼干是其他组的两倍。焦虑信息似乎触发了她们"饮食慰藉"的倾向——但只有当信息被潜意识处理时，她们才会这样做，因为这样她们才无法有意识地防范自己的"坏习惯"。[25]

正在形成的认知潜意识的观点表明，人们有时可能在意识和潜意识两个不同的层面上工作。人们的记忆和信念的不同部分，可能是他们说和做的不同方面的基础。我们的一部分表现为"含蓄的"，表现为我们自发的不经思考的行动和感觉，而另一部分则控制着我们有意识地思考和感知的东西。换句话说，我们能够传递"混合信息"，例如非语言传递一种信息，而语言传递另一种。有时有意识的部分可能会抑制潜意识的部分；其他时候，特别是当意识不警觉，或者说不能"把关"的话，就可能不会抑制潜意识。我很生气，但甚至连我自己都不知道我在生气。你问我是不是出了什么问题，我告诉你我很好——在这个场合，我真的相信。但你知道我并不好，因为你可以看到我太阳穴静脉跳动，你知道那是紧张的标志。

美国的约翰·多维迪奥（John Dovidio）用他所谓的"微妙的种族主义"来调查这种影响。他发现，许多人在问卷中给出了所有正确（非种族主义）的答案，相信自己在与黑人和白人打交道时是公平的，但仍然表现出偏见的行为迹象。多维迪奥试图通过一种测试来评估潜意识的种族主义，而不是通过使用潜意识刺激，这种测试要求人们快速回答，这样就无法进行有意识的检查，使他们不那么有意识的态度变得更加明显。例如，他的实验对象可能被要求参加一次测试，测试他们能同时做两件事——比如说，记住面孔并判断单词。如果一个词通常有积极的含义（"可爱""美妙"），他们必须按下一个按钮；如果一个词有消极的含义（"肮脏""烦人"），他们必须按下另一个按钮。词语在屏幕上密集而快速地出现在他们面前，他们必须尽可能快地做出反应；与此同时，还有一些面孔的照片也被闪现出来，让他们无法记住。只是碰巧有些面孔是白色的，有些是黑色的。大多数白人，不管他们在种族主义问卷上的分数如何，在刚刚看到一张黑色的脸之后，对积极的话语反应较慢，而对消极的话语反应较快，在一张白色的脸之后，则是相反。这种"微妙的种族主义"在现实生活中有什么实际的不同吗？好吧，是的。当同一批白人学生同时接受一位非裔美国人和一位白人面试官的采访时，他们会表现出不同程度的非语言不适——缺乏眼神交流，肢体语言更加收缩——而黑人学生对白人面试官的态度也是如此。同样，他们表现出的不舒服程度与他们自我评价的种族主义没有任何关系，但与他们在前一次图片/字义测试中表现出的偏见程度直接相关。[26]

从这样的研究中，像弗吉尼亚大学的作者提摩西·威尔逊的结论是，我们的大脑确实由两个独立的系统组成，一个是意识系统，另一个是他称之为"适应性潜意识"系统（尽管我确信，这并不意味着意识系统"适应性差"）。这两个系统有些不稳定，有着某种共生关系。潜意识系统更情绪化，在进化上也更原始，它可能倾向于刻板印象和偏见，但它更快，在某些方面更准确。意识系统是缓慢和更慎重的，但它帮助我们实现我们更高的理想，并控制我们更低级的本能。尽管这种划分既不像弗洛伊德的那样戏剧化，也不像弗洛伊德的那样对立，但它在结构上是相似的：大脑中有两个截然不同的系统，它们既可以相互交谈，又可以相互忽略，有时还会发生冲突。看起来好像实验心理学揭示了一个更为清醒的自我和本我的版本。[27]

科学研究揭示的一件事，就是潜意识感知的影响能多快地在记忆系统中产生涟漪效应。例如，你通过一只耳朵在潜意识里听到的声音，可以在百分之几秒的时间内影响到你如何解读你通过另一只耳朵有意识地听到的内容。想象一下，你戴着一套立体声耳机，每个耳朵里放着不同的句子。你的任务是只关注通过右边频道发生的事情，而完全忽略通过左边频道出现的任何事物。如果你仔细地遵循了指示，当你随后被问到你从左耳听到了什么时，你所能说的只是它是男声还是女声：仅此而已。你不知道他们在说什么。然而，在两个通道之间存在关系。在旁听者的耳朵里，你听到的一些句子含混不清，比如"他拿出灯笼示意进攻"。是他熄灭了灯笼，还是他把它展示出来了？如果你在被忽略的频道上同时播放一个句子，它暗示了一个意思而不是另一个意思（比如说"他熄灭了灯"），即使你没有"听到"这个输入，你仍然更有可能以那种方式解释这个模棱两可的句子——甚至没有意识到它可以被以不同方式理解。[28]

同样的过程可以在潜意识里激发情绪反应。在一个稍有不同的实验版本中，之前与轻微电击有关的中性词汇，以及其他与"电击"词汇相关的词汇，经常被插入被忽略的频道中。受试者并没有意识到曾听到这些单词，他们对另一个频道的注意力也没有动摇，然而，每当播放其中一个单词——或一个意义相似的单词——时，他们的生理唤醒程度就显示出明显的跳跃。[29]

类似的快速涟漪效应发生在通过视觉而非听觉到达的单词上。这一次，你的工作只是尽可能快地按下一个按钮，指示屏幕上弹出的一串字母是否是一个真正的英语单词。你可能不知道，在测试字母出现前的百分之一秒，你可能会潜意识地闪现另一个单词，这个单词可能与即将到来的单词有关，也可能与即将到来的单词无关。所以你的潜意识词可能是OCEAN，你的测试词可能是SHIP。如果它们的意思是相关的，你声称SHIP是一个真正的单词的速度会更快。所以，之前的那一次闪现，一定令你潜意识里不仅记下了前一个单词，而且还记下了它的意思。[30]

然而，潜意识的感知未必总是加速事情的发展。有时它会让你的思维慢下来——例如，如果潜意识的信息是你不想知道的。这一现象自20世纪40年代以来就得到了彻底的研究，被称为"感性防御"。在这个实验的一个版本中，我向你闪出一个单词——比如说，FORK，太快了，以至于你无法说出它是什么，然后我逐渐增加后续曝光的持续时间，直到你能分辨出这个单词是什么。我们拿好几个单词重复这个过程，然后我插入一个禁忌或威胁的单词——比如说，FUCK或DEAD。我发现，你识别出这些禁忌或威胁的词的时间，是识别出中性词时间的三倍。这不仅仅是因为你不愿意报告它；你真的并没有在意识中记录这个词。但你必定是在一定程度上了解这一点，以便有选择地提高意识的"门槛"，从而保护自己不看到这些词！大脑可以像你在酒店卧室的门上看到的窥视孔一样工作——你可以（在潜意识里）窥视这个世界，然后，如果你不喜欢你看到的东西，你可以锁上门链，戴上耳塞，回到床上去！尽管一些笛卡儿顽固派做了最后的努力，潜意识的感知可以做出相当聪明的事情，这一事实现在几乎被心理学普遍接受。[31]

　　正如我前面提到的，这种意识和潜意识之间的界限是由德国哲学家约翰·弗里德里希·赫尔巴特（Johann Friedrich Herbart）在19世纪初发展起来的；其研究方式对精神分析学和认知思维的发展贡献良多。到了赫尔巴特的时代，思维有不同的层次，其中包括一些潜意识的层次，这一点并没什么出奇。但他补充了一种假说，认为观念本身是活跃的，大约是头脑中"活生生的"力量，而这些观念相互拥挤以获得意识的位置，就是门槛或叫"阈限"（limen）。强者爬上弱者的肩膀进入意识，又在这个过程中，结结实实地将弱者踹入潜意识。在他所称的"机械门槛"之下，暂时被击败的想法不会束手就擒，它们可能会继续为获得有意识的认可而斗争，有时还会成功地取代先前的赢家。然而，还有一个更深层的门槛，即"静态"门槛。在这个门槛之下，思想的活动被完全剥夺，并在头脑中有效地"死亡"（尽管如果压制本身消失，复活也会发生）。

赫尔巴特的方法在某些方面是相当科学的，他试图对潜意识的特征做出严格的推论。"科学知道了比意识中实际经历的更多的东西，"他写道，"因为如果不研究隐藏的东西，就无法推测所经历的一切。"一个人必须能够从经验中认识到什么在"幕后操纵"。虽然赫尔巴特试图将这些想法转化为一个数学系统，但它实际上是一个高度幻想甚至拟人化的系统，类似于莎士比亚给理查二世国王的系统。你可以回忆一下，在这个系统中，思想被比作一个充满活力的社会，个人在社会中争夺至高无上的地位。和莱布尼茨一样，赫尔巴特试图量化个人思想的"力量"，但他的尝试并不令人信服。他的理论似乎对思想如何以及为什么在意识中来去提供了一种解释，但其他贡献就寥寥无几了。

19 世纪末，威廉·温特（Wilhelm Wundt）开始将系统科学方法应用于思维研究，他通常被认为是现代实验心理学"之父"。温特赞赏潜意识过程在知觉中的存在，这一点又令他确信，如果直觉、主观和修辞要为坚实的累积的进步让路，就必须使用客观科学的方法。如果我们的意识体验——更重要的是，我们对自己的意识体验——预先充满了欲望和信念的话，那么不管我们如何合乎逻辑地对待，内观对于心理过程而言，都只能是一个不可靠的指针。"自我观察不能超越意识的事实，"他说，"意识现象是潜意识心理的复合产物。"[32] 精神的眼睛不能——的确不能——向内审视精神的运转，不可能像一个西装革履的参观者站在繁忙工厂的龙门吊顶上，俯瞰整个车间那样清晰。相反，我们只能观察从工厂大门出来的东西，并试图在事后推断它的制造方法。

很多人都注意到，潜意识的心理过程似乎常常是我们行动的基础，尤其是在我们依靠"自动驾驶程序"时。每个人都很熟悉的体验，包括"灵感来了"，包括突然记起某项好比驾驶或洗碗之类的技能活，居然一直在清醒意识开小差时顺利、有效地进行。早在 1680 年，克劳德·佩罗特（Claude Perrault）就曾说过："我们用两种不同的方式进行思考，一种是清晰而明确的方法，用以进行我们全身心投入的事情；另一种是混沌而粗心的方法，用以进行某些我们经过长期实践的事情，正因为长期实践过，所以此类事情变得简单清晰，完全不再需要精准而明确的思维方式。"[33]

与笛卡儿相反，佩罗特是第一个明确将灵魂与潜意识联系起来的人。我们曾在对浪漫主义的讨论中提及这种联系，在19世纪末引发过极大的兴趣。然而，浪漫派和认知派对彼此抱有极大的怀疑，一些作者煞费苦心地将他们的潜意识版本与他们认为低劣的其他版本区分开来。浪漫主义者认为将潜意识置于数学处理之下的尝试，完全没有抓住重点，而更有逻辑思维的人则认为，浪漫的表述是无可救药的模糊和不可解释。例如，在阐述了他的"潜意识记忆"认知模式之后，塞缪尔·巴特勒（Samuel Butler）仍然对哈特曼的作品嗤之以鼻。他以向读者道歉的方式狡猾地引入哈特曼《潜意识的哲学》（*Philosophy of the Unconscious*）中某一章的翻译："他们会发现（这一章）读起来和我翻译时一样讨厌，如果可以的话，他们会很乐意不读。"

他特别严厉地批评了哈特曼的"潜意识洞察力"，这个观念兴于荣格之前，意思是我们只有在潜意识中才能获得某种普遍的智慧储备，而这种智慧储备"本应充分占有生物，使之成为其本性的精髓"。这并不是对哈特曼的不公平描述。就像他从中得到这个想法的卡鲁斯（Carus）一样，他认为，例如"只有在有目的的潜意识生长活动的胚胎发育的持续监督的情况下，遗传才有可能"。而"当燕子和鹳在数百英里的距离上找到它们回家的路……我们只能说，潜意识的千里眼让它们能够推测自己的路"。巴特勒尖锐地指出，没有必要从我们不知道某事是如何发生的这一事实推断，因此一定有一种"潜意识的力量"使之发生。他引用了他的朋友詹姆斯·萨利（James Sully）在1878年《威斯敏斯特评论》(*Westminster Review*)中的一段话:"说实在的,这所谓'潜意识',除了是个掩盖我们无知的响亮名头,还能是什么?"[34]

然而,并非所有潜意识探索者都持有如此严酷极端的声调。巴特勒的《潜意识记忆》出版前十年,美国解剖学家、散文家和诗人奥利弗·温德尔·霍姆斯(Oliver Wendell Holmes)曾向哈佛哲学会(Harvard Phi Beta Kappa Society)读过一篇关于"思想和道德中的机制"的论文,在论文中,他首先从自己的自我观察中推断出潜意识的认知版本:"我们越是研究思维的机制,我们就越能看到大脑的自动潜意识行为在很大程度上进入它的所有过程。"他指出,就像威廉·詹姆斯著名的思想像鸟一样"飞翔和栖息"的比喻一样,我们清晰的思想和印象不是连续的,而是好比一块块临时的歇脚点或垫脚石,"我们如何从一个到另一个,我们并不知道"。

然而,他又立即向前探索,通过这种相当仔细的内省,他得以定性那一种幕后的"未知",用"不属于我们却又与我们同在的创造而灵通的精神,以及在真实和传奇生活中随处可见的精神,捆拾起我们的思想碎片"。在一段相当神秘地平行于本书的结构和论点的文章中,他庄严地宣称:

(潜意识)是点燃阿基里斯怒火的宙斯;它是荷马的缪斯;它是苏格拉底的戴蒙;它是先见之明的灵感;当玛格丽特跪在祭坛前,它是嘲笑她的魔鬼;在约翰·班扬的耳中,它是一个叫嚷着"卖了他,卖了他!"的妖精;当米开朗基罗在尚未成形的大理石中看到伟大的摩西的身影时,它就在弥漫米开朗基罗灵魂的赋形之中。……对不知不觉地到来,它锻造了我们的词句;它赋予我们最迟钝的人以顿悟般的敏锐或雄辩,因此……我们惊讶于自己的表现,或者不如说,哪里是自己的表现,其实就是惊讶于这位神圣的造访者，他选择我们的大脑作为他的居所。[35]

霍姆斯所提到的是潜意识历史上的一条明显的线索，尽管我们已经感觉到了它的存在，但我们至今还没有明确地注意到这条线索，那就是创造力。纵观历史，智慧的思想和富有成果的隐喻可以突然出现在一个人的脑海里，这是人类本性中最奇怪的事情之一。这些洞见和灵感从何而来？它们如何"造"出来，由谁造出来？也许比任何其他形式的经验更重要的是，创造力戳穿了谎言，有意识的理性怎么可能等同于所有有趣的脑力劳动本身？相反，在创造力中，意识只是茫然而感激地受着高智力形式的馈赠而已，而这种智力形式自我动作着，身处头脑之眼的视力范围之外。

超自然的说法，是最容易得到的结论。就连最主要的理性主义者笛卡儿也呼唤神灵将他从这一特殊困境中解救出来。但是，正如霍姆斯所说，我们至少可以追溯到荷马笔下的缪斯，在当时，荷马的缪斯并不被视为向外投射的心理实体，而是个体与知识和灵感来源之间的真正的（尽管是无形的）调停者，否则个体就无法获得这些信息和灵感。然而，各位缪斯女神本身并不具有创造性：她们站在沉睡或昏昏欲睡的人旁边，传达着遥远事件的信息，那是她们自己亲眼目睹过的。她们没有编造事实，她们报告着她们所看到的，而人类接受者的"创造力"就在于，演练这些传递过来的通常被认为是有预言性的目击证词片段。这一梦想或愿景，在某些世界或其他地方被视为"真实"。（尽管缪斯女神们曾向赫西奥德承认，她们"有时会说谎，会伪造真相"。）[36] 荷马本人区分了诗人和预言家这两种"职业"，但在荷马之前和之后，两者都被视为极度相似。

到了柏拉图和亚里士多德时期，内在人格开始对创造力做出某种贡献。狄俄倪索斯被认为能在很短的时间内使你不再是你自己的那个神，于是你就会向各种影响力和可能性开放。对苏格拉底而言，"诗意的疯狂"是神的疯狂的四种形式之一，它通过点燃人的智慧和想象力而"起作用"。亚里士多德虽然最初信奉上帝理论，但后来更倾向于一种生理上的解释：创造力反映出稍微过量的黑胆汁（一种导致忧郁的更极端的过量——从而建立了创造力和抑郁的最初联结，这种联结至今仍然存在）。恩培多克勒斯（Empedocles）等人的"孵化"传统，即从现实世界退回到梦幻般的半睡半醒状态，最初用于治疗目的，但后来也与鼓励创造力联系在一起。神灵和守护神仍有地位，但是通过此类精神实践，你可以使自己更"倾向于神"，从而激发你自己内在的富有创造性的缪斯。

大约在公元前 39 年，维吉尔臆想了神秘的阿卡迪亚世外桃源，强化了创造力和放松之间的联系——放弃有意识的努力，让另一种智力来源在安静的心理空间中闪耀。乡村田园诗尤其有利于那些氛围，让诗与歌的精致种子萌发。人的品质，不再被仅仅视作对神的敏感回应，而其品质本身才是无比重要。维吉尔的诗有意使他的灵魂安静，这样他自己的想象力就可以乘风破浪。他第一次成为创造力的源泉，而这个源泉被埋藏在他自己无法触及的深处。[37]

就像后来希腊人的 *psyche* 概念一样，罗马人的 *genius* 概念也具有现代潜意识的许多特性，尤其是作为创造力的神秘源泉。一般意义上的 *genius*，和 *psyche* 一样，是与头而不是与躯干有关的生命精神，它支撑着更狭窄的意识和理性领域。例如对普劳图斯来说，一个人的 *genius* 可以接近知识的来源，这是意识自我无法获得的。

在"黑暗时代"，乡村主题再次出现在比德（Bede）对 8 世纪一位不识字的牧民凯德蒙的创造力的描述中。凯德蒙为自己没能参加公元 7 世纪的一场类似于餐后说唱比赛的活动而感到羞愧，于是他上床睡觉，梦见一个陌生人命令他唱"事情的开端"，于是他发现自己说出了"他从未听过的诗句"。请注意，陌生人并不是传统意义上的缪斯女神；她不会向他口述答案，只会打开锁，鼓励他自己的创造力。当他的天分被附近惠特比修道院的女修道院院长得知后，凯德蒙被邀请成为当地的"说唱艺术家"，自发地将僧侣们向他解释的几段博学的经文转换成白话诗歌和歌曲。

比德的笔下，凯德蒙既是文盲又是牛仔，这并非巧合。文盲使他的头脑摆脱了学问概念的束缚，而他与牛的亲密关系使他学会了牛的"反刍性格"，并为创造力提供了一个隐喻，这个隐喻后来持续到了中世纪，并延续至今。胃和嘴之间的关系为潜意识和意识提供了一个含义丰富的平行概念。在《古典哲学》(*Regula Monachorum*) 一书中，一位匿名的 12 世纪作家对它进行了详细描写，可能详细得过了头：

> 因此，就像根据食物的质量从胃里喷出来的打嗝一样，放屁对健康的意义，就在于它的气味是甜是臭，所以人内心的思考就会产生言语，而从丰富的心灵就能使嘴发出言语。正义的人，一边吃，一边充盈他的灵魂。当他充满了神圣的教义，他就从他记忆中的美好宝库中，带来美好的东西。[38]

（在时代精神的指引下，这样的比喻常常被直译为字面意思，引导人们将思维质量与饮食联系起来。"高脂肪的肉类、烈性酒、醋和所有的酸的东西，蔬菜，如豆类，特别是大蒜、洋葱和韭菜的饮食，非常不利于记忆"，乔叟的医生阿诺德纽唐就是这样说的。后来，如果他的秘书迟到了，约翰·弥尔顿会抱怨说，他的想法太多了，需要"挤奶"。[39]）

中世纪的修道士们发展了一种相当复杂的创造力模式，这种模式依赖于"沉思"(*cogitatio*) 和"专注"(*intentio*) 之间的相互作用。专注包括遵循单一的、有纪律的思路，而沉思是横向的，允许把来自不同记忆空间的想法编织在一起,形成新的模式和联系。沉思所需要的多点分散思维框架,通过冥想的方式在修道院中传授,通过睡眠的策略性运用来捕捉,这与古希腊的"宿庙求梦"相类似。比如托马斯·阿奎那让人在短暂睡眠后唤醒他,当他仍处于现代心理学家称之为"催眠临界态"的模糊中间状态时,他会俯卧于地不断地祈祷,然后各种奇思妙想就会突然涌向他,使他得以在第二天记录下来。[当代编舞师吉斯琳·博丁顿(Ghislaine Boddington)也是一样,会在自己的工作室里打个盹,醒来后立即开始跳舞,这通常会给她带来新的灵感。]然而,就像今天一样,并不是每一个人都对这种不受控制的思维方式安之若素。11世纪末,圣安瑟伦认为这其实是一种精神上的剪羊毛,也是一种观念上的编织,这是魔鬼的工作,也是他想要驱逐的——不过他发现,他越是强烈地试图压制它,他反而变得越发心烦意乱!

正如我们在第四章中所看到的,莎士比亚在表现创作过程的时候,展现出典型的雄辩。他认为创作的过程就是艺术家想象中的潜意识力量与其有意识控制的技艺之间的相互作用。"随着想象的展开/未知事物的形式,诗人的笔/使它们成形,空虚无物/也被赋予住所和名字",忒修斯在《仲夏夜之梦》中这样说。在《失乐园》中,弥尔顿借用了莎士比亚的表达方式,甚至将其命名为潜意识的想象之源。他说,异想天开的能力"构成了想象的故事,还有虚无缥缈的形状,无论理性参与与否,这些故事和形状构建了我们的知识或观点,然后那些奇思妙想又回到其闺房,让自然本性休养生息"。艾萨克·牛顿如果懒得为他的数学结论阐明证据,就会简单地说:"我从喷泉边舀出来的,对我来说很明显。"[40]

17世纪以来,任何数量的有创造力的人,无论是科学家还是艺术家,都评论过这样一个事实,富有创造力的产品,通常不是由有意识的系统性的"我"产生的。许多这样的故事都是虚构的,比如凯库勒

(Kékulé)的故事，说他在壁炉边打盹，看到火焰变成蛇，蜷曲着咬自己的尾巴，从而发现苯分子的循环结构。或者，再比如霍斯曼回忆他的一首诗："当我穿过汉普斯特荒原（Hampstead Heath）的角落，在西班牙人的旅馆和通往财富圣殿的小道之间时，我脑海里出现了两个诗节，就如同印刷出来的那样清晰地显示于眼前。"[41]

歌德于1832年写给威廉·洪堡男爵的信中的这一段，恐怕鲜为人知。此信写于歌德临死前五天，信中他想要说服他的朋友，意识与潜意识过程之间的流体平衡对于创造力十分重要，能够用来获得创造性优势：

> 以一位才华横溢的音乐家为例，他创作了一个重要的乐谱：意识和潜意识就像经线和纬线，这是我喜欢用的比喻。人的器官通过实践、教学、思考、成功、失败、进步和抵抗，以及一次又一次的反思，在潜意识中……将他平生所学及他与生俱来的天赋相辅相成，形成一种让世界惊叹的和谐统一。人越早意识到这一门手艺，越早意识到这一门艺术可以帮他控制自己的自然能力的提升，那人就会越快乐。[42]

许多有创造力的人发明了他们自己的"手艺"。托马斯·爱迪生（Thomas Edison）想要抓住他在半梦半醒之际的创造性瞬间，于是将一些钢球放在椅子扶手上，地板上放一只金属托盘。一旦他真的睡着了，钢球就会掉进托盘里，噪音就会把他带回来。当代的桂冠诗人安德鲁·莫申（Andrew Motion）服用某种感冒药，故意让自己的思维变得模糊，希望通过这样做，就能骗他的身体模拟感冒症状。作曲家布莱恩·伊诺（Brian Eno）躲在一个除了"我独自一人的恐怖"之外，没有任何刺激也没有任何依赖的陌生地方。最终，创意火花不知从哪里迸裂爆发。"这就像跳进深渊，发现你可以在气流中梦游"，他说。[43]

最近的研究似乎证实了接近创造力的大致方法和潜意识功能，也正是早期思想家凭着直觉和推测得出的结论。孵化——相当于把一个问题放在"次要位置"，并认真地试图解决它——已经被证明在许多方面有助于创造性地解决问题。它能让你摆脱深思熟虑的陈规，从一个全新的角度来看待这个问题。[44] 它还能让你产生认知，减少因对解决方案的强烈关注而形成的"磁吸力"，从而在头脑中形成一种更广泛、更弱的"力场"，取代"磁吸力"。这种"力场"有能力将范围更广、不太明显的物质吸引到它的影响范围内。因此，有时，一方面处理正事，另一方面随意交谈或观察，后者产生出可能的类比与关联，能够为正事提供不同的，也许更有效的"角度"。

历史学家约翰·利文斯顿·洛伊（John Livingston Lowe）在研究柯勒律治的《古水手之歌》（*Rime of the Archian Mariner*）的过程中，很好地捕捉到了这个过程。

> 有意识的回忆会有间隙，事实会在这样的间隙中跌落并汇集于意识表象之下。在柯勒律治的潜意识里，当他的意识忙于牙痛，或哈特利的婴儿病，或与华兹华斯在下斯托伊和阿尔福登之间愉快散步的时候，或在这个或那个哲学中梦想的时候——那些在黑暗中移动着的鱼和动物的幻影，以及他的蛇形行踪，如触角出头相互联系，打破隔离相互交织。[45]

画家马克斯·恩斯特（Max Ernst）把他的工作方法描述为"利用一个平面连接两套遥远现实的机会，而这一平面不为任何一套现实而生"。[46]

实验还表明，"想得太多"会妨碍创造力的发挥，因为它会限制"搜索空间",让传统的"可想到的"问题得到解决。当人们被要求去解决那些需要有跳跃性的洞察力而不是按部就班的推理时,如果他们能够让自己"放空",他们成功的几率就会更大。就像在一首诗中,有时文字和思想需要以一种乍一看很奇怪或荒谬的方式组合在一起。只有在事件发生之后,人们才会明白,这种新颖的看待事物的方式是有价值的。这就是为什么雕塑家亨利·摩尔(Henry Moore)建议其他艺术家不要过多地思考自己的作品;因为"通过试图用完整的逻辑精确性来表达自己的目标,他可以很容易成为一个理论家,而他的实际作品只不过是在逻辑和文字演变的概念牢笼中的一种阐述"。[47]

关于人类认知中潜意识过程的研究浩如烟海,我在这里只不过起了个头。这类研究让正统学说套上谎言的表象。正如朱利安·杰恩斯(Julian Jaynes)在总结自己的评论时,说得很好:

> 意识不是我们通常认为的那样……它并不涉及许多感性的现象。它不涉及技能的表现,并且经常阻碍技能的执行。它不需要参与听、说、读、写。它并不像大多数人所想的那样照搬经验。
> 意识不需要参与技能或解决方案的学习……它不是做出判断或进行简单思考所必需的。它不是理性的所在地,事实上,创造性推理的一些最困难的例子是在没有任何意识参与的情况下进行的。[48]

最近,美国研究人员约翰·基尔斯特罗姆简明扼要地得出结论:"有意识的清醒观念……对于复杂的功能行为并非必需。"[49]

让我们来盘点一下。在前文的三章中,我们看到的不是一种而是各种各样的"潜意识"意象和表达,设计用来做各种各样的工作。我把这些大致分为三大类:浪漫神秘型、精神病理学型,还有认知型。对

这幅水彩画刊于1874年《伦敦插图新闻》的节日版上。当女孩舒舒服服地坐在炉火旁,徘徊在睡眠的边缘时,她的脑海中浮现出一个充满仙女、小装饰和小鬼的世界。这样一种纯接收状态的遐想,正是创造力过程的核心

于浪漫主义者来说，潜意识是一种超个体的"生命力"，一种将个人与宇宙联系起来的能量和智慧的来源。以这种方式，潜意识接管了"灵魂"的许多功能。对于19世纪的许多人而言，灵魂变成了潜意识，而这一形象是在20世纪由卡尔·荣格及其追随者发展而来。这种潜意识——或者更中庸地说，被用来解释——人类知识和经验的其他难以言喻的深度——孕育着深奥的梦想，面对大自然力量的敬畏、无私和博爱的宗教经历。

然后是病态的潜意识，"地下室里的野兽"，用来解释疯狂、抑郁和反常的破坏性和自毁性极端。一旦神灵降灾，或者一旦从假设的身体体液不平衡中产生，这类潜意识就会化在心上并隐藏于个体。人们不再被侵扰的精灵所附身，而是被诸如记忆、思想和欲望之类的心理恶魔附身。这些看不见的爬虫在本质上要么太可怕，要么太不符合有意识的自我形象，无法思考，因此如果必要的话，必须通过使用精神力量使其远离视线；或者它们只是在本质上属于夜晚的生物。无论如何，在潜意识生活的地方，或者在潜意识被囚禁的地方，必定有个阴暗之所。

最后，还有许多更常见的奇怪之处需要解释。人们常常在不知道他们学到了什么或他们是如何学到的情况下获得复杂的技能。在关键时刻，这类技能要么不请自来，要么怎么使劲儿都岿然不动。特别是创造性的想法，要么作为一种洞察力突然在意识中炸响，或者像闪光或预感那样悄悄地进入，然而潜意识里"感觉正确"却不能被任何有意识的过程证明正确。稍加思考就会发现，感知绝不可能是完全的现实"视频"，但早已被高度解读，而且饱含着我们自己的经验和愿望，我们却并不知道这样突然的灵感渗透如何发生。我们注意到一些不寻常的事情，但是我们没有注意到是什么导致我们将意识的聚光灯转向它，以便它可以被"注意到"。在许多方面，头脑似乎有自己的主张。作为有意识的观察者，我们很少或根本不能接触到的主张。这种不可接近的冷智力来源，被称为"认知潜意识"。

这三种潜意识完全不同，黑暗地下室的思维中，意象鲜活完整——只不过在流行文化中，三者竞争着主角的地位。18世纪和19世纪中叶之前，最惹人眼球的，是浪漫主义版本和认知潜意识版本。艺术、诗歌和唯心主义的兴起，使人们意识到他们细腻情感之下那似乎并不稳固的根基，而本书举例的许多心理和哲学著作都能引发认知方面的普遍兴趣。但是，直到19世纪末，正是西格蒙德·弗洛伊德那低级狡猾而又喧嚣的潜意识版本，将精神病学和心理治疗发展至顶峰，最强烈地抓住了大众的想象力，并且（尽管含混不清地）成功跻身于集体自我心理印象之位置。

矛盾情绪无处不在。1925年，《每日镜报》对于弗洛伊德正在制作的一部名为《灵魂的秘密》的电影十分震惊，该报发出警告说："如果需要我们去相信精神分析家们，潜意识就会比尼尔·科沃德先生笔下的堕落天使还要坏。如果这样一个可怕的人显形了，哪怕只是一瞬，他、她或它——我们不知道如何定义其性别——恐怕会连最变态的恐怖电影爱好者都会被吓得逃出黑暗的影院，走到光亮的街上来。"弗吉尼亚·伍尔夫曾与弗洛伊德一起喝茶，并且如饥似渴地大量阅读其作品，不过她在1939年3月11日暴雨的晚上参加了"一场伟大的精神分析"晚宴后，却在日记中言简意赅地指出："这些演讲之空虚而冗长，令人难以置信。"同年，W. H. 奥登（W. H. Auden）的诗《纪念西格蒙德·弗洛伊德》指出："如果他经常是错的，有时是荒谬的，/ 对我们来说，他不再是一个人 / 现在，而是一种观点氛围 / 我们在这种氛围下过着不同的生活。"直到最近几年，实验心理学研究才开始迫使那些不那么异类，但最终更普遍也更令人不安的认知潜意识观念会回到人们的意识中来。[50]

然而，所有这些意象继续与"潜意识"被设计用来取代的各种超自然解释共存。似乎我们已经积累了大量关于人类本性中各种奇怪现象的解释，而不是像我们所做的那样整理和替换它们。特别是在宗教和"新纪元"的圈子里，超自然现象依然存在。无论基督教神学家如何争论上帝的真实本质，具有超人洞察力和能力的"他者"意象仍然拥有巨大的能量，许多人抵制将这一意象"去文学化"，并努力使之重新转回到诗歌。天堂仍然在某个地方，不过地狱如今有些尴尬。美国总统自信地说，"邪恶"是一支真正的力量，必须用真正的武器予以反击。新纪元的追随者喜欢"科学上无法解释"的事情，喜欢假设神秘的准物理力量和"来自太空的访客"，这样可以解释任何事情，从麦田怪圈到幸运赌注，再到死去亲人的幻听。数百万人每天都在研读各自的星座，相信"其中一定有某种东西"。

我们以复杂巧妙的方式把玩着由内而外的多元性，但是人类命运的"外在"属性仍然十分明显。电影为我们展现了演员约翰·马尔科维奇的头脑，并向我们保证，"力量就在我们身边"。斯蒂芬·桑德海姆（Stephen Sondheim）给我们的不是《安妮拿起枪》(*Annie Get Your Gun*)，而是《走进森林》(*Into the Woods*)等更黑暗的音乐剧，它们有意识地运用潜意识动机和情感，激发出灰姑娘、杰克和豌豆茎等经典童话的活力。"走进树林 / 实现我们的愿望"，他们唱着歌，进入"把他们与王国其他地方隔开的大森林"，追求他们的梦想。"路是清晰的 / 光明是好的 / 我没有恐惧 / 也没有人应该有"，他们对自己撒谎，因为他们故意地、灾难性地对自己潜意识中设置的即将到来的陷阱一无所知。[51]超现实主义艺术家现在享受着兴趣的复苏，把"欲望"探索当作"内心自我的真实声音"，尼古拉斯·塞罗塔爵士在泰特 2001 年的一次大型展览的介绍中如此说。"超现实主义者从弗洛伊德那里得到确认，认为在人类精神中真的存在一个几乎尚未发掘的巨量的未知能源储备。"[52]

2002年11月在新西兰，一条新公路的建设被叫停，据说是由于打扰了当地的沼泽精灵塔妮娅（Taniwha）。为什么路边会住着个沼泽精灵呢？也许是因为最近几年那里曾发生过的事故不计其数。塔妮娅确实是真的吗？当地恩加蒂纳霍合作社区（Ngati Naho Cooperative society）的经理莱米·赫伯特说，就是真的。"这是我们历史信仰的一部分，我们认为塔妮娅确实存在于怀卡托河沿岸。"然而，奥克兰大学前毛利研究教授拉格努伊·沃克（Ranginui Walker）博士采用了更加"后现代"的说法。他说："那些没什么权力的人……十分及时地抓住这些神话中的生物，阻止所谓的进步。"他说："从他们的角度，这是一个有效的反应。"[53]

2003年5月，伦敦北信箱送来一张小绿卡："伊玛姆酋长，多才多能的马拉布特，他与非常强大的精灵一起工作，可以帮助解决你在爱情、幸运、工作、考试、商业、黑热病、驱邪、性无能等方面的所有问题。"不仅是业余治疗师拿着精灵做交易，英国皇家精神病学家的学院大体上干的也是同一行。学院延续了催眠的优良传统，用经过更好的研究，但仍然以神秘的神经递质和神经调节剂（如乙酰胆碱和血清素）失衡取代了假设的体液失衡，并配以抗抑郁药物百忧解替代旧时的圣约翰草。不过，学院的一些研究员成立了英国精神释放协会，也就是另一个名字的驱魔仪式，还有一些成员提供"灵魂疗法"，治疗师"帮助病人发现……虽然灵魂可能被遮蔽了，但它不可能被摧毁"。治疗师的任务是指导这一过程，使病人能够再次接触到他自己灵魂的永恒本质，并感受到与……至高无上的灵魂——神性结合的喜悦。[54]无论上帝和灵魂是否已死，它们绝对都不愿被打倒。

当我们的行为与性格不符的时候，我们还是会说"不知道我被什么附体"。然而，我们也会很随意地谈论第六感、潜意识感知以及自卑感，将潜意识的动机归功于这几类就无需再去费脑筋。潜意识深植于我们的文化中,认真细究的话,这种潜意识是一个多重而不连续的概念,与投射在我们周围的各种其他更古老机构和力量一起存在着。我们需要守护神和护体魔还有潜意识吗?有多少种潜意识呢?编织我的梦境的潜意识,与迫使我离家前反复检查是否关灯的潜意识,是同一种吗?我们的绝妙想法之源,是否也是我们感知莫名其妙声光之源?神秘优雅的高光片刻,是否有着潜在过程的支撑?而是否同样的潜在过程,也在妨碍我回忆起多年前班主任的名字?我们能不能将心理垃圾整理一番,换成更优雅、更全面的东西呢?如果可以,我们从哪里开始?

科学取代"解释性虚构",因为科学的观念更有见识,这些例子已屡见不鲜。我们过去认为,生命本身必须有某种解释,例如:"生命能量""生命力"或"活力"。从古希腊到文艺复兴,不能想象身体本身能自己"复活",都必须有一个额外的"某物"注入生命。对希腊人来说,正如我们在第二章中所看到的,这个"某物",也就是 psyche,本身就是他们未来"潜意识"的萌芽。但是现在,我们知道这种神奇的成分是多余的。当各种化学物质缠绕它们,进入自我复制的分子时,这些分子与其他分子结合在一起,并通过在自身周围构建一个半透膜而发展出保持其环境稳定的能力;这些微小的飞地开始分裂,它们的子细胞黏附在一起;而不同的细胞在集体中承担着不同的功能和形式……当所有这些和更多的事情开始发生时,随着进化时间的推移,你所拥有的就是我们所称的生命。简单的成分以复杂的方式组合在一起,发展了自我组织、自我复制和自我修复的能力,我们现在知道了这是如何发生的。就我们所知,不需要其他任何东西。[55]

似乎只有三个地方可以解释人类的古怪行为:第一是以神秘的精神和力量形式存在的外部世界;第二是"潜意识",被认为是内在的混沌状态;第三就是身体。目前为止,我们已经很好地观察了前两者而越过了身体,因为认为身体若作为梦想、直觉和宗教愿景的来源,似乎不太靠谱。鸿蒙以来，我们似乎一直都无法想象，身体怎么会有足够的智慧来产生如此不寻常的现象。一个梦，或者对美得令人屏息的欣赏，怎么会从一个由软骨、内脏和汗水组成的俗套作品中迸发出来——即使这个作品十分复杂，也不可能想象。确实如此！但那是之前，是在我们尚未理解一个占据我们双耳之间空间的奇妙器官之前。如果我们要研究身体自身产生奇怪体验的能力，而不需要鬼神的帮助——甚至也不要与鬼同质的"潜意识"的帮助——就必须从大脑开始。

第八章

重振雄风：
神经网络来救援

> 但现在是谁在我的身体里说话呢？
> 它在跟谁说话？
> 是我的大脑吗？
> 是谁既对我说话，又在我身体内说话？
>
> 唯有沉默作答，
> 无人读懂
> 沉默之声，也没人知道它何时开启。
>
> ——哈罗德·门罗[1]

如果我们既能消除神秘力量，又能消除"灵魂"以及心理化的"潜意识"的无形影响力，那么，我们就只剩下一个不值得让人艳羡的立场，就是必须相信至少两件让你反胃的不可能的事情。首先，我们必须思考一整块活肉也能产生意识的可能性，当然你可以想象，这是一块含有我们现在所知道的大脑那样复杂构造器官的活肉。其次，我们必须接受这样的观点，这块活肉不仅能产生正常的意识，还能产生奇怪的意识，我们一直把这些奇怪的意识统称为怪异。那么，这两件事有可能都是真的吗？之前的情况当然远非如此，但是最近却有所改观。

头脑是沉默的。它们在工作时不跳动，也不蠕动——或者它们处于良好的工作状态时，既不会跳动，也不会蠕动。诚如亨利·莫兹利在1867年说过的那样，"若他的大脑让他醒悟到自己是一个有大脑的人，这样的人就不算健康，而是病了"。古埃及人认为大脑没有任何功能，理由是它是冷的，不流血的，对疼痛没有感觉的，而且那些没有大脑的小动物似乎能很好地生存；古埃及人还认为，大脑不与感官连通（他们认为视神经只是湿气的通道）。亚里士多德就赞同上述观点。这样看来，古人将灵魂定位在身体的某些部位并不奇怪，这些部位有明显的迹象表明，某些事情正在发生：跳动的心脏、下沉的胃、绷紧的横膈膜——荷马笔下的所谓 phrenes 和 thymos。亚里士多德认为灵魂居于心脏，《创世记》也赞同他的观点，因为书中这样记录，当上帝俯身看他所创造的人类，他看到他们的心——而不是头——"充满了邪恶的幻想"。[2]

然而，在公元前5世纪并不是所有的雅典人都同意亚里士多德的观点。希波克拉底是最早热烈而坚定地认为大脑在操纵的一批人之一。"有些人说，我们用心灵思考，心是感受悲伤的器官，也是经验积累的器官，但事实并非如此。"他说，"心脏和横膈膜……与理解力的整体运作完全无关，但这套运作，大脑才是原因。"在当时人们只掌握最粗糙的解剖学知识的情况下，希波克拉底却能够或多或少正确地掌握大脑的功能：

> 我们的喜怒哀乐、嬉笑怒骂，全都来自大脑，并且仅仅来自大脑。尤其是通过大脑，我们得以思考、看见、听见并区分丑与美、坏与好、愉快与不愉快，在某些情况下根据习惯来判断，在另一些情况下从事物的效用中感知它们。也正是大脑使我们发疯或神志不清，令痛苦和恐惧激励我们，使我们无论白天黑夜都失眠，

不合时宜地犯错、无目的地焦虑，使我们心不在焉，做出有悖于传统的事。令我们痛苦的这些事情全都来自大脑，是在大脑不健康，而且变得异常发热、发寒、过分潮湿或干燥的情况下出现，或者在有可能遭受其不习惯的任何其他非自然情感的情况下出现。疯狂来自湿气。[3]

然而，并不是大脑本身在起作用。公元前3世纪，当亚历山大医生希罗菲卢斯（Herophilus）和埃拉西斯特拉图斯（Erasistratus）完成历史上第一次粗略的尸体解剖时，他们认为，大脑能做所有这些事情，很明显，只是因为灵魂居于其中。通风的灵魂则毫无疑问，必须生活在大脑里明显中空的腔体，即在脑室之中。毕竟，自然之灵并不生活在岩石中，而是生活在洞穴中，所以灵魂应该居住在大脑的洞穴中，这几乎是不言自明的。

有一个流行的版本，说灵魂的各种官能居住于不同的脑室里，就如同公寓楼里的房客。"常识"生活在第一脑室，"想象"生活在第二脑室，"推理"生活在第三脑室，"记忆"和"运动"生活在第四脑室（不过，我们也看到，心脏仍是记忆居所的热门竞争者）。甚至连莎士比亚谈及我们的思想，也说是"在记忆的心室中诞生"。[4]可能这些职能分配背后的驱动性，类比于寺庙的共同建筑的样式，而寺庙的其中一个职能是法庭，并被划分诸如前庭、法庭和仓库等不同区域，法律程序的不同流程在这些区域中进行，这些流程往往被直接映射到大脑内部的各个腔室。[5]

希罗菲卢斯和埃拉西斯特拉图斯也是最早追踪"中枢神经系统"的人。"中枢神经系统"是将感官信息带到大脑的神经集合，并组织大脑发出的肌肉控制指令。公元2世纪，颇为流行的"动物本能"的观念由加伦（Galen）发展起来。这一概念最初由提奥夫拉斯托斯

（Theophrastus）提出。动物本能被认为是一种在脑室产生的蒸气物质，这种物质是由空气和同样神秘的叫作"活力神经瘤"成分（血液的一种成分）混合而成。气体从脑室流出，进入神经系统；神经系统被想象成精细的管状系统，延伸进入身体的肌肉和各个器官，使肌肉和器官"充气"，从而引发运动。[6]

这种精巧的水力模型一直持续到17世纪。笛卡儿自己也依赖它，不过他补充了一个从感官上传大脑的细线系统。当感官受到刺激时——比如，当你无意中烧伤手时——这些细线收缩并拉动大脑中的微小瓣膜，然后释放出可以跑到适当肌肉的动物本能，并将手拉离热源。笛卡儿认为，身体机器的"运作"，正是由此类小规模物理运动实现的。然而，他无法想象思想会以这种方式产生：它们必须由灵魂思维以一种完全不同的方式产生。灵魂的精神和灵性活动能够深入到身体的物理机能中，并通过大脑的松果体影响其过程，他在1640年给梅森（Mersenne）的信中写道："松果体是灵魂的主要所在地，是所有思想的发源地。我之所以产生这个信念，是因为除了这个，我在所有大脑中找到的任何部分都是双重的……还有，它有着为此目的最恰当的位置，也就是说，恰好在空腔之间的中间位置。"[7]

虽然笛卡儿的想象力因其缺乏大脑知识而受到限制，但他对大脑功能的直觉往往十分敏锐。尽管他不承认潜意识，他似乎认识到潜意识知觉的作用，比如在选择性注意中的作用。当我们突然抓住一个不寻常的景象或声音时，是什么告诉我们有意识的头脑这样做？笛卡儿认为是大脑做出了初步决定，判断发生了一些奇怪的事情，并提醒"灵魂"此事的存在值得关注。两个半世纪后，伟大的俄罗斯生理学家A. N. 索科洛夫（A. N. Sokolov）将这种下意识的警告称为"定向反应"，但笛卡儿称其为"钦佩"：

钦佩是一种突然对灵魂的惊袭，使得灵魂倾向于仔细考虑那些对她来说似乎罕见而不寻常的事物。它首先是由大脑中的印象引发，这种印象表示这个事物稀有，因此值得认真考虑；其次是由精神运动引发，这种印象使得精神倾向于强大和重要，趋向它所在的大脑范围，并在那里得以加强和保存；因此，它们也易于从那里进入肌肉中，这些肌肉用于将感官保持在与它们相同的位置上，以便它们可以激发感官。[8]

尽管笛卡儿不愿让大脑承担灵魂的全部功能，但他显然很愿意让大脑参与那些相当复杂的"幕后"心理操作，这在很大程度上（也许是无意中）打开了认识大脑的思路，也最终导致灵魂走下神坛。大脑将成为意识的引擎，而不是灵魂的居所。举个例子，如果没有笛卡儿，大卫·哈特利（David Hartley）在一百年后就不可能提出"大脑的白髓物质也是将想法呈送大脑的直接工具；或者换句话说，一旦这种物质发生变化，我们的想法都会发生相应变化；反之亦然"。[9] 哈特利还提出，记忆在大脑中有其物理基础；记忆以微小振动的形式存在，即心理学上的"微振"，就对最初到达的感官振动模式的微弱复制。

从 17 世纪开始，随着解剖学的发展，中枢神经系统的运作方式日益清晰，人们的关注点从大脑的空心腔室转移到组成脑室的复杂物质组织。1729 年，艾萨克·牛顿用谐波模型取代了水力模型，将神经比作可以传导振动的小提琴弦。他承认他"无法解释这种电磁振荡和弹性振荡的精神运作规律"，又过了六十年，路易吉·伽伐尼（Luigi Galvani）发展出神经是一种导体的概念，既非蒸汽，也非振动，而是电流。伽伐尼通过在电磁风暴中用剪刀刺激青蛙暴露在外的神经的危险操作，发现电刺激本身——在没有任何有意识意志的干预下，在没有灵魂帮助的情况下——就足以可能导致肌肉收缩。

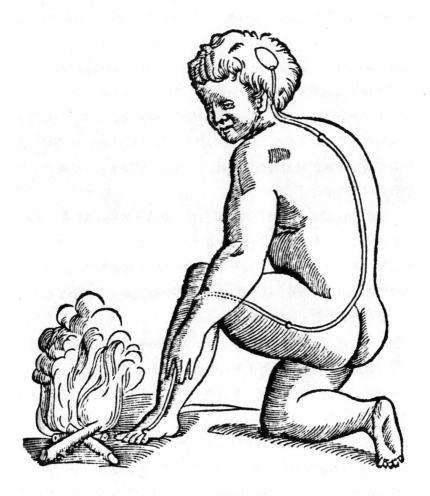

从1677年木刻版的《勒内·笛卡儿的人》(Rene Descartes' De Homine)，展示了笛卡儿基本神经系统的概念。火的热量激活了我们现在所说的一系列通往大脑的传入神经，于是信号传出，他的脚趾缩回

现代人理解的大脑,是一种电化学装置,具有相当大的自主性和智能性。这种理解的闪光点在于,它使灵魂更无争议地退居不利地位,这一理解上升为理论后,灵魂概念变得越来越不可理喻,也越来越无足轻重。然而,只有一个勇敢的男人(也有极小的可能是女人)敢于完全放弃灵魂概念。在18世纪和19世纪,人们开始认识到,"身体"并非只能接管灵魂的某些功能,而是可以接管灵魂的所有功能,不过这种观点只限在朋友之间谈论,或者多喝了几杯才会这么说。公开质疑灵魂的存在及其神圣起源,仍然十分危险。1815年至1830年期间,告密者和高度活跃的秘密警察遍布欧洲,他们被雇用来镇压任何对宗教和政治现状的质疑。[10]

例如,18世纪的苏格兰医生罗伯特·维特(Robert Whytt)发现,即使是没有大脑的青蛙也能做一些相当聪明的事情——但是他觉得必须维护灵魂,于是就让灵魂离开笛卡儿所谓的大脑松果体总部,渗入到身体本身中去(当然,这样处理后产生的问题比解决的问题多得多)。一个世纪后,约翰·博维·多德(John Bovee Dods)受邀为美国众议院总结"电心理学"的重大发展,但是,他却在演讲中煞费苦心地向听众保证,尽管有了科学理解上的这些进步,"大脑还是被赋予了一种活生生的精神,这种精神如同一位庄严的神,支配和掌握着所有自主行动"。[11]

一些思想家发现,只要不直接运用哲学或科学,而是用虚构小说的形式,去探索思维简化为物质的可能性,就会更加安全。同样的思想,伊拉斯谟·达尔文(Erasmus Darwin)做了更大胆的探索,他所受到的迫害就更彻底。1822年,E. T. A. 霍夫曼在柏林出版了名为《跳蚤大师》(*Master Flea*)的中篇小说,直接借鉴了达尔文的思想。在这部小说中,跳蚤大师制作了一个非常精细的显微镜,使主人公佩雷格林努斯·蒂斯能够观察到人们的大脑,并直接从他们的神经元活动中读出他们的想法。霍夫曼用这个装置为人类思维的一些明显古怪之处创造了一些有趣的解释。例如,当佩雷格林努斯研究这种"奇怪的静脉和神经网络"时,他观察到"当人们以非凡的口才谈论艺术和学习时……他们的静脉和神经没有深入到大脑的深处,而是向后弯曲,因此不可能以任何清晰度辨别他们的思想"。他把这一观察结果告诉了跳蚤大师,大师反馈说:"佩雷格林努斯错认为是思想的东西只不过是语言而已,语言再怎么想变成思想,都是徒劳的。"[12]

到了 19 世纪 50 年代,至少在法国,公开表达对灵魂的质疑变得更安全了。龚古尔兄弟报告称,圣-伯夫(Sainte-Beuve)虽然喝醉了,却在酒吧里对波德莱尔喋喋不休地抱怨灵魂的不存在,"如此激烈,以至于咖啡馆里的每一场多米诺骨牌游戏都戛然而止"。哲学家们"只谈论上帝和灵魂的不朽",圣-伯夫干脆果断地说。但是"他们完全清楚,所谓灵魂之不朽,其实并不比上帝之不朽更多几分,真恶心"![13]

但正是在同一时期的英格兰,自然学家兼内科医生威廉·卡彭特(William Carpenter)首次提出了与任何"机器中的幽灵"——不管是"灵魂"还是"潜意识"——决裂的想法。卡彭特创造了"潜意识大脑活动"这个词——后来被亨利·詹姆斯在《阿斯本文稿》(Aspern Papers)中推广为"潜意识大脑活动之深井"——指的是"在平衡大脑自身所有考虑因素过程中的潜意识运作……或者可以这么说,是在令所有因素井井有条过程中的潜意识运作"。[14] 这里所提及的"在自身"和"所有"之类的词,起到不言明的作用。在卡彭特的认知中,灵魂和"潜意识",这种非肉体的无形智力中心变得多余,并且被强制性束之高阁。意识背后的"大脑"不是另有高明,而只是大脑本身。正如 DNA 先驱弗朗西斯·克里克(Francis Crick)在一百五十年后更有力地指出的那样:"你只不过是一群神经元!"[15]

对这样一种貌似荒谬的想法,当时的抵制相当大,就是现在也挺大。毕竟，如果世界没有鬼，那么"我"会在哪里？但是，在我们考虑对灵魂和潜意识的双重扼杀，对人类身份的影响之前，我们应该更仔细地研究证据。灵魂似乎是有意识的理性和意志的根基，潜意识则是灵魂所不能解释的奇特体验形式的根基，潜意识因而成为灵魂的有效补充，怎么可能把两者都结合到物质大脑的工作中呢？

今天我们对大脑的了解比一个世纪前多了很多，我们知道的一件事就是，我们其实仍然有许多未知。现代神经科学告诉我们，大脑由大约1000亿个树状细丝般微小的神经或神经元组成，它们中的每一个都能与多达10000个相邻神经元组成功能性联结。在一立方毫米的大脑皮层中，你会发现大约10万个神经元和1000万个神经元之间的突触联结。通过这种巨量而微细的细丝之间的电子反应和化学反应组织流的连续活动模式，每个微小位点的激活状态能够以大量不同的方式影响其他位点的实际或潜在激活状态。在一个神经元的分支尖端处的活动，可以直接促成其相邻神经元的分支尖端活动的触发。但是它也可以更间接地改变区域神经网络的兴奋度，比如通过改变持续浸润整个神经网络的化学环境的黏度。

人们已经发现了部分此类反应的运作方式，也找到了外部体验如何改变此类运作的方式，这方面已经有了一个良好的开端。比如当一个神经元集群参与触发另一个神经元集群的活动时，这两个神经元集群趋向于更紧密地生长在一起，使得每当第一个神经元群被激活时，第二个神经元群会更容易激发。我们还知道，体验以非常快、非常复杂的整体方式修改着神经网络内的活动，并且整个网络自始至终保持内在活跃度。刺激不会像打开黑暗房间的灯泡一样"打开"神经网络的惰性部分。刺激的效果，更像是一个孩子跳进已经很拥挤的游泳池。短短几分之一秒内，"跳入"活动就会以一百万种大大小小的方式波及影响整个网络。

科学家们还开始识别大脑中似乎专门用于特定工作的部分。一点一点地，人们开始理解大脑作为一个整体的设计规格。正是在这种对大脑功能和目标的高度概念化的理解层次上，我们需要开始思考，这样的物理大脑究竟是否可以支撑我们的潜意识生命，如果是，又如何支撑呢？

对于大脑的理解，很大一部分仍然只是取决于我们的想象：取决于我们思考大脑的方式背后所隐藏着的关键模式。这些模式，尤其在不被认可及束之高阁之际，却能将我们原本一再怀疑的假设偷偷塞进大脑。比如柏拉图的蜡版记忆模式，需要书写者和阅读者来使其成立；鸟类模式，虽然本质活跃，但内部组织很少，也需要饲养员做决定及捕鸟。图书馆需要图书管理员，计算机需要程序员，这些心智模型中的每一个，都必须附带一位神秘的管理者方能运作，因此它们允许（几乎需要）灵魂或潜意识溜回来。管理员下班，书籍不会乖乖地自己跑回书架。但从我们现在对大脑的了解来看，似乎越来越不可能有这样的东西控制大脑。

大多数传统的隐喻还假设头脑是一些独立知识（书籍、鸟类、计算机文件）的集合，以或多或少整洁和有条理的方式组织起来。而我们知道，在真实的人脑中，知识是由海量连接构成的，这些连接深入到大脑的每一个角落，以书籍和文件永远无法做到的方式，随着时间的推移而相互作用、相互混杂。如果我们要探索大脑是如何工作的，我们就需要去除这些不准确的隐喻假设，然后接近大脑。

与其问大脑是什么样子，不如先问，它有什么用。要做到这一点，我们需要了解，人类意识和能力是缓慢而曲折的进化发展的结果，这一角度十分重要。如果我们能全面地了解大脑最初的工作是什么——就是大脑至今仍然在大量地做，但是藏在其他许多更高级精细的工作之下的工作——那我们就能更好地了解大脑的功能是如何被劳作，或者甚

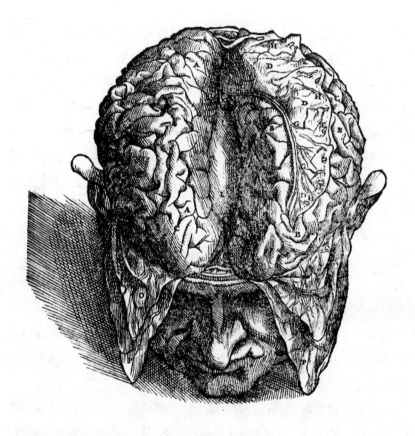

1543年安德烈·维萨里的巨著《关于人体结构》,是当时人体解剖研究的清晰度与精确度的新标杆。书中展示的人脑绘图表明,冷静的观察超越了过度反射的厌恶

至了解，如何被压垮。这正是可能会导致人类怪异体验的方式，也是从前的人不得不创造出各种神秘虚构解释版本的方式。那么人脑的"设计规格"究竟是什么呢？

从进化的角度看，我们现代的、复杂的、有意识的生活，只不过是大脑经过漫长进化后形成的一种有趣的新产品：大脑最初并不是为了掌握俄罗斯方块、欣赏天鹅湖，或者对其主人的关系状态进行深刻而有意义的对话而设计的。相反，大脑最初进化是要以两种方式帮助生存。首先，能够更好地协调动物日益复杂的内部需求、能力和感官知觉。中枢神经系统使你能够协调你的腿的运行能力与你的手的抓握能力，还有你的牙齿的研磨能力，将这些动作可能性与当前需求列表联系起来，并协调这套"理想动作包"与你感知系统所传达的实际可能性。而大脑做的第二件聪明的事就是学习。它挑选出世界上重复出现的模式和偶发事件，并将其转化为有用的专业知识，指导人们以何种方式确定行动的目标和表达需求。灵活的而可修改的大脑，使你能够积累之前明显相似环境中发生的同类事件，并在此类知识储备的基础上改进对需求、行动和感觉的协调方式。

绝对没有理由认为这一切都需要意识。动物比我们简单得多，机器人也能做一些同样的事，但种类较少。从本质上讲，大脑是以一种身体搭载的无意识生物计算机的形式开始整个进化过程的，其基本内在的目标，是通过避免或化解威胁，或者通过满足需求，来延长生物体寿命，提高生物体质量的。它可以确保你不会跑向老虎后面的香蕉，不会让你爬到你刚刚看到的那人所跌落的冰面上，也不会在奶奶盯着你的时候偷吃最后一块蛋糕。

阿米巴虫的协调性十分简单，但现代人的协调性却早已变得极其复杂，需求、行动和感知的片面性大大增加，在此让我们依次说明其中的每一个。对于我们和其他动物来说，基本的一系列需求始于如下

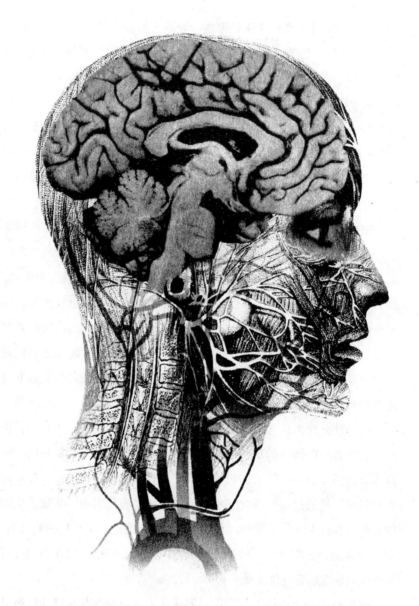

一幅大脑的现代解剖图,连同肌肉和血管辅助网络,比维萨里的绘图多了一些细节。此图中,大脑被垂直地从中间切开,暴露了左半球的内侧面

的六项，心理学家私下里习惯性地称之为六个 F：

- 逃离（*flight*）危险，避免伤害；
- 族群聚集（*flocking*）；
- 一动不动（*freezing*），确保被发现的可能性最小化，获取信息最大化；
- 进食（*feeding*）、饮水等方式维持身体系统；
- 战斗（*fight*），以保护领土和孩子；
- 交配（*copulation*），以实现（*fulfilling*）繁衍的宿命。

对此，我们还可以补充：

- 修复身体损伤，或者通过撤退和"舔舐伤口"（字面上和隐喻上）来适应"预测和控制"系统的重大缺失（如失去伴侣）；以及
- 通过关闭感官通道，并在必要时扔掉（或吐出）有害物质来保护自己不受毒害（比如毒药，或者我们大多数人厌恶的暴力色情制品）。

除此之外，还有以下方面的社会需求：

- 保护和接受（最初的儿童心态，但无法完全长大），以及
- 更成熟的从属关系和感情形式。

最后，我们需要补充一点：

- 我们一辈子有意无意所获得的目标、价值观、兴趣、忧虑和神经症的所有怪癖组合。

这样的需求组合巨大而连绵不绝，无论多么简单的情况，都可能充满复杂的风险和可能性，其中的许多情况可能彼此冲突。〔我想通过诚实来提升自尊，通过被人喜欢（这可能需要掩饰真实感受）来提升自我归属感；我想寻求母爱的替代品，我想把"求人帮助"的风险降到最低等，这样的需求永无止境。〕

此外，还会有一系列行动系统，其中包括：

- 管理感官的系统，引向有趣或有威胁的事物；
- 调节自我内部环境的系统；
- 组织空气、水和营养成分摄入的系统；
- 废物处理系统；
- 使我在空间移动的系统；
- 抓取和操作物体的控制系统；
- 组织我与其他同类成员互动的非语言细节的系统——声音质量、眼神交流、瞳孔大小、面部肌肉、呼吸频率、肩部位置等（我们常常这样交流）；以及
- 练习语言和写作所必需的精细运动控制系统。

人们需要学习如何管理和整合这些潜在冲突系统，需要通过经验和实践整合及阐述这些系统，这种需要不仅仅属于演员、骗子和诈骗犯。[16]

各种感官系统需要协调管理，尽管复杂，也许更为人所知。它们是：

- 监测内部储备及资源状态的系统；
- 跟踪四肢、关节和眼睛的位置，以便能适当传递运动指令将你的

手或头从这里移到那里的系统；
- 皮肤系统；
- 语音识别系统；
- 威胁检测系统；
- 嗅觉和味觉系统；
- "我在空间中的位置"系统等。

而且，开发和整合这些系统，不管是系统之间相互联系，还是行动和需求系统，都需要大量脑力。

虽然情绪实际上并非独立于需要、行动和感知的可能性，但我们也可以在这里谈一谈情绪。就进化而言，情绪并不分好与坏（例如我们喜欢的"幸福"和我们不喜欢的"厌恶"）。相反，所有的情绪，都是有机体作为一个整体所处的不同的大致生存"模式"的有效指标。情绪是需求、感知的可能性和行动准备状态的症状或附属物，经常反复或以组合的方式出现。

比如，简单来讲，当自我的物理威胁（需要）加上感知的逃跑路线（可能性）加上准备逃跑（的行动）出现时，恐惧的情绪应运而生。恐惧不是什么额外的东西，当然也不是可有可无的东西。所有改变的肾上腺素水平、血流（从消化流向肌肉）、呼吸模式、注意力等组合起来后，我们给这种状态取了个名字叫恐惧，是恐惧让我们寻找缝隙并准备逃离。同样地，对子孙、家园或其他尊贵地位的威胁，加上感知到的战胜威胁的可能性，再加上对抗和战斗的准备，叠加起来就是愤怒。重要的"确定性"丧失导致对安全的威胁，再加上预估无法重新获得控制权，以及随时准备撤回和重新评估，这些组合起来就是悲哀和忧伤等等。当我们经历这些情绪中的一种时——或厌恶、或盼望、或幸福、或爱、或羞耻、或迷恋——我们正在经历我们的整个系统的健康维持"模式"中的一种或另一种。

而大脑必须总结情况,并决定哪种模式最有可能确保生存和增进福祉。有时,大脑会有误判,会做错误决定(比如我们会把爱看作威胁),大脑也常常会随着情况变化而改变主意,因此我们会在恐惧、愤怒、悲伤,以及对爱人之死的歉疚之间摇摆不定。但是,根据当前的研究,情绪是大脑智能功能的一个重要方面,绝非头脑中其他精神运作中心喷出的(通常令人不快的)只顾自私追求,不管理性礼节的烟幕。换句话说,"自我"和"身份"并不是明确定义的对立面;它们甚至在大脑结构上也没有分开过。那种将情绪与理性予以空间剥离,并安置在不同位置的隐喻,与进化心理学告诉我们的东西似乎并不一致。当然,不同的动机有时会把我们引向不同的方向:历来如此。你不需要以人为的训练来建立这种内部的不和谐。所有上帝创造之物都会有冲突,他们不会立即知道做什么才是最好的。要精确地厘清它们,恰是大脑进化的结果。

为什么情绪运作的房间应该是黑暗的,而理性的客厅必须是亮堂堂的,这种比喻找不出什么明显的理由。大量有意识的思想和变化中的感知流,如果被解释成大量潜意识复杂谈判和计算之后得出的有意识而间歇性的必然,这样似乎更易理解。有意识的情绪并不是从沾满污垢的引擎室,向舰桥上衣装整洁的船长发出的信号:不是辅助他做出决定的数据包。相反,我们的工作假设是,根本没有船长,所以我们不可能试图偷偷地带走他。有意识的感觉是已做出并正在采取行动的复杂决定的结果。[17]

因此,尽管人们可以谈论"需求""能力""感知""情感"等,仿佛这些都是可分离的,但实际上它们在大脑中都是捆绑在一起的。对于它们被分解到心理学教科书的各个章节标题中,这属于严重的误读。搜集一组关于世界状态的中立印象,然后在记忆中查找它们,并根据我们以前的知识对它们进行着色；之后将它们与我们想做的事情进行比较；然后决定选择哪种动作并告诉肌肉去做——就像这样：感知→解释→评估→选择→行动——这并非我们做的事情。

如果这套麻烦的顺序过程一直持续，我们的祖先早就已成为别人的午餐，我们也不会在这里。尽管大脑中有一些解剖区域专门用来探测口渴，或分配"恐惧"，或协调眼睛的视线和对焦，但它们都被设计成一个紧密整合的团队。从大脑的运动动力区到感觉区的神经束，至少与向相反方向走的神经束一样大，而进行感觉和运动的神经网络，除了最边缘的那些，全都是完全相同的网络，只是不断被经验改变着。因此，我们理解一个简单的词的方式，比如"出发"，也无时无刻不充斥着我们的体验、我们的个体目标以及我们对可实现程度的直觉把握。

我和我的猫真的生活在完全不同的世界里。我看到的是"读书"，它看到的是"睡觉"。当我听到所有"烦人的"狗叫声时，它听到的要么是"害怕的"，要么是"别理它"，而不同的反应结果则直接取决于它曾与不同的狗打交道之后的经验储存。罐头里的猫粮，对它而言是"享受"，对我而言是"排斥"。我们谁也闻不到猫粮的"原味"。我们两个都以不同的方式对这个世界进行了心理学家所说的快速"自下而上"的描绘，从那时起，感知的过程就被注入了——充满了——我们所期望、想要、想象或害怕的东西。在观察的过程中，我们也准备好了回应。我的猫不仅听见，而且竖起了后颈毛。毛刚竖起，号叫，睁大眼睛和听见，都是同一事件不可分割的一部分。这就是为什么他的祖先和我的祖先能够战胜环境，并存活足够长的时间来繁衍后代。它的大脑和我的大脑都不是设计来思考的，但是我的大脑拥有不同的潜力，而且从一出生就沉浸在一种相当特殊的环境中，因而（在一定程度上）已经意识到"思考"的潜力，并且掌握了思考的诀窍。

进化心理学和神经科学都表明，早期关于大脑的概念和隐喻，全被过度简化了。大脑不能被整齐地拆分成可以单独理解的不同部分,也不可能等我们弄明白每一部分后,再将它们重新组装起来。大脑不像时钟,也不像任何一种机制;它是一整个体系,它一秒接一秒地整体进化着,现在也是一秒接一秒地整体工作着。这就像一支足球队。"曼联"不能归结为 11 个单个的人。他们也不会耐心地等着看球的走向,然后才开始移动。他们持续动作着。球的每一次传递都会影响每个球员的位置、方向和期望,球员们会立即意识到对方的动作,并对对方的动作做出反应。他们不仅会对彼此的位置做出反应,还会对他们认为自己要去的地方做出反应。如果你把比赛看作单个球员和动作的集合,而不是一个整体的连锁模式展开,你就根本不可能理解足球。大脑也是如此。[18]

正因如此,做好神经科学真的非常困难,每一点进展都艰苦而缓慢。比如,人们曾经认为他们已经很好地掌握了单个神经元的操作方法。基本上,它的工作原理是通过与其他活跃细胞的突触连接,整合它在分支末端(树突)接收到的所有刺激,如果总和足够大,它就会"发射",并沿着它的主干(轴突)发送一波刺激,以激活它的下游邻居。现在我们知道这种单向交通模型本身过于简单。激活过程持续地从细胞体向下移动到树突,根据下游发生的事情调整其灵敏度。即使在这个微观层面上,大脑也是一个复杂的、对环境敏感的系统,而不是一个简单的小因果序列。[19]

幸运的是,为了当前目标,我们不需要等待所有的细节得到解决。为了观察大脑是否能够完成潜意识的工作,我们需要从一个更清晰的概念开始,即大脑是如何完成其协调和学习工作的。为此目的,尽管有了上个世纪疯狂的研究活动,但目前最好的模型,仍然是 1890 年威廉·詹姆斯(William James)提出的万花筒理论:

大脑是一个器官，其平衡总是处于一种变化状态——这种变化影响着每一个部分。毫无疑问，变化的脉搏在一个地方比在另一个地方更猛烈，节奏在这个时候比那个时候更快。就像万花筒以统一的速度旋转一样，尽管这些数字总是在重新排列自己，但在某些时刻，这种转变似乎是微小的、间断的，仿佛不存在的，然后又发生了其他的变化。当它以神奇的速度射出时，交替着相对稳定的形式与那些反复出现而我们却不可能辨认的形式；因此，在大脑中，永久的重新排列，必然导致某些形式的持续相对较长时间的紧张，而其他非永久的形式则来来去去……由于大脑的变化是连续的，所以所有这些意识相互间水乳交融，就像不同观点的交融。[20]

让我以詹姆斯的描述为基础来阐述。如果大脑真的是黑暗的，其中的瞬间激活模式就像一串串闪烁的彩灯，如果你能让它慢下来，你会看到一个模式不断地伸展到另一个模式。所有这些闪烁的图案都是暂时的，但经常地，会有一种持续更长的时间，或许还会比其他图案发出更明亮的光芒。现在，如果你再次加快大脑的速度，也许把室内的灯开大一点，这样背景不那么漆黑，而大部分的瞬息活动显得不明显可见，而你眼前最突出的，便只是那些偶尔出现的更强、更稳定的模式。

现在，看不见的背景闪光，正是大脑的潜意识活动，而更强、更稳定的模式，则对应于意识。

两者之间，可能有一层边缘性的活动，其强度足以在全意识的高光周围形成某种模糊的晕圈，但其亮度不足以形成强光引人注目。正如詹姆斯所指出的，这个光晕的一部分包含着过去的回声——如果换个比喻说法的话，也就是即将消亡的浪潮在下一个浪潮形成时所产生的拉力。另一部分反映了对接下来可能发生的事情的预期——在这股已经形成的浪潮之后，新一股浪潮正在酝酿聚集。因此，意识的每一个时刻都受到时间上围绕它的时刻的制约，也受到基层电流的复杂瞬时模式的制约，这些电流本身从未"断裂"。从本质上讲，这正是詹姆斯所讲的潜意识的大脑和有意识的大脑之间关系的比喻，这个比喻眼下很能说清楚问题。[21]

詹姆斯描述了意识和潜意识的关系十分形象的比喻，这与历史上的各种"地点"和"人"的比方完全不同。他的潜意识不是思想的一个单独的隔间，"就像意识一样，但灯是关着的"；也不是一个狡猾的小个子人物在幕后策划和操纵。詹姆斯描述的潜意识，不具有意识的"思想""信念"和"欲望"：它所具有的只是闪烁而短暂的活动模式。确实，这样的模式有一种动机倾向，但很可能这类倾向和偏颇比我们想象的要复杂得多，也纠缠得多，如果用语言来描述的话，恐怕只能画出一幅最简笔的轮廓。我们都知道这种体验，人们常常会出于无法预见的原因而行动，并且很难搞清楚我们"心底里真正想要"的究竟是什么。就像莎士比亚说的："我们很想了解自己。"对詹姆斯而言，这不难理解，恰恰是因为大脑的活动比有意识的输出要复杂和微妙得多。

让我用几个最近的实验来说明人类意识和动态大脑在不同层次上的复杂性。第一个实验，是对人脸的记忆。研究人员向受试者展示一组陌生人的面部照片，并要求他们记住这些照片。一半的受试者被要求只能看一眼；另一半受试者被要求必须尽量完整描述见过的面孔。过了一会儿，这些面孔再次出现，又夹杂一些新面孔混在一起。事实证明，人们更善于挑出那些他们没有描述过的面孔，而不是那些他们描述过的面孔。匹兹堡大学的乔纳森·肖勒（Jonathan Schooler）设计了这项测试，他指出，我们可以在一张脸上读到大量信息，但这些信息根本无法用语言表达。我怎样才能捕捉到鼻子的曲线和头发的波浪之间的关系呢？没有任何字眼可以形容它。因此，当我被告知要清晰表达时，这就等于说"请把你的注意力限制在你能表达的那些方面"——而忽略其他方面。而"其他方面"则包含着微妙的模式和关系，供我们的大脑在决定一个人是否熟悉时选择和使用。[22]

第二个实验是由鲍威尔·路维基（Pawel Lewicki）和他的塔尔萨大学同事共同完成的关于潜意识学习的实验。人们在电脑屏幕上看到一连串的显示，他们必须尽可能快地按下四个键中的一个，以指示预先指定的目标出现在屏幕的哪个象限。他们并不知道，每个图像的屏幕位置并非完全随机。第七次试验的目标位置是前六次试验位置总结后的一个非常微妙的函数。果然，人们在第七次试验中的反应速度越来越快——然而，当偶然性被真正的随机性所取代时，他们感到非常困惑，因为他们发现自己的表现常常不可思议地缓慢！路维基指出，更重要的一点，"所有志愿受试者样本来自大学心理学系的教授，他们了解实验者研究潜意识过程。这些受试者其实非常努力，想要在受试过程中'找出'……他们的反应速度在某个点突然之间恶化的原因。然而，他们中没有一个能走得更近……大多数受试者怀疑实验者使用了潜意识刺激。"[23] 在这个实验中，人的大脑显然是在收集信息，这些信息使他们能够在第七次试验中做出超快反应，但很明显，他们无法将这些信息归纳成一种形式，无法以清晰的结论或"洞察力"呈现给有意识的理性。同样的道理，大脑其实在做着一些比意识所能理解的更微妙——甚至更聪明——的事情。

"神经网"——是由大大简化的"神经元"组成的类似大脑的小型网络，其中神经元的特性，可以通过计算机模拟。神经网的研究表明，大脑在模式搜索方面非常聪明。其中一种仿佛"扫雷器"一般的神经网，已经学会如何从反射声呐的"回声"中识别海中的地雷，而且甚至比经过训练、经验丰富的人类操作员做得更好。而另一种神经网则发展了评估他人信誉的能力，甚至比富有经验的银行经理做得更好。第三种神经网已经学会辨认熟悉的人,以富有成效的准确度,正确识别那人以前从未表达过的表情(比如"悲伤"或"愤怒"),区分陌生的男人和女人。神经网做上述这些事,不是通过运用所学"规则"。神经网自会从之前的一系列经历中提取自己的"知识",就像大脑所做的那样。有意思的是,神经网提取的知识可能与人类用语言"包装"的知识完全不同。例如,人脸识别网络并不以"鼻子""嘴巴""发际线""眼睛颜色"等为中心;它们提取了一组模糊得多的整体模板,这些模板体现了*模式*和*关系*,而不是选定的*特征*。如果这是真正的大脑工作方式,正如我们有理由相信的那样,那么肖勒的结果就更加明显了。我们大脑的工作方式并不一定与我们思考和说话的方式相匹配。[24]

这种对大脑的看法使人心神不宁。潜意识的活动已经成为主流;大脑的知识、经验和智力储存于特定的形态之中,在这种形态里,一种瞬间活动模式源源不断地流进另一种。有时,这类电子活动会导致一个有形的结果——恐惧的感觉、不自觉地挠耳朵、布道时的顽皮幻想以及梦。但有时并非如此。意识体验只是潜意识大脑活动的一种表现,它可能很适合于当下,也可能不适合。它可能预示着下一步行动("我现在就要起床了"),也可能不会(我的想法没有改变!)。为什么大脑的一些状态会导致意识,为什么一些意识体验看起来准确而有益,而另一些则误入歧途或不合时宜,我们不知道答案。但是,随着我们对潜意识大脑的了解越来越多,潜意识大脑的主导地位正变得越来越明显。

在没有告诉"你"之前,大脑似乎已经决定了下一步要做什么。加州神经科学家本杰明·利贝特(Benjamin Libet)做了一些著名的研究。他给学生们配备了脑电波设备,可以显示他们大脑中发生的事情,然后让他们在有意愿的时候做一个自愿的动作,比如移动手指。他还要求他们记录下他们第一次体验到移动意向的时刻。他发现,运动意向在运动开始前约 1/5 秒出现,但大脑中的活动激增确实在运动开始前约 1/3 秒出现！早在 20 世纪 60 年代，英国神经外科医生格雷·沃尔特（Grey Walter）就曾依据此类效果，创造了一种最令人不安的体验。出于临床原因，他的一些病人在大脑运动皮层植入了电极。格雷·沃尔特邀请他们以自己的节奏观看一系列幻灯片，当他们准备好时，就可以按下控制按键，将幻灯盘推进到下一张幻灯片。然而，受试者并不知道，格雷·沃尔特操纵了投影仪，使得它不由按钮触发，而是由他们自己的预期脑电波触发。因此，幻灯片开始改变的时候，其实是在他们正想改变它的时候！根据他的病人的说法，这项技术的工作速度要比大脑编造一个必然的有意识的"意图"的速度要快，他们感觉非常别扭。[25]

强大的证据证明，大脑对意识中没有出现的事件会做出反应。深度昏迷——也就是"持续性植物状态"（persistent vegetative state，简称PVS）的患者，对面前出现的熟悉面孔，不会表现出任何意识的迹象。然而，他们大脑中的面部识别区域显示出的活动增加的情况，与"正常"人的活动增加几乎毫无区别。[26]当引发恐惧的刺激，以潜意识的方式闪现给正常人时，尽管没有任何意识理由激发恐惧反应，但是，大脑的情感中心，尤其是被称为杏仁核的边缘结构，仍然会以它们特有的"恐惧"方式做出反应。[27]在一种被称为"双眼竞争"的现象中，两只眼睛会看到不同的图像。有意识的感知通常会在两个图像之间翻转。然而，对大脑的扫描显示，与两幅图像相对应的活动模式是连续呈现的。当有意识知觉翻转时，即刻的潜意识刺激活动会被稍微抑制，但仍然持续发射。也就是说，刺激信号仍在潜意识中被感知——因此，举个例子，如果潜意识的刺激以某种方式改变，这种改变就会被大脑检测到，大脑则会立即"增强"意识知觉。[28]

当大脑的一个区域被激活时——比如当我突然对你说"老鼠"这个词时——激活似乎会自动向外扩散到与这个概念区域相关的其他区

域，就好比扔到池塘里的鹅卵石所产生的涟漪（不过要记住，这种"涟漪效应"可能并不容易理解：想象一下这块石头掉进了一个已经波涛汹涌的池塘，而不是一个静止的池塘）。实验表明，这些涟漪是在潜意识中出现的，即使最初的震中仅仅在潜意识中被激活，其激起的涟漪也依然只是在潜意识中出现。因此，潜意识中出现的快乐或愤怒的面孔，将影响人们对几秒钟后他们有意识地看到的中性面孔的喜欢或不喜欢程度。[29]的确，正如我们在前一章中看到的那样，当第一个"启动"刺激在潜意识中出现时，这种效果往往比它可以被有意识地识别时更大。而有意识的启动似乎也会导致激活的传播范围更窄，只有最常见或最"相关"的同类被启动，而似乎只有潜意识的启动才会引发更宽、更"中性"，也更不确定的波动范围。[30]

这些结果证实了威廉·詹姆斯的观点，即有意识的东西在任何时候都会从对环境的更广泛的更潜意识的评估中出现。我们开始时，就像这样，用一种低级的、有意识的激活水平来扫描整个感官输入，然后立即开始剔除一切完全符合预期的东西，因为这些可以安全地被忽略，或者说这些可以由一个运行良好的自动化程序来处理。这需要大约1/5秒的时间。当这些方面随后被从初始扫描中"减去"时，剩下的部分开始从背景中突出并被强力激活——有时，强到足以使这些方面的"意识"出现。（因此，意识的出现就像一个加速版本，仿佛早晨一连串电子邮件到来后，通过一系列删除垃圾邮件、转发他人处理以及简短回复等迅速处理的过程后，只留下一小部分需要特别关注。）

显而易见，这正是我们当前正在寻找的这些东西——混合着与当前需求和兴趣相关的东西——也混合着不符合预期的东西：包括潜在的冲击、意外和失望。在大脑的前部，这些重要的方面出现的同时，就立即开始转化为意图，然后这些被确定为行动计划。同时，在被称为海马体的结构中，这份"重要草图"被快速捕捉和固定，就像数码照片一样,以便它在未来被重新激活,并可被用作模板,基于此模板,大脑的习惯线和预测线就可以适当的方式重新雕刻。[31]

大脑中最基本的激活形式是兴奋。当一个神经中心或连接模式变得活跃,它倾向于积极地影响与其相关联的其他中心和模式。这些神经中心中的一部分在获得足够的激活后,就会完全以自己的方式活跃,然后成为下一个接力跑者,将激活接力棒递交其他中心。而另一些部分则激活程度较小,不会立即启动自身的激活方式,但会启动优先模式,使之成为更有可能启动的部分,而启动与否取决于它们可能受到的其他刺激。

但是,并非大脑中所有的相互影响都属于这种兴奋型,有许多是抑制型的;它们使它们的下游邻居变得活跃的可能性不是更大,而是更小,因此它们能有效地截停或抑制。人类大脑能够采用兴奋之外的抑制模式,使得人类在近代的进化能力占尽优势。为什么抑制如此有用?一般情况下,它的作用就像汽车的刹车。如果你有一个刹车和一个加速器,你就能更精细地控制你的速度和转向。如果大脑既能抑制也能激发,它就能更好地控制其自身激活的扩散和顺序。它不仅可以像吸墨纸上的墨迹一样扩散到整个大脑,还可以被更精确地控制和引导。

近一百五十年来,人们已经认识到抑制的重要性。1863年,俄罗斯生理学家伊万·谢切诺夫(Ivan Sechenov)发现,刺激青蛙大脑的某些区域,可以克服通常不自觉的反射,他把这与人类抑制自身运动的能力联系起来,就像我们在牙医面前"默默忍受"一样。他观察到,抑制还导致更大的运动控制——"只有当其他手指的运动受到抑制时,一个手指才能单独运动"——并且使激活和抑制得以平衡,因而极大增加了各种物理技能的范围与精度。"作用于大脑的放松力量,使神经系统全区域活动得以关闭,而这力量反过来会引发其他广阔的区域发挥作用。"谢切诺夫观察到,但他更进一步地指出，正是抑制使大脑能够将"思考"与"行动"脱钩，使我们能够沉思、冥想，并权衡各个选项，而不受将恐惧或欲望立即转化为行动的自然倾向的影响。"究竟什么是思考的过程？"他问道。"这是一系列相互关联的定义和概念，存在于特定时间的人的意识之中，而不以外在现象来表达。"与谢切诺夫同时代的英国神经学家大卫·费里尔（David Ferrier），发现了它更进一步的含义。1876年，他总结说："通过检查实际运动中向外扩散的趋势，我们因而增加了内部的扩散，并做到意识集中。因为意识的程度与行动中的向外扩散量成反比。"换句话说，如果自然流出的激活被筑坝拦截，它反而可以在大坝后面积聚，在创造的静水之池里，更多的意识之鱼开始繁殖。

费里尔还预见了当今神经科学所证实的真理：抑制的程度以及它所带来的益处，在整个儿童时期都在发展。而在成年人中：

> 当前的冲动或感觉，不会像婴儿时期那样立即激发兴奋动作，而是会同时刺激抑制中心并暂停行动，直到在注意力的影响下，过去的行动及其或远或近或愉快或痛苦的结果之间产生的经验，会相互联系并在意识中出现。……所以，抑制中心……构成了所有高等智力的有机基础。[32]

因此，尽管大脑的设计目的是将感知、愿望和动作结合成一场无缝衔接的妥当而有目的的行动，但是，大脑其实已经发展出了一种附属能力，能够部分地分离这些组成部分，并允许其内部机制更持久，也更丰富，从而探索出比在更紧迫情况下实际可行的方案还要广泛的思考范围和可能性。通过抑制，大脑可以阻止和减弱其自身的自然外流，从而允许其内部的激活池不断扩大和深化。

结果，意识的私人活动阐述得更慢、更丰富。语言，受到抑制后，变成窃窃私语，这使我们能够和自己进行一场我们称之为思考的对话；行动，受到抑制后，变成内在的心理预演；而感知，受到抑制后，变成想象的化身，成为内在的视觉、听觉和感觉。神经影像学研究表明，大脑在想象一个物体时，会产生一种皮层激活模式，就好像直接感知它一样。动作的心理预演——比方说，高尔夫挥杆——会在相关肌肉中产生减弱的电活动，但大脑中的激活水平和模式非常类似于伴随完整动作的激活水平和模式。[33] 事实上，这种心理预演已被证明对技能的发展有显著贡献。正如杰克·尼克劳斯（Jack Nicklaus）在他的经典教练手册导言中的那句名言："每次投篮前，我都会在脑子里过一遍电影。"[34]

  大卫·费里尔是最早将这种抑制能力定位在额叶的人之一，与其他动物相比，额叶是人类大脑中发育最为迅速的部分。例如他观察到额叶的损伤不会导致任何明显的技能损伤。然而，随后的抑制型精细控制的丧失，"导致某种形式的精神退化，这可能在最终分析中被弱化为注意力功能的丧失"。集中注意力依赖于抑制，因为它包括优先考虑和排他，包括拒绝其他竞争性需求和刺激，说"现在不行！"如果没有这种能力，一个人就会受到各种干扰，特别是，他们的长期目标和更深层次的价值观可能永远不会浮出水面，不断地被更多立即引起注意的呼声淹没。不幸的是，费里尔被当时流行的心理谬论所迷惑，从而破坏了他自己的洞察力。有一段时间，他事后诸葛亮，认为一个人的智力可以简单地从隆起的前额推断出来，前额必须适应他们扩大的额叶，但后来他发现，这种相关性根本不成立，就又冲动地（而且荒谬地）放弃了神经抑制的整个概念。

  英国心理学家戴维·韦斯特利（David Westley）最近开展了一项优雅的实验，实验显示，大脑对抑制和兴奋模式的部署堪称既迅速又优雅。他使用的测试涉及一个带有转折的派对游戏。这个游戏是看你能否想到一个与其他三个单词相关联的单词。因此，你可能会看到兔子、房子和圣诞节，并给你一个很短的时间来看看你的大脑是否能想出"白色"一词。无论你是否想出了一个解决方案，之后你都会得到另一个测试。一串字母在屏幕上闪烁，而你的工作只是通过尽可能快地按下两个按钮中的一个，来指示这些字母是否构成一个正确的英语单词。字符串可以是四种类型之一。它可能是一个非单词，比如 WOMIX，你对它说"不"。或者它可以让你回答"是"的三种类型中的一种：一个与之前"联想游戏"没有关系的"中性"单词，比如"手腕"；一个之前游戏中三个词中某一个有关系的联想单词，比如"兔子窝"，但不是与所有三个都有关系的联想词（因此不是谜题的答案）；一个解决方案单词"白色"。问题是：对这些不同类型刺激的反应时间是如何变化的？

标准由中性词提供："手腕"一词平均花费 900 毫秒（ms）被识别为一个合适的单词。"解决方案"词"白色"则被识别得更快。如果你玩过这个词的填字游戏——如果你解决了这个难题——你的反应时间将显著缩短到 650 毫秒左右。这并不十分令人惊讶。最近你有意识地记单词的记忆模式，很可能仍然保留一些持续的刺激，使你能够更快地找到它，而不是控制组的单词。但是，更让你惊讶的是，即使是在前边的游戏中你没能找到准确的解决方案，你对真正解决方案词的反应时间和识别速度，仍然比中性新词快——不仅快了一点，而且比你找对解决方案词还要快 40 毫秒！神经兴奋已经从三个谜语中溢出到了它们共同的关联词中（因此得到了三个单独的优先启动包），尽管——出于我们不知道的原因——在这种情况下，兴奋程度仍然不足以让单词本身超过它的"意识阈值"，并进入你的大脑。兴奋感在你潜意识的大脑中晃来晃去，影响了你识别一个单词的速度，而你却无法找回这个单词本身。

到目前为止还不错，但若遇到像"兔子窝"这样的单字联想词，而不是三字联想词时，大脑会如何关联呢？答案是，对该词的反应时间在很大程度上取决于你是否解决了最初的难题。如果你没有，那么对"兔子窝"的识别比中性词要快，正如你所期望的。毕竟，它从兔子一词那里接收到其相应的激活信号，并且，按照与之前相同的逻辑，这将有助于缩短识别过程。然而——这是第二个惊喜——如果前述游戏的答案已解决，那么对"兔子窝"的响应甚至比对中性单词的响应还要慢。似乎已经发生的是，一旦"正确的"单词被检索到，所有其他已经被一些潜意识激活的候选者会立即被抑制。当"白色"变得有意识，并被认为是"正确的答案"，它于是发送一个突发的横向抑制，"清除障碍"并关闭所有以前的竞争对手，比如"兔子窝"。这项研究（以及类似的几十项研究）表明，兴奋和抑制是如何共舞一曲快速而复杂的舞蹈——通常情况下，我们根本没有意识到这一点。[35] 正如我们所见证的，意识本身很可能与这种推动"赢家"、暂时抑制"输家"的抑制浪潮紧密相连。它的本质似乎是挑选出最有趣的东西，并将其视为"前台"，抑制当前用于背景的一些其他方面，并完全使其他一切归于沉默。

因此，兴奋和抑制可以用不同速率传播。首先，快速的而相当随意的兴奋波从被感官激活的震央中涟漪而出；然后，当它们的重要性被衡量时，那些比较迟钝的被抑制，直到一个中心的核心部分保留下来，如果这个核心足够强或者足够重要到变得有意识，一个普遍的抑制波就会发出去"擦黑板"，清除所有累积的临时笔记和印象，这样下一个事件就可以被铭刻在相关的背景上，而不是在不相关的细节上。[36]

如果这是真的，那么其他一些令人费解的发现也是有道理的。当人们被要求尽可能快地对微弱的闪光做出按键反应时，他们有时会做出非常迅速的正确反应——然后为自己的错误道歉。潜意识的兴奋引发了反应，但是突然的抑制抹去了痕迹，使它看起来像一个错误。丹尼尔·罗宾逊（Daniel Robinson）总结道："与（非语言）反应时间相关的神经处理，不同于与语言（有意识）报告相关的处理，同时也比语言处理更有效。"[37]

因此,抑制不仅被用来抑制脑电波的外流;它还被用来加强或削弱其自身内部工作的区域。但它不会"无意识"地或机械地这样做。它在哪里、如何以及以多快的速度进行,取决于大脑作为一个整体在做什么。正如我们稍后将看到的那样,这也取决于它是谁的大脑。通过梳理大脑额叶控制抑制使用的一些巧妙方式,我们可以开始看到,一些潜意识的难题,可以用一种新的方式来解释:不是用什么大脑的神秘亚区室或是机器中的幽灵来解释,而是大脑固有的——但存在于潜意识中的——抑制性智能的表达。

以创造力为例。创造力有许多有趣而令人困惑的方面,我将试着解释这两个方面:为什么创造性的想法常常突然"跳入"我们的(有意识的)头脑中;为什么有些人比其他人更有创造性?缅因大学科林·马丁代尔(Colin Martindale)的研究表明,大脑抑制活性的变化可以解释这两种情况。马丁代尔为他的研究选择了两组志愿者:一组是那些在一般创造力测试中得分较高的志愿者("你能想到相机胶片带来的小塑料盒有多少用途?"),另一组是得分较低的志愿者。他把他们都连接到脑电图机上,然后让他们做两件事:首先,给孩子编一个新的"睡前故事";然后,几分钟后,把他们想出的东西拿出来,开始完善和改进它。我们把这两组人叫作创造型人和非创造型人,把任务的两个阶段叫作激发阶段和精化阶段。

实验背后的想法是这样的。创造力包括激发和精化两个阶段,但每个阶段所需要的思维方式是不同的。在寻找激发灵感的时候,人们需要让大脑中的兴奋超过抑制,这样各种想法就可以同时活跃起来,它们的涟漪可以更广泛地扩散、重叠,从而揭示新的联系。你希望鼓励一种心态,这种心态不是那种目标明确、注意力高度集中的"赢家通吃"模式,而是一种允许推迟赎回、允许更广泛探索各种不那么定型、不那么传统的先验可能性的心态。不同的激活电流被允许在潜意识中混合，然后，当某种"凝结"发生时，电流会集中在一个新的模式周围，直到它强大到足以"跳入"意识。电流绝非有序而理智地在大脑回路中列队前进。这种低抑制的大脑活动在脑电图上的表现，就是所谓的"α波"。

然而，当你进入创造力的精化阶段时，你希望你的大脑表现得不同。你希望它更有选择性、批判性和目的性。换句话说，你现在想要部署更多的抑制，来抑制你正在研究的想法之外的想法，并保持你的思维过程更加有序和正常。你希望激活的中心被一个阻止它泄漏的抑制栅栏所包围。这种想法在脑电图上显示为"β波"。马丁代尔的问题是：这两组以及两个阶段之间的脑电波模式会有所区别吗？

他经过推理，发现两者确实不同，正如你所期望的那样。在精化阶段，两组的大脑没有什么不同：它们都表现出比休眠水平更高的β活性。换句话说，两者都在用抑制来控制和限制其思维。但是当马丁代尔观察激发阶段的结果时，他发现这两组人现在已经完全不同了。缺乏创造力的小组仍然表现出较高的β活性。简单地说，他们的大脑试图"弄明白"故事的脉络。然而，创意小组显示出了从β到α的戏剧性转变。他们的额叶所起的抑制控制作用要小得多，因此幻想的过程可以顺其自然，并产生一些新的联系。他们不是在"盘算"，而是在做白日梦。他们凭直觉知道什么时候做梦，什么时候停止做梦开始围栅栏。新奇的想法"冒着"洞察力或暗示的"泡泡"进入意识，任何之前的理性思路全都消失。要想解释这一事实，事实上并不需要什么外在缪斯神或内在的大魔王。如果你听之任之，大脑就会这么做。有趣的是，这个缺乏创造力的群体，似乎就是那些忘记了如何有效利用大脑所拥有的各种灵活模式的人。令人高兴的是，我和布里斯托大学的保罗·霍华德－琼斯（Paul Howard-Jones）最近的合作研究似乎表明，对许多人而言，这种形式的僵化很容易被打破。

这种潜意识的观点也解释了种种"深不可测"的直觉：种种形式不清的模糊暗示，种种难以捉摸的经验，种种勉强算作意识内的体验。正如我们已经分析的，原则上来讲，将大脑活动等同于导致清晰度各异的意识体验，这种理解并无问题。意识和潜意识之间没有明显的分界线。有些东西——比如图书馆里的一声枪响，比如一种突如其来令人眩目的洞察力——会非常清晰地凸显出来；但有些东西——比如一种折磨人的若有若无的焦虑，比如一种不祥的预感——却并不会明明白白地凸显出来。有时，在意识的中间，并没有堂而皇之的"破坏者"，根本没有至清之水，只有搅动不安的奔涌，或是逐步展开的暗示，讲述着某种事物，却不打算更明确地展现。尚未准备出生的婴儿，会通过踢子宫的胎动，让你感受它的存在；直觉，正是潜意识大脑的胎动。

尽管直觉和"感受"并不必然"正确"，但它们也不是完全没有道理。当人们被要求选择两个几乎相同的重量中的较重者时，他们感觉到他们充其量只是在猜测，然而他们却相信，主动选择比碰运气好得多。猜测，其实比他们想象的更有效。[39] 诺贝尔科学奖获得者压倒性地同意，认真对待直觉颇有裨益。1985年获诺贝尔医学奖的迈克尔·布朗（Michael Brown）曾代表许多顶尖科学家发言，他当时承认"我们有时觉得，几乎有一只手在指引着我们……我们会一步一步走下去，不知何故我们会知道正确的道路……我真的无法告诉你，我们是怎么知道的"。[40]

神经科学家最近开发了详细模型，讲述大脑如何产生这种直观信号，比如通过定位自身网络中对应于查找解决问题方法的"搜索空间"那一部分神经网的活动，以及对应于当前问题解决的另一区域活动，并计算两种模式相匹配的程度。尽管明确的解决方案尚未发现，但是直观信号可以反映不匹配程度的总量。当取得进展时，信号的强度会增加到在意识的角落里开始闪烁的程度，这真的挺像你在处理别的事情时，发现"你有邮件"的信息在电脑屏幕的角落里闪烁一样。[41]

关于大脑如何以及为什么产生情感、直觉和创造性洞察力的故事，还有更多的细节可以补充。我写在这里的意图仅仅是表明，根据我们目前对大脑的理解，这些体验都完全可以被包括在我们认为"正常"和"有用"的范围之内，而其本身不需要任何更奇特的解释工具来解释。我还试图证明，大脑的抑制机制可以赋予人类许多智力。由于抑制，我们能够管理每一个时刻所带来的需求和机会的多样性。我们可以对计划进行选择和排序，而且既能在面临变化和干扰时保持集中的注意力，也能经常保持开放的需要，每隔一段时间进行一次排序、优化和策略变更。我们还可以将动机与认知分离，推迟行动的时刻，从而以分析和逻辑、综合及创造性的方式探索暗示与关联。所有这些活动都可以大致被解释为潜意识活动。意识的瞬间和通道，则是大脑状态瞬间稳定在更强或更稳定的形态之中的必然结果。

然而，一切并不总是那么美好。正如体力是可以滥用的恩惠一样，皮层抑制也是如此。当它出错时，它会导致一些相当奇怪的影响：一些传统上有更多怪罪到"潜意识"头上的人类的怪癖。

第九章

魔鬼的化身：

疯狂与额叶

头脑捉弄着它的平衡能力，就像一个小店主的把戏，他一边用小手指拿着秤杆的一头狡猾地滑动，一边使劲地按住秤杆，让那十二盎司的秤砣在刻度上又重出一磅。这绝对让我们羞耻，因为我们过度频繁地使用这些卑鄙伎俩来欺骗那些与我们有交易的人，更致命的是，欺骗我们自己去犯错误和恶作剧……我们常常养成了偷偷摸摸的习惯，以至于我们自己都不知道这些是欺诈行为。

——A. 塔克，1768 年 [1]

就像汽车刹车一样，抑制功能成就更强的控制力——不过，有一个前提，就是必须使用得当。当汽车的刹车卡住，或者电缆断了，事情就会变糟，大脑也是如此。过度抑制和抑制不足都会引起麻烦。正如我们在上一章所看到的那样，创造力取决于大脑调节自身抑制强度及扩散度的能力。但是，有些人在需要明智地放松抑制踏板时，却不能这样做，结果他们的创造力便受到损害。另一些人，比如额叶受损的人，则或丧失或未能发展尽可能多地利用抑制的能力，就会以不同方式受到损伤。这一章正是讲解抑制机能出错的各种方式，以及与此相关的人类体验和行为中更具破坏性的怪异现象是如何产生的。运用我们现在已知的大脑知识（尤其是对大脑额叶的抑制功能的了解），那么，弗洛伊德所说的"日常生活的精神病理学"之中，有多少是我们可以解释——而不需要召唤灵魂、超自我等概念的呢？

上一章，我用大脑的主要功能解释了抑制的概念。抑制强烈地影响着神经活动模式在神经网络中传播的方向，影响着任意时间点活跃着神经活动的数量，也影响着神经活动如何紧密聚集和排列的方式。我们可以称之为抑制中心或是抑制的"认知"方面，但抑制也会影响更多的大脑边缘区域：包括将计划转化为行动的"后端"，以及处理感官与外界和内在身体接触并带入内外部状态信息的"前端"。

从进化的角度来看，抑制很可能作为控制公开行为的一种方式，在事物的后端首先发展起来。群体生活取决于和谐的程度，在某些时候，这就需要使你的计划和意图与其他人保持一致的能力。如果你觉得受够了炎热的大草原，于是在狩猎途中突然决定离开游个泳，你将不可能得到你的那份猎物。合作取决于专注、承诺与自我控制，所有这些都需要力量来抑制其他行动方针及与之伴随的各种愿望。出于社会秩序的考虑，性冲动与攻击冲动，恐怕不得不被抑制；如果你非要攻击领头猿，可能会有生命危险。与此同时，抑制功能大有用处。冲动的表达，可能会将你的计划等至关重要的信息无谓地暴露给对手，而抑制冲动，面上不动声色，精于迷惑策略，隐藏竞争气息，则是一种生存优势。黑猩猩是精通肢体谎言的专家，几乎可以肯定，我们的祖先也是如此。[2] 尤其是，日益清晰的研究表明，人类模仿周围人的能力和倾向是与生俱来的。尽管这是一种强大的学习资源，但同时也是"暴露"内在价值观和意图的另一种方式，因此恰是很好的抑制对象。[3]

行为抑制在过度使用或未充分使用时会出错。例如，模仿可以导致大脑前额叶皮层的某些区域受到损伤，这种不受抑制的行为会导致人们对周围所说的话进行强迫性模仿（这被称为语言模仿 echolalia）或对动作进行强迫性模仿（这被称为动作模仿 echopraxia）。他们会附和面试官的话，甚至会陷入重复模仿自己的怪圈中，就像被卡住的唱片一样。在伟大的苏联神经学家 A. R. 卢里亚（A. R. Luria）设计的一个简单测试中，这样的病人很难接受这项指令——"当我轻敲桌子一次时，我希望你轻敲一次，但如果我轻敲两次，我希望你不要轻敲。"——顺便说一句，即使是孩子在这项任务上也有困难，因为他们的大脑中还没有形成足够成熟的抑制控制。患有图雷特综合征（Tourette's Syndrome）的人，无法阻止自己脱口而出各种社交上不恰当的想法和感受，他们自己也因无法自我抑制而深受困扰。另一方面，*过度抑制*也同样麻烦。还没有掌握*选择性抑制*之术的孩子，可能会在发脾气的时候过度抑制，陷入一种身体瘫痪——如果发生在成年精神分裂症患者身上，就被称为紧张性精神分裂症——这可能会导致完全的身体僵硬，甚至无法呼吸（也就是老前辈所称"惊厥"的症状）。

我们已经经历了"前端"神经抑制可以影响感知和注意力的一些方式。当抑制松弛或不稳定时，人就变得不能保持集中，人的感知变得发散分离。当注意力和行为都无法控制时，其结果通常就是"注意力缺陷和多动症"（ADHD），某些孩子身上会出现此类症状。在这种情况下，重要的是要记住，我们所看到的可能是失去控制的灵活性，导致不适当的参与方式，而不是生物化学造成的"无能"。在某些情况下，高度分散的注意力正是你所需要的：比如在充满不可预测和未知危险的情况下。当夜幕降临在丛林中一个陌生的地方时，让自己全神贯注于一本好书并不那么聪明。在这种情况下，"神经质"和"紧张不安"既恰当又明智。虽然一些孩子肥胖背后的机制是缺乏神经抑制，但这并不意味着他们的大脑需要用镇静剂来稳定。也许，对他们中的一些人来说，他们的经历告诫他们，生活确实是一个危险的丛林，充满了意想不到的威胁，他们的跳跃合情合理，就像是一只在户外远离洞穴的兔子。错不在于大脑中化学元素的基本一致性，而在于环境使之习得了抑制触发机制的弱化。

知觉上的抑制弱化也可以解释一些更不寻常的人类体验形式——幻觉。我们大体上能够区分什么是"知觉"和什么是"幻觉"，这种区分基于几项考虑。我们可以预测接下来会发生什么（"如果我站在一辆想象中的公共汽车前面，它不会把我撞倒"），或者找出其他人是否或多或少看到了同样的事情。我们还依赖于体验的相对强度或丰富性。当我醒着的时候（我们稍后会回到梦中），感知的内容往往比我的幻想或白日梦的内容要详细得多。这是因为，尽管当我看到和想象的时候，许多相同的回路在大脑中是活跃的，但是在想象的过程中，感知激活的程度被削弱了。我想象力丰富的大脑产生了一种淡化或褪色的场景。如果这个衰减机制以某种方式被关闭，那么我的想象的质量可以开始更接近我的感知质量——然后我可能开始把两者混淆起来。如果有意识的知觉"现实"是潜意识大脑产生的视频，而我的"幻想"也是同样，那么两者在哲学本质上一致——也就是说，在哲学上，混淆"知觉"和"幻觉"根本不是什么判断错误。唯一需要解释的问题在于，这类混淆会在何时出现、为什么会出现，以及如何出现。

我什么时候才能对周围的环境有自己的想象呢？这类幻觉有许多常见的"诱因"。当我生病的时候，尤其是当我发高烧的时候，当我的系统承受高度压力的时候，当我被剥夺了感官刺激和人际刺激的正常剂量，导致以外界互动以及他人反应为基础的主要感官模型无法维系之时，我更有可能犯这样的错误。换句话说，当我的大脑化学成分受到干扰时，当我对待"真实"事物的正常标准和参照物被颠覆时，我就有麻烦了。许多科学家认为，恰恰是在这种复杂环境下，最有可能导致抑制机制失灵。

例如强迫幻听，是指想象已知或未知的人的声音，然后你会听从想象中的声音,就仿佛它是"真实的"。这种幻听更有可能发生在压力条件下。在这种情况下,大脑的抑制资源可能会被拉伸到极限。当受到压力时,过度恐慌的迹象可能必须得到控制,绝望或恐惧的内心感觉也可能需要被抑制,两者都消耗了大脑相当大的抑制能力。在一个人的煎熬即将结束时,可能根本没有足够的抑制来运转,而大脑的部分功能——比如想象——平时会消耗一部分抑制资源,此时则可能在没有预期"制动"的情况下运转。同时,肾上腺素和其他应激释放激素的分解物也可能在身体的循环体液中积聚。当这些分解物到达额叶时,大脑的一些正常功能就可能受到调节或损害:特别是,对抑制的灵活控制度受损。

当然,确实有可能在大脑中对于这样的变化产生影响的位置进行精确定位。在额叶之下,并与额叶紧密相连的,是大脑两侧的一个区域,称为前扣带皮层。1998年进行的一项神经成像研究发现,当人们听到真实的声音或者当人们产生幻听(以为是真实声音)时,右脑的前扣带皮层变得活跃;但是当人们对同一种声音进行想象时,右脑的前扣带皮层并未变得活跃。也就是说,在通常情况下,若想象发生时,这个区域似乎会受到抑制,但是,也许是在压力情况下,导致它变得不受抑制,从而把想象中的经历变成一种完全等同于真实的幻觉。[4]

在这里,我们需要引入抑制对感知的影响,并将其融入抑制的故事中去。我们在第七章看到,在意识和潜意识感知之间的明显阈值是可以变化的。有些人比其他人对他们的临界或阈下刺激更敏感,对我们大多数人而言,这种敏感性也取决于我们有多紧张或放松。在压力下,我们的敏感度会上升或下降。比如,当人们感到焦虑时,一些人会对任何与威胁可能性有关的信息变得高度敏感,而另一些人则会关上意识的百叶窗,对周围可能发生的任何令人不安的事情故作置若罔闻之态。比如,在被称为"感性防御"的现象中,当他们必须检测极短时间内闪现的词时，许多人需要三倍于他们检测中性词所需的暴露时间来"查看"禁忌词。皮质抑制的概念向我们展示了这种自我保护的技巧是如何实现的。这个词被潜意识识别出来，其结果是大脑立即展开了一种必然的抑制模式，有效地提高了意识的门槛。它抑制了自己的活动，从而阻止某些经历上升到潜意识的地平线之上。[5]

现在，如果我们允许（就像证据迫使我们做的那样）潜意识感知的现实，并把它与我们刚才讨论过的想象力不受抑制的可能性结合起来，我们就可以尝试解释幻觉的声音是如何与*预言*联系起来的。在产生幻觉之人绝无任何正常渠道获得此类相关知识可能性的前提下，对遥远时空事件的准确、详细、可证实的预言必须保持神秘（当然，这一大前提本身，就足以否定大多数甚至可能是全部预言）。[6]然而，朱利恩·杰恩斯给出了一个通俗易懂的例子，说明了更为世俗的预言，很可能诞生于易受此类经历影响的人的大脑，比如精神分裂症患者。"一个看门人从大厅走下来，可能会发出轻微的噪音，而病人并未有意识地察觉。"但病人听到他那幻觉之声在喊："现在有人拿着一桶水从大厅走下来。"然后，门开了，预言应验了。[7]有几次这样的经历，很容易就能看出，幻听之声是如何被赋予越来越普遍、越来越令人印象深刻的超自然力量的。

想象力的强度也受到文化习惯和信仰的影响。在欧美文化中，真实与想象有相当明显的区别，部分原因是在这些社会中，看到或听到"想象中的"事物与发疯有着如此密切的联系。调查显示，确实有很多人会出现这种幻觉（特别是在压力之下），但他们会对其他人隐瞒这种幻觉，以免被认为是精神失常（或者更糟的是，他们对自己也隐瞒这种幻觉，害怕自己真的是精神失常）。在其他文化中，幻觉和精神错乱之间的联系并没有那么强。对他们而言，幻听之人可能是疯了，但也可能被视为经历了一种不方便但短暂的附体时期，或者他们甚至可能在引导祖先或神的智慧。具体得看情况。

即使当区分真实与想象不那么困难,也不需要那么快的时候,也有可能是因为神经抑制的技巧还没有得到充分的发展,因此幻觉体验在这些社会中更加普遍和明显——因此,通过这一套自成逻辑,幻觉就不那么奇怪,也不那么需要病理学解释了。不管幻觉出现的各种原因或原因组合是什么,亨利·西奇威克(Henry Sidgwick)在1894年为心理研究学会进行的一项调查发现,俄罗斯人的幻觉数量是英国人的两倍,巴西人的幻觉数量甚至更多,尤其是幻听。[8](抑制的行为方面也显示出文化差异。在一些亚文化中——比如17世纪法国的宫廷阴谋——掩饰被发展成一种复杂的艺术形式,而一声轻柔的叹息,可能预示着近乎自杀的绝望。在其他国家,比如当代意大利,阻止自己的意图渗透入身体语言的能力,似乎根本就没有被掌握。)[9]

杰恩斯推测,在荷马史诗时代,无论是大脑机制,或是习得技巧,或是两者结合的研究,都远没有今天发达,而且更普遍的不受抑制的幻觉——尤其是幻听——很容易被解读为"众神之声"。比如,他认为,抑制失灵与压抑有关,与此相对应,恰恰是在紧张时刻——阿基里斯战斗正酣,美狄亚面临重大的生死抉择——神才最有可能干预。如果,正如他所建议的那样,幻觉的声音实际上是现实生活中权威形象的回声,那么这种幻听就会像当代精神分裂症患者一样,伴随着权力的光环和顺服的期望。[10]

当然,我们不能肯定宙斯之声实际上是阿基里斯自己的声音。我们无法将传感器架在他的脖子上,看看他的喉咙是否在发出神圣的节奏。但是你可以对一个活着的精神分裂症患者做一些类似的事情,如果你做了,你会发现这种轻微的声音活动,确实伴随着他们的幻觉。他们听到的声音通常不是他们自己的声音,而是已故亲属、前伴侣或主耶稣基督的声音,这一事实可能只是反映了他们的内在声音中的一些模仿，结合了他们自身听觉中大量由期望驱动的解读。[11]

一般来说，精神分裂症往往伴随着无法控制的联想，因此患者的头脑中充斥着不同的行动和解释的可能性。正常大脑的额叶利用它们的抑制来追踪环境，使得那些与当前计划或当前正在展开的场景一致的可能性得到增强，而那些不相关的可能性得到抑制。当你在钓鱼时，有人说"我们去河的另一边（the other bank）"；尽管英文中 bank 的另外一个意思是银行，可你根本不会停下来想一想，她是在谈论另一部自动提款机吗？此时此刻，尽管你很清楚 bank 一词有多重含义，但你的大脑认为另外的那重含义根本不值一提。但是，许多精神分裂症患者则相反，他们一直都被这类问题困扰。

格雷戈里·贝特森（Gregory Bateson）非常了解精神分裂症，他提出著名的"双重束缚"假说，他曾描述过医院食堂发生的一起涉及一名年轻男性精神分裂症患者的事件。当他走到队伍的最前面去吃午饭时，侍应生对他微笑着说："我能为你做些什么，亲爱的？"贝特森看着那个年轻人僵住了一会儿，疯狂地环顾四周，然后放下盘子，从房间跌跌撞撞地走了出去。贝特森说，他突然被助手那句明显纯洁的话弄得不知所措，他被平静的表面之下的各种尖利的岩石所吓坏。她在提供性帮助吗？她在嘲笑他吗？她是一个他熟识却不认识的人吗？或者她只是问他想吃什么？根据这些中的任何一个所做出的反应，他都会冒着因为自身之愚蠢而人毁船亡的危险。由于无法在如此危险的人际之水中找到出路，他别无选择，只能逃离。

一个完全正常的情况错误地触发了一个全面的紧急情况，正是因为他的大脑已经停止抑制那些不可能的替代方案。正如贝特森所说，像这位年轻人这样的精神分裂者一直面临着这样一个问题："到底发生了什么？"[12] 疯人的许多奇怪行为和解释，不能视之为一只木偶被看不见的恶毒木偶师操纵后的抽搐，也不能视之为过量黑胆汁的必然结果，而可以视为对一个拒绝安顿、拒绝意义的主观世界所做出的绝望反应。正常大脑会在意识中或潜意识中抛弃遥远的可能性，而精神分裂者与之斗争的潜在模糊性，恰恰是由这些本应被抛弃的种种可能性编织而成。如果在创造力的背景下，这类抑制失灵能够让那些不太可能的联想浮入脑海，确实曾为我们所需，令我们受益——然而，当抑制失灵在精神分裂症患者的头脑中泛滥，并破坏了他或她的生活时，却是无比残酷的。

一个简单的实验证明了这种抑制失败。它基于一个心理学家称之为斯特鲁普测试（Stroop Test）的游戏。在这个游戏中，你会看到一系列不同颜色的单词，你所要做的就是尽可能快地说出这些颜色的名称。诀窍在于，有些单词本身就是颜色名称，它们的颜色可能与它们的名称不同，因此，例如当你看到用黄色打印的单词"紫色"时，你的工作就是喊出"黄色"。每个人在面对这样的不匹配时都比较慢；我们似乎无法完全抑制阅读单词的非自愿冲动，因此我们对该说什么感到困惑，因为我们头脑中同时激活的不是一个而是两个颜色的单词。与普通人群相比，精神分裂症患者在斯特鲁普测试中更容易被"抛出"，这表明他们的选择性抑制能力甚至比我们还要差。[13] 他们还表现出比正常情况下更强的"语义启动效应"。下意识地接触"桌子"一词，会加速人们对有意识地出现的"椅子"一词的识别，甚至比对我们其他人的识别还要快。[14]

然而，精神分裂症是一种复杂的疾病，它似乎表达了抑制*控制*的崩溃，而不是简单地缺乏抑制。从某些观点来看，精神分裂症患者似乎受到了太多的抑制而不是太少。在想象力奔腾时抑制失灵的同时，可以出现感觉抑制和行为抑制的病理性增加，两者几乎相互抵消。也就是说，一旦身体冻结，头脑就会疯狂。正如一位精神分裂症患者曾说过的那样："去想该做什么难不倒我，然而去做我想到的，却让我左支右绌。"

临床心理学教授路易斯·萨斯（Louis Sass）在《妄想的悖论》（*The Paradoxes of Delusion*）一书中说："疯狂……是在意识脱离了身体和情感，也脱离了社会和现实世界并自我实现的时候，所遵循并到达的轨迹终点。"[15] 精神分裂症是一种状态，在这种状态下，意识变得怪异和支离破碎，也变得自我封闭而飘离。世界看起来不真实；其他人看起来像僵尸；病人自己的身体变得麻木而冷淡。一个精神分裂的女孩抱怨说："就连大海也因为它的虚伪而让我有小小的失望。"另一个妇人谈到她的"*所谓的孩子*"和"*一个被称为洗衣店的地方*"。[16] 一切都变得遥远而衰弱——除了高速旋转着的超现实的自我意识。通常把世界和我们的思想紧密地联系在一起的抑制性控制，此时已经发生滑动，就像一辆手动挡汽车的离合器磨损的情况。精神引擎疯狂运转，而物理车轮却在缓慢停止。额叶左右摇摆，对大脑各个部分的抑制不是过多就是过少，使人失去知觉，也失去牵挂。

如果不是由于恶魔侵扰或性欲爆发，我们能否更确切地知道精神分裂症的大脑到底出了什么问题吗？有人认为，失去对抑制的控制，可能反映了多巴胺的过量或不足。多巴胺是一种已知与抑制有关的神经递质。特别是，它能通过抑制潜在的竞争对手来调整主导性激活模式的广度或焦点。换句话说，多巴胺系统拓宽或缩小了注意力聚焦的"光束"，也拓宽或缩小着大脑活动由某一个中心自动扩散及相邻中心的范围。研究表明，影响多巴胺水平的药物能够使精神分裂症患者在前文所述斯特鲁普"语义优先"试验中的表现更趋于"正常化"。[17]

萨斯则对此提出挑战，他反驳说，这是一种对古代疯狂形式的现代扭曲，是对20世纪后期所推崇的冷静、后现代、知性方式的简化和荒谬。他的著作《妄想的悖论》将19世纪德国法官丹尼尔·施雷伯（Daniel Schreber）对自己精神分裂症的详细记录与路德维希·维特根斯坦（Ludwig Wittgenstein）的哲学进行了令人不安的对比。维特根斯坦主要关心的是把分析的头脑从一种疯狂的、无效的形而上的嗡嗡声中解放出来，他把这种嗡嗡声比作一只被抓在瓶子里的苍蝇。哲学家和精神分裂症患者都可能被非实体可能性的强迫式探索吓得手足无措。两者都会失去其"常识"——也就是对物质世界以及和其他人一样的感知能力。而萨斯同意维特根斯坦的观点，认为治疗这两者的方法在于，一旦意识与身体、社会和生理根源脱节，就将其重新结合。绝非潜意识中的恶魔在制造麻烦，而是人体内不那么意识化的部分——直觉、感觉、象征之类——本身被忽视了。问题在于，一个人的身份感过度依赖于量化的自我意识，而潜藏着的人性冰山的主体反而被忽略和抛弃了。

尽管如此，从对精神分裂症的类型描述到基于大脑的附体现象解释，其实注定只是一小步。在这两种情况下，你都会听到一种幻觉般的声音，仿佛来自真实的他者，而不是你自己的想象。关键问题在于这个"他者"将如何定位，"他者"的声音将如何被社区及附体者本人接收。如果"他者"的源头在体外——在天空中，或在神秘祖先的"快乐狩猎场"——所有你需要归因于自身的，就只是心理上的卫星天线接收器，以获取他们发现你的信号。而所有你需要做的，就只是以某种方式调整你的卫星接收器，"设置"到适当的频率，然后就不关你事了。（那些声称对超自然媒体有优越控制的媒介，估计都是些有特权进入某种神秘的按次收费频道的吧。）

然而，如果你把神秘源头放在身体里面，那么你必须想象某种入侵力量或者入侵生物已经占据了你自己的内部器官，并且正在通过你身体的扩音器，不断地向你的意识播放它自己的宣传。你自己的心理器官被附体物征用了，而一旦你拥有了更现代的解释，你则可以看出，源头并非入侵性的，而是反叛性的——是你自身伪装的一个潜在方面，霸占着偷来的传声筒，大讲特讲其分裂主义的主张。每一个这类故事都可被视为基本幻听现象的文化叠加。每一个这类故事都暗含了一种不同的反应。如果源头是神，他或她最好被绥靖。如果是入侵者，你可以召唤驱魔人。如果是一场内部叛乱，你则会动员超我的平叛力量来镇压起义，或者你派自我的传教士和调停人来瞧一瞧，看你是否能实现大规模的转变与和解。

人类行为和经验的许多古怪之处，都涉及一个人自我意识的转变。例如，自我控制的能力已经被一种显然是外来的力量所颠覆。我不是我想的那样，有比"我"更多的——或者更少的——"我自己"。神经科学能解释这种身份的转变吗？为了回答这个问题，我们必须重新思考为什么任何事情都会变得有意识。什么是"意识的神经状态"？最近有几位研究人员提出，要让脑波活动模式的某个方面变得有意识，就必须把它与核心模式联系起来，而核心模式与当前占主导地位的"自我"感觉有关。毕竟，意识的一个主要特征是，它似乎是强烈地属于"我的"。"我"是我意识的主体，有时"我"也是意识的对象。我可以想到我自己，或者是购物，我可以意识到我的愤怒感，或者是前面的汽车；但是总有一种"我"的感觉，那就是事情发生在我身上。因此，假设大脑将个人感觉注入意识的话，这种假设说得通。

"我"的个人感觉的背景究竟是什么？它又来自何处？它在大脑中如何表现？也许最简单的方式，是把它看作对事件的一种或多或少连贯的看法：即某种能够用一系列目标、恐惧和希望来定义的观念，从而突出一种期望和态度的背景。当这种核心的优先次序有效时，某些反应、注意、思考、想象和记忆的习惯成为优先，并且以此角度出发的相关事件突显其重要性，而其他习惯相对被抑制。所以——非常粗略地——假设我的主导身份围绕着想要受人尊敬、成功和控制，以及害怕被拒绝或看起来软弱或愚蠢。于是，这些优先事项转移了我的注意力，这样我就会不断地寻找机会来给人留下深刻印象，并且摆上一副表示轻蔑的面部表情。这些优先事项可能还会采取某些说话和站着的方式，这样我看起来和听起来都很"酷"。优先事项又打开大脑记忆库中与这种自我形象相容的部分，并通过间接抑制，关闭那些与自我形象最不一致的部分。只要你愿意，这种积极的身份可以"改变"我大脑的整个功能表面，使我准备好以某种方式看到、感到、注意到、反应到，并且记住某些事情；而同样的原理，亦使我抑制着其他习惯和记忆。"我"，正是这种占主导地位的背景"观念"的总体感觉。

我们大多数人，大多数时候，都有这种持续的认同感——我们的一些希望和恐惧时不时地会猛烈爆发一下，然后又熄火，组合偏好会随着时间的推移而改变，但我们能够或多或少地保持"一个整体"的感觉。然而，有些人的经历与这种自我形象的"深层结构"如此格格不入，他们饱受其苦，以至于他们的大脑别无选择，只能跳到另一个"视角"——另一个身份中心——那里提供了对世界截然不同的观点。很典型的是，触发折磨的这种经历可能涉及极端或长期的退化和无助，伴随着压倒性的恐惧、愤怒或厌恶感。如果第一个"自我"的建立至少需要最少量的个体力量、个体效率和个体尊重，那么建立在极端情况下的第二个"自我"的前提，则是无价值、无希望或不可预测的。如果第一种是多少有一些驯化式的，那么第二种则是极度野性的。通过建立这种替代性的身份中心，受虐者可以在谈及受到的虐待时说，实际上："我知道这正在发生，但它没有发生在我身上"——至少没有发生在"正常的""主要的我"身上。

九岁的杰米多次被酗酒的父亲虐待，目睹母亲遭到野蛮殴打，最终目睹母亲开枪打死父亲。一开始，他试图在脑海中发明他可以前往的不同行星，"但现在它是真实的，不再是游戏了"。在杰米的一些行星上，可怕的事情发生了，但在他"自己的"行星上，他是安全的，他可以变成隐形人。现在，杰米可以让自己隐形，回到地球而不受伤害。"我知道我可以，"他说，"你只要相信我就行了。我的朋友们相信这一点。"[18]

然而，这种分离不仅仅只在极端的虐待或创伤条件中产生。我们曾在第六章讨论过的罗伯特·路易斯·史蒂文森对杰基尔博士和海德先生的研究案例，提供了一个虚构的例子。你知道，杰基尔自己很清楚，他的另一个自我并没有反映出一个受虐待的童年。正如他所解释的那样，简单地说，他"发现很难平息我的欲望……在公众面前戴一副非常严肃的表情面具"，却有着"隐藏的无比快乐的倾向"，因此，即使是在孩提时代，"他也坚持要过一种极其虚伪的生活"，伴随着"近乎病态的羞耻感"。正如杰基尔所说："因此，正是我的欲望的周密天性，而不是我任何特别退化的缺点，造就了我的本质，带着甚至比大多数人更深的分裂，我身上就有着善与恶分割的疆界……"[19]

附体可能也同样反映了大脑中的身份分裂。有一种观点认为，不同的观点和优先次序可以在短时间内占据主导角色，代替了原先那个"我"的模板，去指导哪些可以哪些不可以加入支撑意识的神经聚合。这种观念本身并无新奇。关键问题在于"为什么""如何"和"何时"这样一种更换主驾的事件会发生，而回答"何时"问题时最常见的答案之一，我在前文也已指出过，就是在压力下，在某些解禁药物的影响下，在催眠师的魅力所能诱导的恍惚状态下，或通过参加超越自我的冗长舞蹈或吟诵仪式中。（在许多文化中，迷离状态的出现确实先于附体。）[20]

因此，由于各种各样的原因，大脑有可能在不同的角度之间切换。并且当它这样做时，原本会从某一个角度被抑制，因此与意识断开的感觉和记忆，却逐渐与另一个角度相兼容，因而可能被意识访问。大脑完全有能力重新调整自己，让一整套全新的个人特质脱颖而出——说话节奏、体力、记忆空间、对老乡私德的不安发现、不可接受的亵渎，以及更多可能被释放出来的东西。大脑拼凑着一系列人类的特征，这些特征绝对像人，以至于我们不得不想象一个真正的人在操控。这种处理奇怪经验方法的许多细节还有待解决。但即使是这个简略的描述也足以表明，基于大脑的解释是完全可能的，而且提供了一种更模糊的潜意识亚人格分类，比如弗洛伊德式人格，以及男女淫妖。[21]

事实上，这些观点的转变一直作为各种情绪的变化，发生在更平凡的层面上。当我们突然发怒时，这个世界看上去即刻发生变化。我们身体的感觉不一样了，我们的思考、关注、记忆和计划都不一样了。当我们相爱时，红色的薄雾被柔和的玫瑰色眼镜所取代，我们随时释放着无限的宽容与慰藉。当大脑在其固有的模式之间转换时，情绪色彩和意识内容也随之改变。尽管通常这样的情绪波动并不强烈，但有时我们确实会与正常的背景身份失去联系，我们会感到愤怒"发狂"，或者会被心爱的人"带走"。"我不知道自己怎么会鬼迷心窍！"这句话是一种通俗说法，承认了生活在我们所有人心中的"多重人格"。本质上讲，多重人格是我们的重要技能之一，能让我们为各种生存紧急情况做好准备。[22]

正如我们之前所看到的，情绪以不同的方式配置着我们，从而得以应对不同的挑战，而极端的"翻转"甚至可能被植入大脑，作为其生存储备的一部分，从而应对极端的挑战。我们甚至可能被设计来偶尔经历这些翻转，就只是练习练习！黑猩猩这样的动物，有时会无缘无故地狂奔，并有一些短暂出格的举动，仿佛它们被附体或拥有幻觉一样。[23]或许，这种"疯狂"的爆发反映出大脑偶尔会陷入"极端生存"的模式，这与公司组织的非常规消防演习、国家应急部门进行的重大反恐学习的道理是一样的。

还有另一种机制似乎会在极端情况下才会启动，这也可以解释为一些不寻常的人类经验。动物和人类似乎都有一种绝境大脑的状态，这种状态超越在情绪和想象力的次人格之外，是在所有积极应对或应对事件的尝试被（潜意识）判断为毫无希望时发生的状态。在这种状态下，大脑的所有动机"聚焦"都会停止，动物或人会陷入一种深刻的被动状态，以至于他们似乎对周围发生的事情失去了正常而专注的兴趣，甚至对自己的生存也失去了兴趣。1857年，苏格兰传教士大卫·利文斯通（David Livingstone，因《利文斯通博士》而出名）将这种"大震"状态描述为一种奇特的倦怠，在他被狮子袭击的过程中，这种倦怠征服了他。在被剧烈摇晃的同时，利文斯通像一只被猫抓住的老鼠一样，被"一种没有痛苦和恐惧感的梦幻"所取代，尽管他仍然清晰而生动地意识到正在发生的事情。我们现在知道，内啡肽的大量释放抑制了大脑中所有的感觉和动机。[24]

当大脑处于这样的中立状态时，人们似乎缺乏基本的人格品质。他们表现得像僵尸——"活死人"。在像海地伏都教这样的邪教中，一个共同的信仰体系如此强大，竟能由催眠诅咒来诱导这种戏剧性的灭活状态。旁观者可能会怀疑，受害者的人格是否没有像"正常"财产那样被取代，而只是被偷走了，这种怀疑不无道理。在其他文化中，如果没有任何明显和充分的外部原因，这种解释就更有可能。在战争中，我们可以把这种离奇的丧失兴趣称为"炮震"。但在没有炮弹的地方，我们呼吁魔鬼填补这一解释性空白。[25]

为了不同的目的，大脑不仅建立了一个模型的世界，而且建立了千姿百态的模型世界。比如，指导我们接触感知世界的一般潜意识模式，与视觉感知世界的一般意识模式就很不一样。这两种模式不会以同样的方式"代表"世界。视觉感知模式通常给予我们三维空间图像，这个三维空间正被从特定的"我的"视角"观察"。而如果我下意识地伸手去拿两幅展示图中央的圆盘（如下页图所示），我的手指就会以完全相同的方式自动排列——尽管我的有意识印象是左边的那个比右边的那个大。我的大脑中制造视觉世界的部分被周围的圈子愚弄后调整了意识的印象。但我大脑中对我的伸手和抓握进行编程的部分根本没有被愚弄。[26]

现在，就像我说的，从一个特殊的角度来看，我的大脑通常提供的意识世界是一个 3D 空间的宽大锥体：我想象我的头部正位于宽锥之内，但是我有更多的信息存在于大脑中。当我坐在花园一角的小屋里，看着键盘和屏幕时，我有一个潜在模型，一旦我换个角度看或者转个身，这个模型会告诉我将会看到什么。[27] 我很清楚我有这个模型，因为如果我环顾四周，我的房子不见了，或者着火了，我马上就会感到震惊和恐慌。如果某人站在厨房门口，透过小屋窗缝看向花园，我也完全清楚并能够很好地想象出自己在他眼中是个什么模样。他会看到一个穿着蓝色牛仔布衬衫的小个子，他一会儿抓耳挠腮，一会儿鼓起腮帮子，因为他的大脑正在寻找正确的词序来完成现在这句话。有了这

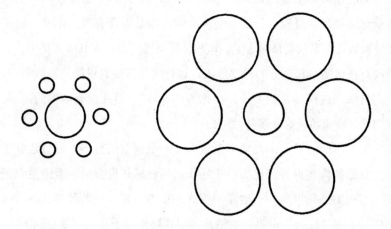

这种错觉的发现，归因于英国出生的心理学家爱德华·蒂奇纳（Edward Titchener），它表明大脑是如何纳入环境因素从而调整有意识感知的。中心圆的大小感知会根据其邻居的大小而扩大或缩小。"接触和抓取"系统并不为这种集成而烦恼：它只是（在本例中）想要抓住中间的硬币。所以它并没有被愚弄

些知识信息,我就不需要太担心我的大脑会再次——也许是在压力或迷失方向的情况下——转换到另一种状态。这另一种状态会引导出另一个版本的世界,而在这另一个版本的世界中,两个圆盘看起来竟然一样大,或者说,在这另一种状态中,看世界的角度不同于正常视角,也许还包含着我自己那想象中的身体,但这一状态却与正常模式一样生动,一样"真实"。换句话说,根据我们对大脑的了解,所有的成分都可用来为体外经历构建一个基于大脑的解释。我们仍然需要解释"为什么"和"何时",但我们已经开始解释"如何"。这甚至不算什么"前沿"神经科学。四十多年前,对此颇有先见之明的唐纳德·赫布写道:

> 在任何时候,都不难想象你自己从太空中的另一个地方被看到,也不难想象史前怪物艰难地穿行于史前森林。通常在任何一种情况下,都有来自个人的[实际]环境的感官暗示,抑制着相关心理过程的全面发展,因此场景仍然是"想象"的,[即]没有现实的全部特征。但让抑制失去效力……而且任何一种构建……也许开始显得真实。史前森林的想象中,受试者报告出现幻觉,但在太空观察的想象中,他却报告他正从他的身体以某种方式分离,这本质上是一个更令人不安的事件(在这种文化中)……似乎在一个地方进行观察,身体却在另一个地方……这样很容易得出假设,即他的大脑能够在空间中漫游。[28]

我们一直在考虑的更明显的怪异类型,都涉及大脑内视角的转变,不管是体外经历这样的身体视角,还是多重人格和附体这样的心理视角。这种转变对意识的影响是直接而明显的。然而,有许多怪癖却倾向于不碰核心的自我意识,而以更间接或更边缘的方式影响体验的质量或可靠性。与精神分裂症一样,问题可能会出现,因为额叶的控制太多或太少。因此，受到过度抑制或是抑制不足的体验领域，可以是行为、感觉或感知，或这三者的组合。[29]

正如我们先前提及的身体的过度抑制，可能会导致全身瘫痪。它还可能导致与精神压力有关的身心问题，原先富有弹性的肌肉群会变得紧张，因为大脑想以此来压制不想要的感觉。比如恐惧与面部颤抖和胃部下沉感有关，这两种感觉都可以通过肌肉的方式来减弱——就像传统的英国士兵在战斗中被教导的那样，使上唇僵硬，腹部绷紧，就能减少此类反应。另外，对行为的抑制不足，则会导致大量的恐惧、愤怒、欲望或厌恶的表现，既不合时宜，又令人羞愧。

我们已经提到过不同程度的抑制影响感知本质的一些方式。抑制过少，则集中注意力不可能维持，导致注意力分散，思路支离破碎；抑制太多，则感知力的质量本身可能被严重降低。我们已经看到，在知觉防御中，大脑如何有能力维持识别威胁物质的高度警觉，同时又能立即抛出抑制屏障，防止任何扰乱因素进入支撑意识的神经回路的核心。我们可以保持我们对潜意识世界的敏感，同时创造（意识的）盲点，其中一些漏洞可能是"粗话"特有的。其他漏洞可以将所有的感觉领域从意识中抹去，就好像有些人故意不去理会他们自己的慢性焦虑，或者不去处理他们自己那一触即发的暴怒一样。

在更戏剧化的情况下，当人们染上"癔症"失明和"癔症"耳聋以及诸如此类的疾病时，整个感觉通道可能与意识断开。患有癔症失明的人，其视觉系统没有任何器质性问题，但他们真诚地否认自己有任何有意识的视觉体验。事实上［皮埃尔·雅内（Pierre Janet）在1929年就注意到了这一点］他们潜意识里是能够看见的，因为很明显的事实是，他们在走动时不会撞上家具，也不会走到公共汽车前面。哈罗德·萨克伊姆（Harold Sackeim）和他的同事们发现了一个有趣的事实，也能推断出这一点——一些患者在接受测试时的表现明显低于概率平均水平,而另一些患者——尽管他们认为自己在猜测——实际上得分非常高。正在发生的事情似乎是,尽管这两类患者都确实设法抑制了他们自己的有意识的视觉体验,但前者正在通过扭转他们可能拥有的任何视觉冲动或模糊的视觉直觉,从而为视觉抑制增加一层额外保障。(正如萨克伊姆所说:"为了继续如此错误,他们必须首先做对。")后者并没有以这种方式"转换他们的反应",因此当他们发现他们的准确度水平时,他们感到惊讶。有趣的是,当前一组被告知他们的视觉盲区低于平均表现时,他们会觉得做得过火,然后他们的表现迅速提高,变得更接近真正的随机水平!然而,就实验者所知,这两个群体似乎都不包括那些有意识地假装或装模作样的人——所有对他们经验的操纵,似乎都是在他们自己的意识不知情的情况下进行的。[30]

虽然我们只能猜测为什么在现实生活中会出现这种戏剧性的自我保护动作,但通过现代催眠研究,大脑确实能做出这样的壮举,这一事实得到了证实。在催眠研究中,可以可靠地产生失明、耳聋和镇痛的平行状态。在极度放松和信任的情绪中,易受影响的人会接受一些建议,这些建议可以直接改变额叶产生的选择性抑制模式,从而抑制对视觉、听觉甚至疼痛的有意识感知。[31]然而,似乎很明显,与自发的歇斯底里一样,只有意识在被操纵,潜意识感知从未减弱。

比如,在"隐藏的旁观者"效应中,一个人可能被要求将一只手放在一桶冰水中几分钟,大多数人很快发现这一过程相当不舒服。然而,一个被成功催眠的人会十分高兴地把她的手放在桶里——并且让你看不出一丁点儿不诚实的迹象——告诉你她感觉很好。然而,如果你更间接地探究她的经历,你会得到一个不同的故事。给另一只手一支笔和一张纸,让志愿者不用思考就能自动书写,这只会讲故事的手很快就会开始写:"哎哟!好痛啊!"诸如皮肤传导性等心理指标也显示出觉醒增强,其强度与疼痛感成正比的程度,远超过志愿者所声称

的放松。³²

当意识被清洗，不再是身体上的痛苦，而是心理上或情感上的痛苦时，我们指的是*压抑*，到目前为止，很明显，找到一种基于大脑的对压抑的解释——以及压抑可能导致的心理障碍的解释——原则上并不太难。大脑充满了内投影，允许下游活动影响其上游邻居的活动（反之亦然）。实际上，这些联系使大脑能够"知道"（当然不是*有意识的*），某个神经元群中的活动可能通向何处——如果下游目的地与出于某种原因被认为是厌恶的行为或经验的产生相关，那么就可以设置抑制障碍，阻止活动流向那个方向。³³

最有效的抑制策略只是简单地去转换连接点，并引导延续的思路转移到威胁较小的线上，从而用温和的意识替代品代替可能的危险。犹如有意识的集束注意力可以在感知中将不愉快的经历压缩或旋转逃离一样，类似操作同样会在大脑的核心中发生。一个人会主动分散注意力，通过转移方向，压抑这一事实本身就被掩盖了。你不仅避开了，而且你还避免注意到你已经避开。所以，再举个例子，习惯性压抑之人（因此可能是这方面的专家），在看了一部令人不快的电影之后，比那些没有如此刻苦练习转换连接点的人，更容易恢复快乐的记忆。³⁴

较难成功的是抑制障碍，它们只会阻止神经活动的流动，而不会打开另一条通道：之所以不那么成功，因为在随后的"你的大脑一片空白"的时刻，这种障碍会引起人们对自身的注意，从而暗示你曾经试图转移注意力的那种危险的存在。³⁵

当心理分析师邀请她的病人玩"自由联想"和"说出你脑子里的想法"的时候，这恰恰是这类暗示在讲故事。在咨询室里，"病人"（分析师仍然倾向于用医学化的、让人泄气的"病人"一词）被剥夺了让自己忙碌的一系列替代目标和兴趣——当然，除了"了解自己"和"变得更好"的目标之外，可是这个目标本身，就可能足以让他忙着在错误的地方挖洞。但是,如果他愿意暂时放弃这样做,并配合治疗师的建议,那么,一个非常不同的欲望与连接之网可能会变得无拘无束——奔腾起将意识流引向岩石的河流。在某一时刻,为了阻止这一危险的漂移,他不得不匆忙建起一座抑制大坝——病人发现自己被堵住了。啊哈,分析师会像弗洛伊德和荣格一样发问:我们这里有什么?与其说这是一个有说服力的联想,倒不如说是一个停止联想的地方,这一点颇有意思。[36]

弗洛伊德对单个词的经典使用,显然是随机传递的,因为触发因素可能会加剧对这种恐慌措施的需求,大脑无法利用不断演变的背景来预测接下来会发生什么。大脑可能会去打瞌睡,以及更赤裸裸地无拘无束。要么是被禁止的关联会脱口而出,要么是大脑会展开大规模的抑制和冻结——在这两种情况下,都会离开游戏,并指向问题的潜意识位置。

如果病人的反射阻力——即他开始吐出更多绝望的搪塞和转移的倾向——可以被软化(在这里,分析师的抚慰性存在,甚至催眠的声音都派上用场了),那么被抑制的("该死的"?)活动可能会积累起来并开始渗透。如果一个功能性的充满活力的连接能够与任何被隐藏的恐怖而不相关的记忆或欲望一起建立,那么它最终可能会与隐藏在意识之下的核心模式重新结合——而隐藏的"记忆",或可耻的欲望,会重新浮现。通过这种方式,我们开始给出一套基于大脑的经典心理分析的故事梗概了。

正如皮埃尔·雅内所指出的那样,大脑中分离的身份中心和活动中心处于意识之外却仍然活跃,是完全有可能的。尽管一直被防止与支撑当前意识体验的大量神经元连接,但这项事实无法阻止它们在大脑黑暗的角落里继续舞动。即使它们被阻止进入意识,但仍然能够将其动机转到大脑的运作上,从而影响皮质事件的进程。因此,它们可以对我们的非自愿行为、对我们容易进入的感觉状态——"紧急状态"——以及对潜意识擅自上升至清醒意识中的思路通道产生真正的影响。换句话说,抑制既能编辑也能扭曲潜意识大脑活动引发意识的方式,同时也不会减弱或阻塞大脑本身的激活流。激发和抑制并不仅仅像"+4"和"-4"合并成为0那样相互抵消。[37]

回到我最初的类比,它们的功能就像汽车中的加速器和制动器。两者都可以同时"完全打开",并且当它们同时"完全打开"时,所产生的应变有将车辆摇晃成碎片的风险。这大概就是为什么压抑毕竟不是一种完全良性的自我保护方法。习惯性压抑者,即对自己的意识体验施加高度抑制控制的人,对紧张事件表现出夸大的身体反应,因而更有可能遭受各种身体不适,包括高血压和癌症。在查阅了著名的《心理通讯》(Psychological Bulletin)的文献后,德鲁·韦斯顿(Drew Westen)总结道,"有意识地抑制自己的情绪通道,会让身体,尤其是心脏和免疫系统承受相当大的压力",他痛苦地指出:"弗洛伊德死了,但事实证明,他的理论越来越有助于预测谁会更早(而不是更晚)到地下陪他。"[38] 压抑也会带来社会和行为的成本,因为抑制无法停止激活某些麻烦的大脑区域,或者说,潜意识欲望的"磁场"不断地吸引激活后建立起反向场,从而在大脑中产生复杂的交互电流,可能导致不可预测的和不稳定的分辨率。当我有压力的时候,我是最危险的,前一分钟我是个好人,下一分钟我是个伤人的批评家,你可能无法预测我什么时候会翻脸,也就无法保护你自己不受我的伤害。

值得注意的是,弗洛伊德本人,在他的职业生涯早期,投入了大量精力,试图为他所研究的神经症特别是压抑症的发展方法,找到一个神经学的基础。他在1895年4月27日给他的朋友威廉·弗雷斯(Wilhelm Fleiss)的信中写道:"我对'神经学家的心理学'非常着迷。""这个课题消耗着我……会有什么结果吗?我希望有,但是进展艰难而缓慢。"六个月后，弗雷斯收到了手稿的前 100 页，其中列出的内容，后来被弗洛伊德的译者詹姆斯·斯特雷奇（James Strachey）称为"大脑作为神经学机器的一个非常巧妙的工作模型"。弗洛伊德本人对此相当满意。在他把稿子寄给弗雷斯的一个月前，他写道："上周的一个艰难的夜晚……一切就绪，齿轮吻合，这东西看上去真的像是一台机器，很快就会自动运转起来……我不知如何克制自己的快乐。"然而，就在他寄出手稿几周后，他又给弗雷斯写了一封信，说："我无法想象我是怎么把它强加于你的……在我看来，这似乎是一种失常。"事实上，他很快就失去了信心，放弃了他的"计划"。他从没有从弗雷斯那里收回过他的笔记本，直到 1950 年弗雷斯死后，这些笔记本才被发现。[39]

弗洛伊德之于弗雷斯和其他人对他的神经学理论缺乏热情感到失望，他还发现，自己既因为缺乏可供借鉴的生理学知识，也因为他自己的一些未被认识到的误解，因而束手束脚。最根本的，也许是他一生中对一个误入歧途的隐喻的依恋：他不断地把头脑比作一种光学仪器，如复合显微镜或照相机，一系列可分离的部件串联排列。这使他对一端的"知觉系统"、另一端的"运动系统"和两者之间的"记忆系统"做出了根本的区分。例如，感知是"透镜"，而记忆是感光膜或感光板。弗洛伊德认为必须像这样加以区分。

然而，我们现在知道，正如我们在第八章所看到的，大脑不是那样组织的，感知、动机、记忆和行动是紧密交织在一起的。弗洛伊德做了一系列巧妙的尝试来克服他自己选择隐喻时所固有的问题，但最终他承认自己被难倒了，并放弃了。"（对压抑的）机械解释没有消失，"他在 1895 年年底写道："我倾向于听从一个安静、微小的声音，这个声音告诉我，我的解释行不通。"因此，尽管弗洛伊德本人将压抑视为精神分析学的绝对基石，但他无法满意地解释压抑的动作方式。在他后来的著作中，他不断地回到"审查者"的拟人化隐喻以"解释"压抑，当然，

这根本就不是解释。⁴⁰

然而在某些方面，他并没有走错太远。弗洛伊德认为，大脑是一个由神经元组成的网络，由突触连接组成，这是正确的。他发现每个突触都有一个特定的阈值，低于这个阈值，传入的激活将不会"跳"过障碍传导到下一个神经元。他提出，就像今天许多人所做的那样，激活将根据障碍阻力或障碍"重力"来分配。然而，他认为障碍阻力可以通过另一种输入来提高或降低（"启动"或"抑制"），他称之为"侧面投注"。从神经角度看，"自我"就是这样一种侧面投注，能够提高神经元的阈值，从而阻止冲动朝着他所说的"不愉快"的方向传播。

因此，在弗洛伊德的草图中，你被邀请去想象一些到达 a 的激活，在所有其他条件相同的情况下，穿越更容易的交叉点到达 b。然而，在这种情况下，b 表示不愉快的记忆。因此，由 α、β、γ 和 δ 表示的自我前来拯救，向 a 发送阻止其放电的抑制波。或者用弗洛伊德式的说法："很容易想象，某种机制把自我的注意力吸引到即将到来的敌对记忆意象［也就是 b］的全新投注上，在这种机制的帮助下，自我就能够成功地抑制……一个可以根据需要加强的庞大投注导致的不愉快。"弗洛伊德的主要问题是，在 1895 年，他没有办法解释小我的注意力是如何被吸引到任何事情上的，他不相信小我具有准人类的感知能力。他不知道在一个世纪之后，神经系统中大量反馈和传导的发现，给了他所需要的机制。因此，a 能够相当机械地预计到其流出很可能流向 b，并启动阻止这种情况发生所需的抑制。⁴¹

如果弗洛伊德不能解释压抑的机制，他也不能解释人们是如何学会"这样做"的。他不得不假设，我们生来就有一套基本的防御机制——比如一种天生的"初级压制"——大概随时准备在必要时参与进来。然而，一旦我们看到，压抑并不涉及一个复杂的过程，即把记忆和欲望交给头脑中的一个特别的监狱，并雇用警卫来确保他们不会逃跑，那

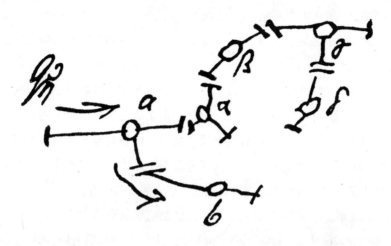

弗洛伊德1895年草图,"自我"如何以神经方式工作

么如何学习的问题就变得更加容易处理了。

压抑反映了抑制在大脑回路中的展开,我们知道孩子们正忙于以各种各样的方式学习如何做到这一点,因为他们正逐渐走向青春期。例如,"延迟满足"需要这种抑制控制,四岁的儿童已经以不同的方式和程度掌握了这种控制。在著名的"棉花糖测试"中,一个孩子被单独留在屋子里,手里拿着棉花糖,并被告知,如果大人回来时糖果还在,她可以吃两片,但如果糖果已经不在了,那就这样了。一些四岁的孩子很清楚地知道"如何不去想糖果":他们唱歌,转过身,与想象中的朋友交谈,指定一个玩具来"守护"棉花糖等。还有一些孩子还没有发展出这些注意力不集中的策略,他们更多的是受自己冲动的支配。正如理查德·韦伯斯特(Richard Webster)所言,我们常常低估了在训练孩子们"逆着"自己的直接冲动去参加的技能方面所付出的努力。"只有学会控制各种各样的爱好、食欲、幻想、欲望和诱惑,并暂时将它们从我们的意识中排除出去,才有可能发展出在我们的文化中理想化

的智能,清晰和理性的心态。"[42]

从这个角度看,童年在很大程度上是个学徒阶段,学习注意什么、如何注意、不注意什么以及如何不注意。在一定程度上,这些习惯是通过给予儿童的活动以及当他们注意到或没有注意到时,以认可的方式给予的表扬和鼓励而习得的,但他们也是通过观察成年人的行为而被发现的。孩子们天生的就会偷听和偷看,他们甚至比鹦鹉或黑猩猩模仿得更成功、更热情。最近的研究表明(好像我们需要被告知)他们的大脑在多大程度上倾向于复制他们周围的人的行为。[43]

从婴儿期开始,孩子们学习模仿的最重要的事情之一,就是大人在关注和谈论什么,以及不关注和不谈论什么。一些值得注意的事情得到了可靠的评论:门铃响了、喜欢的电视节目、准备食物、洗澡仪式等。但其他的东西,可能是谈话的主题,在没有被评论的情况下滑过去,或者可靠地与故意改变主题联系在一起。如果我的父母一不小心发现自己在看一个他们并不赞成的电视节目,他们厌恶的本质,或者它的基础,从来没有被讨论过。他们中的一个会"漫不经心地"对另一个说:"还有别的事吗?"或者"我想现在可以开始了,亲爱的",然后可能会建议大家喝杯茶。虽然在这种情况下,他们对性的不适感(当然,这是通常的情况)并没有对我产生太大的影响,但我确信,我仍然不知道,不管是好是坏,他们的关注习惯塑造了我自己关注习惯的若干种方式。

借助潜意识的感知以及大脑预测自身状态的发展能力,我现在甚至可以在事物变得有意识之前,就把它们晾到一边,这样我完全不会意识到我刚刚避免了什么,也不会意识到我确实避免了什么。我的世界,在我眼里就是完整的、天衣无缝的——我的眼中没有参差不齐的边缘,那些威胁片段早已被撕掉。就像动物会自然而然地感觉到什么可能是重要的,而拒绝其他东西那样——我的猫不会注意到电视上的内容,除非声音太大,干扰了它的睡眠——所以孩子们学会了在呈现给他们的无限可能性中刻画出一个有意义的世界，于是创造出一个与由所有看不见的事物组成的相反世界。换句话说，他们学会了抑制什么和如何抑制。他们通过观察长辈来掌握这些技巧，就像他们学习了长辈的口音和手势一样。[44]

早期学习还有助于解释精神分析学里的另一个令人迷惑不解的概念——移情，即成年人倾向于通过他们最重要的童年互动所形成的透镜来看待人，尤其是他们生活中的重要人物。纽约大学的苏珊·安德森（Susan Andersen）和她的同事，展示了孩子们如何在大脑中构建重要的他人模板，之后，如果这些模板是在多年后（甚至是下意识地）触发的，那么作为成年人，他们往往会在潜意识里将整个模板应用到一个新的人身上。

例如在一项研究中，参与者首先列出了"多年来对你非常重要的人"——具"有洞察力""有趣"，富于"自我批评"等最显著的特征。然后，他们和另一个房间里的人玩电脑游戏，除了通过电子"移动"之外，他们没有接触到任何人。最后，他们被要求说出对他们看不见的对手的印象。

就在比赛开始前，一些对长期"重要的另一个"的关键描述词——比如"有见地的"——会对部分参与者进行潜意识闪现。果然，结果显示，那些接受过闪现效应的人很可能不仅认为他们的玩伴更"有洞察力"，而且还认为他们的玩伴富于"自我批评"和"有趣"。安德森认为，我们这里有另一个非常有说服力的、直接的例子，证明大脑中连接良好、即时"可用"的子网络之间存在着相互激活。一旦重要的典型被潜意识线索启动，模板作为一个整体就变得活跃起来，并同时抑制了其他可能同样适用的特征描述。[45]

关于人类精神病理学和大脑之间的关系，显然还有更多的东西需要探索。然而，我认为我在这一章已经做了足够多的工作来展示一个相对较少而相当强大的神经学概念，它将能走多远。特别是，大脑额叶在儿童时期发展成为复杂的、选择性的、闪电般的其他皮层区域活动抑制剂——知觉、情感、动机和行为——这一事实已经得到了证实。对这些行为和经验的每个领域的抑制控制，能够以各种方式崩溃，导致一系列奇怪的、令人沮丧的和功能失调的后果，其中许多后果，若放在过去，需要发明各种神秘心理场所或内部因素来解释。本章的重点，有意强调"消极的怪癖"，即大多数人宁愿没有的经历。而现在，我们要转向更积极的方面。

第十章

崇高与潜意识

对于那些一生致力于进入潜意识的人,或者是为了找出他们为什么有问题,或者是为了找到一些超验的真理的人,我认为,你们的寻找将会需要很长很长的时间。你们最好花一点时间,读一本关于记忆或神经科学的书。

——《怀疑论字典》[1]

经历之所以奇怪,在于它既有鼓舞人心之处,也有令人苦恼之处。纵观历史,人们在思考自身经历中所表现出的明智、积极和具有创造性的奥秘显得十分感兴趣,至少与对黑暗和邪恶的谜团所产生的兴趣一样多。它们也可能被视为正常大脑的不寻常产物吧?或许我们可以把精神分裂者的疯狂幻想,归结为神经化学环境的改变——但是宾根的希尔德嘉德的愿景,或典型梦境的深刻感受,肯定要求我们超越双耳之间那团松软组织的阴谋吗?那么,我们就来瞧一瞧吧。

首先,我们可能会问,如何使大脑成为既有象征性的,又有实际的头脑。多年来,认知科学家们——那些在职业生涯中习惯于将清晰命题与逻辑论证紧密地连贯在一起的人——一直认为大脑也是这样按照逻辑工作的。大脑的基本"代码"就像一种语言,它以合乎逻辑的方式将清晰的陈述放在一起,从而进行"思考"。这一观点在很大程度上受到主流的、但被证明是极端错误的假设的影响,这种假设认为,思维(因此也可能是大脑)的结构,就像一台数字机器,大脑就是我们自带的"架在脖子上的"计算机。

然而,计算机隐喻着两个问题。首先,它是以人类理性的笛卡儿模型为基础的,因此从一开始就很难对非理性现象做出任何解释,所以在很长一段时间里,这样的经历都被忽视了。正如计算机科学家(也是炸弹客的受害者)戴维·格勒恩特尔(David Gelernter)曾经说过的:"计算机是现代思维科学中的普罗克洛斯忒斯之床。人类思维中不适合的方面……因此被砍掉。尽管思维科学被计算的力场弄得变了形,[但]从未触及直觉、幻觉、灵性或梦想的思想理论,不可能是对认知的严肃解释。"[2]

第二个问题,粗略地说,是从来没有人在颞叶中发现过三段论,或者在前额叶皮层中发现过 CPU。甚至大脑中专门用于语言的部分,原来也是设计用来控制非语言形式的行为和感知的。一个基本上被设计来感知、行动和生存的大脑,只要有一点帮助,就能掌握人类语言和理性思维的复杂性,但这些都是次要的,而不是主要的。[3]

凭借其复杂的激发和抑制能力,大脑可以模仿计算机。它可以通过多种方式做到这一点:

- 通过抑制其目标及其关注点的在线影响,大脑可以一种更远离直接目的的方式思考。
- 通过限制激活在概念中心周围的横向"扩散",我可以在典型的基础上操作,并在功能上丢弃充实概念构架的所有各种细节,并将其转换成真实的实例。我可以像现在这样,就"大脑"展开争论,而不必担心混乱的现实。
- 通过激活"你"的大脑模型,并暂时抑制我自己,我可以改变视角和优先级的神经默认设置，从而使我的思路朝着不同的方向运行。我可以"设身处地为你着想"，看到争论的不同方面。
- 而且，通过明智地部署抑制，我可以限制同时活跃的概念的数量和习惯倾向，从而以线性方式遵循更紧密的结构化的思路。

我怀疑，主要是后天的教育培育了这些神经的技巧。通过一个协调、持久的指导、教学和建模计划，许多年轻人的大脑掌握了线性、集中推理的技巧。

但是，受过教育的大脑能够学会将自己设置成这种有用的模式，这一事实并不意味着理性思维是它的唯一，甚至是最重要的工作方式。正如我们在关于创造力的简短讨论中所看到的，如果要发现新的模式、关联和想法，放松这些神经约束——*停止*进行抑制技巧——的能力必不可少。成熟的大脑更多地通过发现它已经知道的事物之间的新联系，而不是通过认真地获取新信息来学习更多的东西，要做到这一点，你需要幻想的程度，将不亚于你需要理性的程度。如果大脑要尽可能聪明，那就必须记住，如何让自己在湿纸上用水彩绘画，让思想互相渗透，以及学习如何用尖笔画出整洁的图表。在旧的观点中，如果大脑本质上是一台理性的机器，那么很难解释为什么大脑的运作方式常常如此不同，常常是直觉的、诗意的以及象征的，又常常被理性的观点视为劣等的。但是现在我们摆脱了这种狭隘的智力观点，对有机大脑与硅元素笔记本电脑有多么大的不同，就有了一些初步的了解。我们可以重新思考象征主义的性质和功能。

在第七章中，我认为意识和潜意识之间的鸿沟并不明显。头脑的活动可能有一个明亮的顶点，但在那个顶点周围，总是有一个被激活的假设、细节和联想组成的阴影范围，这就构成意识的边缘或暗涌。在这之下，还有更广泛的内涵和关怀，本身并没有意识，但其潜意识活动使我们正在看到或思考的内容以及如何看到或思考的过程更富色彩，更富差异。我越减少围绕、封锁以及定义意识知觉和思想最核心的抑制环，这模糊的幻影便越是宽广而丰富。这不是那种在狭窄诱人的峡谷中，将貌似合理相关事物一冲而下的激活，而是可以汇聚、传播并点亮那（即使只是朦胧的）记忆、情感和共鸣的辉煌背景之光。

这就是符号象征的作用。它是一种思想或形象，它要求被体验，它有着部分个体化、部分普遍化、部分半意识、部分潜意识的连接，它有相关连接的组织。它希望你赋予它各种意义，而这些意义中的大部分并不会显露在意识中。它是一种符号象征的本质，就像所有的艺术一样，它能感动你，你却说不出为什么。如果你知道原因，它的神秘光环就会消失。正如犹太神秘主义的认知科学家和专家布莱恩·兰卡斯特（Brian Lancaster）在总结这项研究时说的那样："显现的心智图像……在形成进入意识的统一概念之前，是一个以意义和意图的多样性为特征的前意识领域。"[4]

诗歌的本质在于，同时出现的并置词语阻碍着简单直白的阅读，并挑逗着含蓄的涟漪去交织干扰，方式有趣而影响深远。诚如一位诗人阿德里安·米切尔（Adrian Mitchell）致敬于另一位诗人特德·休斯（Ted Hughes）所写的一首名叫《太不公平》（*Not Cricket*）的小诗那样：

> 特德翻着筋斗，扑向左手边的陨石，
> 若有所思地，用石头摩擦着绿色法兰绒衣摆
> 然后平铺在死神的胸膛，
> 他的腹股沟着了火
> 像支爆竹在场子里上蹿下跳。
> 评论员说：
> 是的，弗雷德，可能是一颗流星——

可能是一个比喻。[5]

英式板球的舒适世界，天外陨石的遥远而巨大的力量，烟花爆竹般不可预知令人不安的行为，诗人特德那令人印象深刻的杂技技巧，以及对死亡和永恒的侧击——在诗人的手中，这些不可比拟的领域以常人无法理解的方式碰撞。然而，如果你放空，让那多重隐喻的堆积吸引你的注意力，减慢你的速度，那么，就会有一些意想不到的模式，由情感与尊重、嬉戏与洞察力、旺盛的精力与对死亡的反抗组成的模式，仿佛汽油泼洒在马路上，正是那种云纹式的模式，就开始渗透你的意识边缘。

有趣的是，休斯自己的工作方法模仿了我对大脑工作的比喻。他会把一首诗的思想萌芽放在空白页中央的一个圆圈里，然后在周围潦草地写下任何其他会浮现在他脑海里的思想或形象，比如鱼儿上钩，有时还会让它们成为自己活动的中心，直到他把自己的思想弄得心满意足，他才有了自己的原材料。他曾在儿童电台的一次讲话中说，我们必须学习这种心理捕鱼的微妙艺术，或者"躺在我们的心里的思想，就像鱼儿躺在无人捕鱼的池塘里"。[6]后来，与休斯合作的著名戏剧导演彼得·布鲁克（Peter Brook）问他，他是如何找到自己的素材的，他回答说："在冲动转化成声音和音节之时——而声音和音节固化成可识别的单词之前，我听着深层次大脑发出的模式。"[7]

支撑意识符号的联系网既深又宽。在一个好的比喻中，两个不同的经验领域并置，足以深入揭示其中一种或甚至两者共同的本质。两者创造的和弦，丰富着每一种旋律。但在艺术中，当它感动我们，点燃我们之际，这种象征性的张力也会创造出更深沉的音符脉搏。心灵的典型低音成为融入的共鸣。那我们能否在大脑中定位这种种浪漫的纵深呢？

人是一个混合体，集合着基本生物的需要、后天的欲望、基本情感及其依附性关注与感知的技巧、基本反射的能力以及复杂的社会进化的能力。随着我们的成长，我们成为先天基因与后天经历这两者交织不可分割的产物。自然界中，任何物理景观反映着特定类型岩石被逐步侵蚀的过程，特定类型的地质和气象活动以特定方式施加着特定类型的力量，使岩石被挤压和瓦解。与此类似，人类的思维是先天遗传和后天经验共同作用的结果。人类的身体被设计成四肢而不是八肢，肌肉通过训练，人可以跳到两米远，然而，训练再多也跳不到十米。因此，我们必须承认，发展中的思维建基于"生存主题"的进化岩床之上，并被该岩床所受的当地文化气候影响。

进化是一个缓慢而无形的过程，因此，关于什么来自内在的基因分层，什么来自外在的气候环境的问题，很难做出决定，也总是存在争议。人们最终一致认为，试图在自然和养育之间做出明确的区分是浪费时间。然而，假设我们的遗传预设和婴儿全方位的人生初体验之间的相互作用，留给我们所有人一套基本生存的普适"问题"的话——在这些问题上，特定文化和家庭的特质将被夸大，就完全不足为奇了。[8]

回到第八章，我们曾快速浏览过构成人类心理遗传基础的一些基本情感主题。饥饿与渴、寒冷与酷热、身体的禁锢与艰辛的磨难传递着生存的威胁，触发相应的本能和回应。疼痛、伤害与疾病也一样，会导致舔舐伤口和呕吐毒素，同时伴有"*悲伤*"或"*厌恶*"等情绪的雏形。受到可躲避的敌人威胁，会触发"*逃跑和恐惧*"；遭遇可击败的敌人，则会触发"*攻击和愤怒*"。由于智人将其进化生命押注在学习和认知的生存策略之宝上，而且是孤注一掷，独一无二地押注——因为无知是危险的，适应是聪明的——非致命的陌生存在触发了"*方法和调查*"，*兴趣*、*兴奋*和*迷恋*的感觉亦相伴而来。当大脑不能决定这些基本模式中的哪一个合适时，面对无法立即判断并明确分类的威胁，我们会在靠近与逃避两者之间徘徊，关闭所有其他系统，并且非常小心翼翼地试探。这种情绪基调的模式，我们不妨称之为"焦虑"。[9]

在进化的历史长河中，我们还决定采用社会性的生存策略——不仅是角马群的"数量安全"方法，还包括发展一个由互惠角色、关系和责任组成的不断扩大的社会网络。有序社会的成员享受许多生存缓冲的好处，而单身者——"独行侠"——却没有。但是，俱乐部的会员资格是有代价的：需要在社会结构中占有一席之地（这可能不是你的理想），并愿意履行共同的职责，比如觅食、防卫和照顾幼儿。

私人利益总是有与这些公共职责发生冲突的风险，而成员资格的长期利益可能会被短期机会不可抗拒的诱惑所湮没。在社交生活中，每时每刻的动机矢量（隐藏在"我该怎么做才是最好的"这个问题的基础上），对大脑来说是一个更难计算的数量级，因此产生了大量"犯错"的新方法。风险总是存在：

- 可能有人放弃养育不闻不问；
- 可能不去照顾却代之以*遗弃*；
- 可能没有社会接纳只有排斥；
- 可能信任（重要的社会黏着力）会崩溃，留下怀疑甚至*背叛*的氛围；
- 可能地位与尊重会消失，沦为公众之*羞愧*或公众之*耻辱*；
- 可能单方面的支持或信任遭到背叛，沦为*轻蔑*或*报复*；
- 可能失去保护，再次放逐法外，暴露在更原始的匮乏或捕猎这类社会本已保护你免受的威胁之中。

所有这些都成为潜在的可能，成为扩大后的各种威胁的一部分，这是享受社会生活的好处而必须付出的代价。这些不幸是文明造成的。

被践踏是成为蚂蚁的负面风险；而羞愧则是成为人类的负面风险。

当然，每一次黑暗的威胁都会带来一线希望，与一个保护、拯救或原谅你的人的形象捆绑在一起的希望。比如：

- 当你感到困惑和焦虑时，清楚地知道该怎么走的人；
- 以更强大的力量或经验帮助你击败敌人的人；
- 当别人认为你卑鄙时爱你并接受你的人；
- 接纳你、喂养你、医治你的人；
- 当别人都不相信你时，仍然相信或信仰你的人。

因此，每一个新的威胁都会使人产生一种新的、积极的感觉，一种幸福的新形式，它对应于被拯救、被保护或被重视的解脱。大量反弹情绪的可能性出现了，感到安全、有保障、满足、舒适、胜利、强大、知识渊博、被接受、被爱、骄傲或仅仅是感觉不错。

我们可以讨论这幅画的画面细节，但我眼前快速呈现的是一幅*原型的世界*草图，这幅草图正是人类大脑的基本架构。正如你所预料的，这是一个神话、传说和童话的世界。这是一个邪恶的女巫和智慧的老巫师的世界；这是一个巨人和妖精的世界；是一个仙女教母和鲁莽王子的世界；是一个强盗和英雄的世界；是一个放逐、不公正和叛国的世界。这些人物和他们的相关情节将每个孩子都继承的、永远不会消失的风险和困境拟人化和戏剧化。这些主题可以被覆盖、被抑制或简单地被忘记。我们可以用几十个替代项目来充实我们觉醒的生活，这些项目分散了我们对嵌入我们大脑中并影响大脑运作方式的原始先祖情节的关注力，但这些情节始终存在。它们深深地积聚在大脑活动的复杂的海洋中流动，随时准备入微地观察，并告知海面上发生了什么。

这个典型世界的观点，连同它的情节人物，它的符号和它的基本情节结构，非常接近卡尔·荣格本人至少在他职业生涯早期阶段已经秉持的一种观点。比如他坚持认为，"典型"一词的意思是："一种遗传的功能模式，对应于小鸡从蛋中出生、鸟儿筑巢、某种黄蜂蜇了毛虫的运动神经节、鳗鱼找到了去百慕大的路。换句话说，这是一种行为模式。"[10]

荣格对心灵的看法，很大程度上受到了他在1909年所做的一个梦的影响，当时他和弗洛伊德第一次去美国，他正与弗洛伊德一起横渡大西洋。这个梦给他提供了一个形象，不是海洋，而是一个有着一系列更深的地窖的房子。在地窖的最底层，"是散落的骨头（包括两个人的头骨）和破碎的陶器，就像原始文化的遗迹"。弗洛伊德试图说服他的朋友，头骨象征着潜意识里他暗中盼望两个熟人去死，荣格则坚持一个非常不同的解释。上面的故事象征着意识，因为：

> 底层是潜意识的第一层，我走得越深，场景就变得越发陌生和黑暗。在洞穴里，我发现了……我内心的原始人的世界——一个意识几乎无法触及或照亮的世界。人类原始的心灵与动物灵魂的生命接壤，就像史前时期的洞穴通常在人类声称拥有它们之前就居住着动物一样。[11]

值得注意的是，荣格关于"集体无意识"的进化形象是在梦中出现的，因为正是在梦中，这些祖先的主题使我们最清楚地了解了他们自己。我们开始了解大脑睡眠的方式和原因，有时还会把它的睡眠活动变成梦。

关于我们为什么睡觉的理论汗牛充栋，大量时间被浪费在试图决定哪一个是"正确的"（排除其他的）。事实是，它们中的大多数都有一定程度的有效性，而睡眠的大脑没有理由不像清醒的大脑那样发挥一系列的功能。比如睡眠具有明显的恢复性——在睡眠过程中，重要的垂体生长激素、皮质醇和睾酮等激素的储备得到补充。睡眠时皮肤自我修复更快。肌肉可以休息，废物可以排放，能量可以保存；睡眠中的动物，特别是小而美味的动物，在黑暗中可以让自己不甚容易被关注，如果不是睡眠，则可能面临危险。[12]

但在睡眠过程中，大脑也在关注自己的组织，尤其是在"快速眼动"睡眠阶段（REM sleep），此时最有趣、最成熟的梦往往会发生。[13] 弗朗西斯·克里克（Francis Crick）等人认为，在REM睡眠过程中，白天积累的记忆痕迹正在被清理，其中一些被清除，另一些则被重新激活、巩固，并更连贯地整合到通用记忆库中。在快速眼动睡眠中，大脑的神经化学平衡发生了变化，参与获取信息的胺能系统受到抑制，胆碱能系统取而代之，将白天留下的暂时"热点"活动转变为更持久的结构变化。

同时，一种神经化学的清洗，使一天中那些被证明没有任何新的信息或功能意义的残留物变得衰弱。哲学家欧文·弗拉纳根（Owen Flanagan）认为，第一个合并过程就像在计算机上按"恢复并保存"键，而第二个则对应于"删除并扫入垃圾箱"。当然，这两种操作都有道理，而且可能有合理的神经机制来支持它们。比如称为海马体的结构被认为是"恢复"功能的背后支撑，它能够恢复当天那些杂乱无章、草草涂写的记录，以便对它们进行更持久的分类、编辑和处理（就像一个勤奋的学生抄写课堂笔记一样）。[14]

REM睡眠也可能涉及改善我们感知系统的能力和精确度。婴儿比成人有更高比例的REM睡眠，在REM睡眠期间，他们的视觉皮层中进行着大量的活动。看起来，所有这些夜间活动似乎都有助于微调他们的感官感知背后的线路。杰弗里·欣顿（Geoffrey Hinton）的发现支撑这一点，而且令人惊讶。即使是人工大脑——计算机模拟的神经网络——如果被允许在训练中穿插"造梦"或"幻想",竟能学会更快、更准确地识别事物。当它们"清醒"时,对这些网络的感官输入一点点地累积,改变着神经元连接的强度,就像在真实大脑中发生的那样。但当它们"做梦"时,事实上,它们看到的是,它们能就之前被展示的东西进行再创造,而且十分擅长。究竟它们所记录的东西在多大程度上能使他们将所经历的世界拼在一起?这种恢复早期感知的做法,使得神经网络能够将其所学的知识与其被灌输的知识进行比较,从而纠正其自身的表现,这显然对发展其辨别能力非常有帮助。[15]

REM 睡眠增强记忆和感知的两大功能,可能都与大脑对其典型危险和典型情节的潜在关注有关。为了了解这是怎么回事,我们应该注意到另一些关于 REM 睡眠和做梦的研究发现。首先,白天的"热点"记录,往往会在晚上被重新激活和巩固,这些记录是那些带有某种情感意义或"电荷"的记录——但这些意义在当时没有得到承认或探索,因此,如果你愿意,充的电就被放掉了。也许发生了太多其他的事情,或者这种感觉很快就被判断为威胁太大或者难以当场处理。无论哪种方式,唤醒注意力的正常习惯都会立即产生抑制波,阻止这些电路与共振,从而阻止它们获得意识。在当晚的晚些时候,当有更多的时间、来自竞争重点的竞争更少,大脑中的抑制也更少时,重新在"线下"激活它们,可以使激活过程向它们周围传播,从而实际上释放出弗洛伊德所谓的暂时"宣泄"激活,这种激活在抑制环中被捕获,就像网中的鱼一样。

在睡眠过程中,尽管大脑仍然非常活跃,但额叶比清醒时更安静,因此各种日常抑制得到放松,更多种类的大脑活动可以作为进入意识的候选者出现。[16]感知世界的外部驱动模型被关闭,可以被幻想所取代。(我们可能会注意到,在这一点上,许多最近包装成脑神经科学的对睡眠和梦的"真知灼见",其实早已为人所知。)举个例子,波斯圣人伊本·赫勒敦(Ibn Khaldun)在 1377 年的《历史绪论》(*The Muqaddimah*)

中写道:"当灵魂在睡眠从外部感官中抽身时,它可以激活记忆的形式,然后使记忆以感官图像的形式被想象所覆盖。"[17]

幻想在白天有所衰减,这样便与"真实感知"有所区分。然而这种衰减在睡眠中被移除,使幻想具有与感知相同程度的生动和丰富——因此梦看起来是"真实的"。串联意识时刻以保持整体可持续感和叙事连贯性的需求,也在睡眠中有所减少,允许梦想进行它们特有的转弯和大跳。(想象一种"结果"游戏,一群人用一种奇怪的方法写一个故事,即每个人加一个单词,然后把它传递下去——但每个贡献者在选择自己的单词时,只能看到前四个单词。他们完成任务并不难,而当任务全部完成时,这整个最终成形的"故事",看起来其实就像一个梦。)[18]

这里,我们需要引入第二个研究发现,那就是,梦确实包含着主题,尤其是包含着生物学意义上最原始或最典型的情感。[19]最常见的梦中,人们跌倒、被野兽追逐、考试不及格、在公共场合裸体、遇到过世的亲人,以及急着开会或赶飞机时,却在与看不见的力量搏斗中感到无助或遭遇失败。这些反复出现的主题,涉及典型的情绪——恐惧、羞耻、依赖等——这些情绪常常在白天受到抑制,因为害怕受到真正的批评。然而,在梦中,没有真正意义上的其他人观察你,不会随时判断或利用你的情绪反应,所以,之前被压抑的情绪强度可以得到解压并会"感受"到。梦触及了我在上文所概述的所有典型情感基础。最普遍的情绪是焦虑,其次是愤怒、悲伤、困惑和羞愧。在所有的梦中,只有 20% 的梦有着积极色调。[20]

梦似乎会捡拾个人日常生活中的经历和充满感情的经历,拿来重新加工。人们往往不会梦到自己刚刚看过的电影,不管这部电影的情节多么情绪化,但他们也没有梦到过那些没有"激发"的日常体验。许多常见的日常活动,如看报纸或发电子邮件,很少再作为梦的原材料出现。因此,虽然前一天的零碎经历无疑会在梦中重现,但正如我们前文所分析的，它们往往是那些可以做进一步的情感/动机处理的细节。

另一种解除抑制的方法也在梦中起作用：我们制定每天的规划，保持我们的"清醒"活动"按部就班""井井有条"，这些目标与要求构成了复杂而具有禁锢性的议程，却在梦里放松下来；当这个僵硬的神经轮廓得以放松，更广泛、更混乱的各种观念不仅混杂于头脑中，而且还能得到有组织的"排序"，然而"排序"的标准绝非白天的日常关注，而是我们更深层、更典型的欲望和担忧所产生的不受抑制的磁场。虽然白天的思绪主要围绕有意识的渴望晋升，或渴望可能发生的性关系，但梦里可能会释放出对孤独、内疚或背叛的恐惧，而这些恐惧构成了野心或欲望未被承认的阴影。然而，它是间接地这样做的，通过在物体、人或事件中加入象征性的情感电荷来实现。各种元素被组合到梦中，以某种方式支撑起典型情节，充当被指定的配角。它们不是以自己的身份再现，而是以演员或密码的身份再现，带着一种毫无道理的仁慈，或是一种深不可测的威胁，总之是一种无法表达的情感。因此，解除抑制的机制让我们看到，大脑如何在孤立无援的情况下抛出那些"明智"的梦，因为这样的梦才能提醒我们真正的价值与恐惧，有时在白天的商业和家庭生活中，我们看不到它们，因为它们被那些更明亮、更紧迫的光芒所掩盖。

如果我们回顾一下杰弗里·欣顿提出的"造梦"功能，我们就会发现，撇开那些睡醒后反复咀嚼的梦和心理咨询室里被过度解读的梦，单单梦本身就具有多么重大的进化价值！欣顿认为，做梦提高了学习和感知的能力，但正是梦背后的神经活动，而不是梦本身的有意识体验在起着功能性的作用。回想一下，如果允许欣顿的神经网络"幻想"它们，那么它们就会更容易地识别被指定为"重要"的模式，并将它们的幻想与感知进行比较。有什么比作为我们的典型威胁和典型资源的信号或预兆的模式更重要的呢？也许梦想正在做的是，利用一天中的剩余时间作为借口，提升其识别可能的威胁或救济来源的能力。

诚如芬兰心理学家安蒂·瑞文苏（Antti Revonsuo）使用与我相类似的方法所总结的那样："我们梦见了非常严重、相当原始的威胁（'古老的担忧'）——它们反映了作为默认设置嵌入到造梦系统中对威胁的模拟脚本，定义着应被最多演练的威胁事件的类型。"他补充道："做梦的大脑不适合解决诸如找工作、写论文或防止污染等问题。这样的问题在祖先的环境中并不存在，所以它们不是造梦系统会认识到或是知道如何处理的问题。"[21] 然而，正如我们所知，这样的情景很可能被我们更深层次的希望和恐惧所控制，成为他们夜间表达和探索的工具。

当然，我所概述的基于大脑的梦的解析，并不强求所有的梦都必须有意义。有些可能确实是由前一天重新浮出水面的零星碎片组成。做梦是大脑所做的有用功的想法，也并不妨碍我们把梦当作另类罗夏墨迹或塔罗牌，第二天早上发挥我们的想象力和解析力研读一番。梦本身并不包含来自潜意识的完整信息或智慧，但通过这种方式，我们能从中提取有用的洞见。如果我们陷入困境，我们甚至可以把它交给一位心理分析师，听任他将晦涩的信息归因于种种毫无意义的模式，然后我们感觉这笔费用花得值当。

然而，我的理论也会让梦充满被忽视的忧虑记号，我们应该好好地倾听并留意这些忧虑。在这里，让我用一个一直在谈论这种梦的主要类型的例子，来结束这场梦的探讨吧：

> 我在从爱尔兰到英国的汽车轮渡上。我知道我这一群人，属于不受欢迎的外国人，正遭到特勤处或军队的搜捕和迫害。我在姐姐旁边的角落里挤成一团。突然，我注意到两个看起来像官员的绅士，一个穿着某种军装套头衫，另一个穿着便衣，站在我们附近，不过他们似乎没有看到我们。我正要离开的时候，我们这

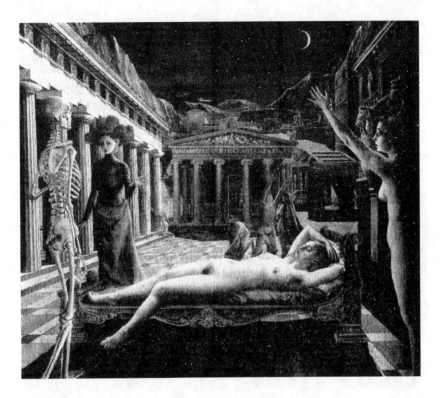

《沉睡的维纳斯》,保罗·德尔沃(Paul Delvaux),1944年("二战"期间画于布鲁塞尔)。德尔沃展示了美丽、可爱、纯洁的维纳斯女孩,如何将白天爆炸的痛苦重塑为她夜间的梦的原型

里的一个人示意我待在原地。然而，他的信号模糊，于是我还是离开了。我往船头的方向走，我们中的几个人已经在那里，而我的姐姐留在原地。这时，两个官员突然抓住我的肩膀，说他们已经逮捕了船头那些我要找的人。[22]

做梦的人约瑟夫·格里芬肯定地认为（以本书的标准来看），这是一个典型之梦，他把这个梦与前一天和妻子的旅行联系起来，那是一个驾车穿越野生动物园之旅。公园里行驶缓慢的车队令他十分清晰地回忆起最近他前往爱尔兰的汽车轮渡——这显然是两个事件之间的梦幻类比的基础。开车穿过公园时，这辆车被猩猩包围着，它们满车爬，似乎就要把车毁了。格里芬觉得他和他的妻子是猩猩世界的入侵者——不受欢迎的外星人，很可能会因为他们的鲁莽而受到攻击。车队由于某种原因停了下来，格里芬非常害怕最近的两只猩猩会攻击汽车。他催促妻子（梦里的姐姐）继续开车，但也不知道该不该超过前面那辆车以及类似的探测。格里芬提供过好几个这样的梦的解释。但是，从目前的观点来看，他对梦的"解读"很可能是离题的。梦可能已经完成了它的工作，关注作为"异类"的典型感觉，探索它可能出现的环境类型，以及可能——或可能无法——出现有效或适当反应的类型。这种分析确实画蛇添足，或者至少是于事无补。

梦最了不起之处，在于正常的自我意识所能保持的程度。我的感觉也许比我通常允许的更戏剧化，但我通常存在于我的熟悉的身体里，通常只从熟悉的视角看世界。当梦里那些大胆的奇特行为启动时，我就在现场；当我考试不及格或者我的裤子掉了，我会体验到急性焦虑。在我的梦世界的核心，居住着明确可辨识的"我"。然而，那种通常被称为"宗教"或"精神"的突然皈依立地成佛的高质量体验中，情况并非如此。在此类"优雅"时刻或时期，某些东西在其核心发生了变化。

世界看起来不一样,并不是因为发生了什么不一样的事情,而是因为我用不同的眼睛看着它。大脑也能帮助我们解决这些最深奥的怪事吗?虽然我们还没有一个令人满意和全面的模型,但有很多充满希望的开端和合理的推测。

回顾一下,我曾使用一种说法,就是以目标和价值观以及与之配套的威慑和恐惧共同组成的习得性无序,来定义大脑中的"自我体系"。所有这些,都标出了令人喜欢或必需的可能性事件,以及与之配套的不喜欢或灾难性事件。这些目标"工作"的方式,是将优先及抑制的各种模式叠加在"脑景图"上,叠加使其有效弯曲或倾斜,从而使思维活动倾向于某些方向流动,而不是另一些方向。每当这些目标像电磁体一样被"开启"时,大脑会形成脑沟,无论发生什么,都有可能被相应地捕获、引导和解释。

在这些相互交错的动机中,经验和机会得以突显——我们倾向于看到与我们的欲望和恐惧相关的东西,而忽视其余的东西。感知同时被耗尽和扭曲。在我们特定目标的影响下,大脑配备好预定数量的荧光笔和橡皮擦前去迎接世界。这种叠加好的选择性,影响了我们准备看到、做到和感觉到的东西。[正如赫尔曼·海西(Hermann Hesse)在1917年日记中所写的那样:"如果我考察森林的目的是购买、租赁、砍伐、狩猎或抵押,那么我看不到森林,只看到它与我的欲望、计划和担忧,以及与我的钱包之间的关系……(同样地)"我如果带着恐惧或希望,带着贪婪、设计或要求去看我面前的那个人,那么他就不会是一个人,而是一个燃烧着我自己欲望的模糊镜面。无论我自己是否意识到这一点,我都会根据限制和歪曲的问题来看待他。"][23]

尽管我们的典型反应建立在大脑深层次结构性的运作方式之上,但大量后天习得的希望和恐惧必须以这些优先与抑制的模式来表现——自卫就是这样,就像我们在上一章中所看到的抑制一样。要保持对蛇的基本恐惧，或对腐烂气味的厌恶，不需要能量，但要维持对穿错运动鞋的恐惧，或对电视上"淫秽"的厌恶，却需要能量。

这些欲望和厌恶利用了大脑随时可支配的兴奋和抑制的总激活量——就好像防盗警报器利用了你家的总电源一样。现在我们可以看到，有很好的理由去假设大脑应该拥有限制整个激活池大小的方法。毕竟，如果这个量无限增加，你可能会立刻开启整个大脑，然后它将无法完成优先排序和选择的工作，并且可能会陷入崩溃。（有些药物经历可能是这样的。）

因此，大脑中部分活动应被锁定为"哨兵职责"，能够监视威胁和利益出现，并在威胁和利益发生时，随时准备捕捉或解除它们的武装，这部分活动的数量，与为感知、行动和认知提供支持的剩余数量之间，很可能存在一种平衡。紧急状态越严重，越多有能力的人就被征召入伍，剩下的用以修理路灯或倒垃圾的人就越少。这是一个简单的想法，但它可能只是解释了为什么在我们压力越大的情况下，反而会找不到车钥匙，而且变得越来越笨拙。在所有的忧虑周围（无论是有意识忧虑，还是更重要和广泛的潜意识的忧虑），已缺乏足够的激活活动。

有许多这些因威胁需要而进行的捆绑，问题多多，因为它们本质上是矛盾的，或者说是贪得无厌的。正如我们之前所指出的，我可以同时开启讨人喜欢和刚正不阿这两种需求。比如，当我这一伙挑衅着我去做残忍的事时，我该怎么办？我可能既想接受挑战去冒险，同时又在乎我会给子孙们留下什么样的世界。还有，当我知道有一笔真正诱人的商业交易，很可能导致一项可再生能源专利被悄悄收购和封存，我该怎么办？如果我自身功能的一个内在方面——比如性吸引力、月经、爱哭等——被转化成某种潜在的羞耻感，我该怎么办？那么，我就会忙着用左手跟右手拼搏。

还有后天的欲望——比如成为时尚的或知识渊博的人——如果这

类欲望被贴上严肃的封条,也会神奇地变成潜在威胁般的存在,比如有被认为乏味无知的危险,这类威胁经久不衰,贪得无厌,恰恰因为它们是相对的,并且不断地变化。[根据社会历史学家尼古拉斯·克诺斯(Nicholas Xenos)的说法,在18世纪欧洲时髦的沙龙里,"相对富足"和"相对稀缺"这种定义个人价值的基准被发明出来,弄成了一场让人精疲力竭、互相攀比的游戏。]²⁴

处理这些不可调和也无法满足的价值冲突的方法之一,就是忽视其中的一个方面。你可以拿一些你认为有价值的东西,用一个抑制环包围它,使之无法到达意识。每次它有爆发的危险,从而造成更多的困难、复杂性和无法解决的选择,你就会潜入大脑中一个转移注意力的虫洞,忙于其他事情。这种方法并没有处理冲突,但它处理的是你对冲突的认知所引起的不适。这种脱钩表面上不像我们在上一章所看到的某些更极端形式的压抑,那样会带来自我毁灭,但确实可能带来麻烦。

比如(正如我刚才举例说明的)大脑理不清的内在优先事项之一,是*照顾*的问题。我们大多数人都会呵护我们的周边环境,照顾我们的家人和朋友。正如我们所见,呵护"生存空间"是具高度进化意义的行为,在许多物种以及幼儿身上,我们都能见到有潜意识的利他主义的证明。然而,照顾可能并不方便,因为它可能与你正在从事的大量其他的更自我中心的事情相冲突。如果不承认并否认关怀本能,当然就可以压制这种冲突的存在。然而,这种否认策略,常会对那些没有获得帮助的人产生持续的负罪或悔恨时刻,反过来造成"运营成本"——照顾他人可能会让你开会迟到,或者孩子们的成就收获的只是你的敷衍,只因为太累或太忙;或者,通常拒绝对他人的照顾,可能会把对宠物或菜园的爱作为一种荒谬而多情的爆发口。

自我系统通过一种我们所称的"识别"策略,大幅提升这类后天驱动力的重要性。认同将"想要"转化为"需要",将失望转化为致命的威胁。它通过扩展"身份"的概念——我的自我，我自己——来包含这些驱动力。我所融入我的身份之中的任何事物，（一旦其连接被"打通",）都会变得具有与丧亲之痛或面对持枪抢劫犯同等的潜在重要性。如果我的知识能力被纳入身份认同，那么我就不可能简单地对无知一笑了之。我不得不花时间积累信息，与电视智力竞赛节目的参赛者激烈竞争，并避免我可能暴露弱点的情况。如果我的年轻活力被纳入身份认同，那么刚长出来的皱纹就会像浴室里的棕熊一样危险。身份认同提升了人们对灾难的失望感和对必需品的偏好。

语言在需求升级的过程中起着不可估量的作用，特别是在语言中包含着类似于"我"和"我的属性"的意义时。说"我很聪明"（墙上挂着的嵌在精美相框中的牛津大学"一等"学业证书就是证明），等于是提出一个无可争议的和持久的事实，相当于说："我是血肉之躯，"或说："我是一个男人。"如果 I 真的很聪明，那么愚蠢就不属于我——而是需要被否定的，是会让我走近死亡的。因此，避免这种小死状态，成为我生存的当务之急。除此之外，还必须同时有一些内部的实存——我们的老朋友，也许是"灵魂"——对应于这个"我"并且本身"拥有"属性的，诸如鲜活而聪明的灵魂。我们学会说"我看见"，从而创造出一个隐形体验者，他正在"做着"看的动作，又在享受看的成果：相当于电影制片人和观众合而为一。"我可以"并且"我愿意"将成果归功于这内部灵魂，而"我尝试过"强化了内部灵魂之感，因为有时确实没有成功。"我拥有"则将身份的支配域扩展到身体的外部肌肤，因此对汽车的破坏，或对手稿的盗窃，也与情感原型的力量联系在一起，令我觉得这些事件是对我的自我身份的严重侵犯。

每个人的历史为他们写了一个不同的规范，他们的强制性或理想的自我。每个人的附件组合的成分与强度各不相同。有时，有人会与自己的"软装"服饰进行身份绑定，以至于在新地毯上洒上红酒所引发反应的类别与强度，竟与他十几岁的女儿失踪的消息几乎一模一样。而另一些人，以其流畅的语言来定义自身，那他可能永远不敢在背包里没有书面稿本的情况下发表演讲。〔20多岁的法国歌手弗兰乔斯·哈代（Framjoise Hardy）曾在舞台现场手足无措，直到60多岁的时候，她仍在采访中提及此事，自那以后，她就没有举办过现场音乐会，尽管她至今仍在录音。〕

但是，由大脑部署决定我们孰取孰予的优先模式，其实各不相同，取决于我们的心情、我们的安全感和我们的年龄。某些时刻，我们的大脑可能会被我们的功能性欲望凿刻成密集的山峰和峡谷，迫使愿望活动得以进入预定的渠道。其他时候——也许是当我们感到平静和被爱的时候——抑制就会放松，我们的注意力就会在柔软得多的地面上蜿蜒而过。我们可以想象一场连续的大脑功能的运行，从"充斥着我们强烈认同的有条件的希望、恐惧、标准和规则"到"清空上述"。我们可以假设，大多数时候，我们生活在这个连续体中的某个多变的中间区域，有着相当完整的心理、实践和人际项目的议程，以及一些我们不愿触及的心理"热点"，但仍有一些时间和空间去闻咖啡和大笑。

现在想象一下，在这样一个大脑的内部循环中，如果它那复杂而长期活跃的自我系统可以被关闭——用弗洛伊德的术语来说，就是撤回投注——接下来会发生什么？突然之间，一大堆以自我为中心的威胁和需求的焦虑就会烟消云散。自我意识——通过别人假定的评判眼光来批判地审视自己——将会消失。也许，即使是内在体验者和启动者的习惯性的、语言上的衍生感觉也会消失，只留下一种惊奇的感觉：你的体验和行为继续以魔法的方式展开，而你的"自我"已不在控制之中。

随着冲突目标的纷扰逐渐平息，"怎样做才是最好"的问题似乎就不那么困扰。如果照顾确实是我们天性中自然流露的一种思虑，那么，在不受抑制之际，它会立即冲上前来。我们可能会惊讶地发现，我们满怀深情的爱，甚至会投向一座充斥着陌生人的小咖啡店。而且，随着大脑中被锁住的抑制区的释放——就像那些被放鸽子的哨兵一样——我们可能会发现，一种过度兴奋感突然出现，它们奔涌向前，进入我们的感觉系统，恰似身体里燃烧着熊熊烈火，或者仿佛一种带着明亮细节的感知之水满溢出来。

换句话说，我们可能会发现自己置身于一种全面的精神体验中间，好比在第五章里引用的神秘主义者埃克哈特或博姆所描述的那些经历。我当时只是简单描述了这些人的经历，这些作者如何被迫接触一些潜意识的概念并描述出来，但是对于他们经历中的强大的怪异性却解释不足。在这里，为了了解大脑能把我们带到什么程度，我需要更清晰地提炼出这类经历的一些关键特征。纵观全球及其历史，剥去文化和语言的差异，致使一些核心共识能得以洞察。

首先是一种异常强烈的*活力感*。这样的经历经常以增强的能量和活力感为特征。人们说，这就仿佛一种习惯性的、几乎没有人注意到的被压制的感觉突然消除，身体和感官充满生机。精神文学和浪漫主义文学不断地提醒我们"精神"一词的起源，本就更接近于一个精力充沛的孩子或一匹精力充沛的马，而非没有活力的虔诚。

第二个特点可以被称为与神秘的密切关系。它涉及一种奇怪而且几乎自相矛盾的感觉，即一切与这个世界都很好，尽管不知道事情的结果将会怎样。人们感到更有能力应付任何情况，并体验到对预测和控制的焦虑需求在减少。在观点和信仰中寻找安全的需要被对深度和真理的兴趣所取代——无论它们会导致什么。开明与好奇取代了原教旨主义和教条主义。未知的，也就是无意识的，变得不那么陌生，也就不那么可怕了。

我称之为*归属感*的第三个品质，是一种在家里，在世界上自由自在的感觉，这种感觉似乎与实际的地点和情形无关。这种"归属感"取代了那种挥之不去的大背景下的*渴望感*，而这种渴望感，正如戴维·施泰因-拉斯特（David Steindl-Rast）所说，是一种在世界上不知何故成为孤儿或流离失所的感觉。无论我在哪里，都觉得自己是"我的地方"；无论我和谁在一起，都是"我的人"。在这种情况下，怀疑或竞争的态度就被一种非强迫的善良与关心的倾向所代替。同情甚至爱，不需要被"加工"；它们作为归属的完全自然的必然结果出现。以下是我从赫尔曼·海西（Herman Hesse）的文章《关于灵魂》（Concerning the Soul）中引用的一段，关于欲望之眼的肮脏和扭曲。（我对之进行了修改，去掉了原文中的性别语言。）

> 当欲望停止，当冥想与单纯的观察还有自我征服开始，一切都会改变。人们不再有用，不再危险，不再有趣，不再无聊，不再和蔼可亲或粗鲁，不再强壮或软弱。他们成为自然，他们变得美丽，变得不可思议，仿佛任何事物都是一个明确的沉思对象。事实上，沉思不是审视或批评，它只是爱。它是我们灵魂中最高、最令人向往的状态：不苛求的爱。

第四，有一种增强的*内心平静感*。请允许我讲一个逸事：我记得在北伦敦的一个冥想厅里，我和约有40个人一起恭敬地等待罗什（Maezumi Roshi）——一位著名的日本禅师。他终于到了，慢慢地走到了前面，他花了很长时间才在讲台上安顿下来。终于满意了，他抬起眼睛对我们说："那么，你们在这里做什么，啊？"我们紧张地笑了，又停顿了一下，他说："你们在这里，是因为你们的心不舒服。"我们都热情地点了点头。是真的。这种观点认为，灵性是有可能的，通过优雅、洞见和努力的混合，可以摆脱一些佛教徒所谓的世俗焦虑和困惑之苦，并发现自己更经常地处于内心和谐与清晰的状态，而不是经常的冲突

这张13世纪早期的手稿,展现了著名的神秘主义者宾根的希尔德加德精神狂喜的状态

和自我意识的状态。

最后，在精神体验中经历的这四个转变背后，似乎是身份意识的扩展，所以人们不是感觉自己像一个焦虑的泡沫，处于不断被推挤被刺戳的危险之中，而是声称自己在内部和外部感觉更团结或更完整，这会带来更多的亲缘感和信任感。许多有关精神体验的书面描述都是用这种热情洋溢的语言来表述，这并非巧合，因为那些报道它们的人，绝大多数都认为它们是积极和有价值的。虽然像弗洛伊德等人所做的那样，从外部可以用怀疑或病态的方式去解释共同体验，但从内部，毫无疑问地，某些珍贵的甚至是重大的事情已经发生。

那么，这种精神体验的悠久传统所反映的，是否并非上帝的启示，而只是大脑额叶的快乐意外呢？或者更确切地说，这些只是描述同一种体验的不同语言呢？当然，也有一些人这样认为，他们声称能够将精神体验的各个方面与大脑活动的潜在变化联系起来。美国研究者尤金·德·阿奎利（Eugene d'Aquili）和安德鲁·纽伯格（Andrew Newberg）已经证明，"自我"边界体验的变化与大脑新皮层上顶叶区活动的减少是同时发生的。两名俄罗斯科学家也已证明，放松、散漫的幸福状态——摆脱焦虑的自我关注——反映在皮层活动的和谐度的增加。对"超验冥想"的研究表明，脑电波的连续性方面，也有类似的提高。幸福的感觉伴随着大脑活动的更大的"联合"。加拿大神经学家迈克尔·珀辛格（Michael Persinger）声称，他可以通过人为影响大脑中的电磁场，特别是通过改变两个半球之间的活动平衡，来诱发精神体验的某些方面。[25]

正如珀辛格自己首先指出的那样，这些相关性都不能证明上帝不存在。任何这样的结果都可以很好地反映大脑作为*接收*系统的活动，而不是作为*发生*系统。但是，随着这些结果的累积，我们开始更多地了解这种体验是如何至少在大脑中表现出来的，它确实让上帝向负面的方向越走越远。上帝的追随者必须更加努力地解释为什么是上帝，而不是一些尚未被解释的生化变化引发了大脑事件，然后表现为精神体验。

问题仍然是这些奇异的经历只是偶尔的失常和愉快的意外呢？还是真的告诉我们关于我们自身构建方式的更深层次的东西？当然，那些拥有精神体验的人，更倾向于认同，他们正以一种"与现实接触"更多而非更少的方式来进行体验，然而这种感觉很可能是反复出现的错觉的一部分。然而，同样来自当前认知科学的迹象表明，他们至少在一定程度上是正确的。

看来精神体验的核心是一种远比你所想象的更"生态"的感觉。人们感觉自己的身份已经扩展到包括身体和外部世界，而不仅是困在腐败身躯中孤独存活于世的意识智力的无实体的探索。笛卡儿的二元论崩溃了，自我的感觉在两个意义上拓展了。首先是照顾与归属感的爆发："这是我的人，这是我的地方。"其次，一个人对自己智力的来源和本质的感知方式也随之发生转变。思绪扩展到包括神秘性；它包含其未知的区域以及其意识。潜意识被拥抱、被欢迎并且被"拥有"。智力不再完全与理性联系在一起，而是被感觉到向下延伸至身体中，并向外延伸到世界中。我很聪明，因为——我现在意识到——我是一个包含身体和世界的智能系统的组成部分，一个不可分割的部分。

身体的智能非常地清晰。我们已经探索过，情感的生理感觉如何成为我们进化智慧的一部分，这绝非颠覆性的。我们有时可能会看错情况，会有不合理或不适当的感觉，但是，若无法感受到痛苦、恐惧或爱，会使人在社交和生理上变得愚蠢。达马西奥（Damasio）的研究表明，我们的身体感觉和直觉是多么重要。[26]

一个明显的例子，是由美国心理治疗师尤金·根德林（Eugene Gendlin）开发被称为"聚焦"的治疗程序。早在20世纪70年代，根德林就发现了关于治疗的三个重要事实。首先，那些从他们的治疗中受益的人——不管他们的治疗师属于哪个"学派"——是那些能够自发地与自己进行一场安静的反思性对话的人。他们没有匆匆忙忙地讲一个花言巧语的故事,而是花时间去探索意义,寻找新的表达方式。其次,这个对话包括倾听在他们自己的身体中表现出来的微妙的暗示和感觉。他们注意到腹部或喉咙的感觉实质的轻微变化。第三,根德林发现,这种接受性的内部对话是可以传授的。人们可以学会关注这片生理上的阴影地带,尽管这里半明半暗闪烁其词,其意义不够清晰,一个有意识的故事不会直接成形,但它却可以慢慢培养。[27]人们想起了霍斯曼(A. E. Housman)对一位美国学生提出的"定义诗歌"的要求所做的回应。他回答说:"我无法定义诗歌,就像狸犬无法定义老鼠一样,但我认为我们都能通过它在我们体内引发的(生理)症状来识别物体。"[28]身体必须包含在智力器官之中。

外部世界本身也是如此。正如今天的人们常说的,智力是多种多样的。[29]在很大程度上,我们都很聪明,因为我们可以使用各种各样的工具和资源,并且知道如何使用它们。斯诺克杆、圆珠笔、记事簿、文件柜、卷尺、蔬菜削皮器、手术刀、推土机、救生衣、电话、显微镜、回旋加速器、互联网、地图、大提琴、迷幻药、水泥、字典……我们的成就,无论大小,都取决于不断与外界互动的过程。我们很聪明,因为我们知道如何明智地使用这些东西,以及从哪里得到它们。周围的事物决定了我们是什么样的聪明人。当我们学会聪明地使用东西时,我们的思想就会被我们所使用的工具所塑造。我们会发展出大提琴手或外科医生的思维模式,会发展出法国人所说的各种职业技术培训的思维模式。因此,如果把技术人员的电脑、诺贝尔奖得主的实验室或大卫·贝克汉姆的足球鞋拿走,然后说,"现在让我看看你有多聪明",这无疑是愚蠢的!尽管勒内·笛卡儿认为,智慧都存在于孤立的大脑中,但这种观点并不比智慧都存在于有意识的头脑中的观点受到更多的关注。[30]

思想流出皮肤之外的想法并不新鲜。文字的发明，早在潜意识的故事开始之前，就已经深刻地改变了我们的思维方式。能够将思想冻结在纸上、蜡纸上或屏幕上，既可以形成单独的哲思，也可以形成集体的沉思。我可以向你们展示我的草稿，你们的反应将使我能够思考，在缺乏文本中介工具的情况下我所不能做的一切。一个艺术家制作模型和草图，通过这样做，增强了她自己想象的力量。她可以看到更多的可能性，更多的意义层次，因为她把玩着她的素描，任何有关她的创作过程的描述，必定包含她的绘画与她的想象之间的流动循环。当盲人的手杖（或游戏者的控制台）成为他们身体的延伸时，艺术家的铅笔和她的垫子也是如此。

最新的技术进步只会使这种对人类的爆炸性看法戏剧化。植入耳蜗不仅能矫正听力损失，还能让我听到你们其他人听不到的声音。新的飞机驾驶舱可以把飞行员紧紧地绑在技术上，仅仅看一下刻度盘，就可以让软件来检查和调整读数。很快就可以买到可连接无线网的智能眼镜。举个例子，计算机数据库技术将识别你面前的脸，并将这个人的名字和他们最显著的特征投射到你视野的顶部。那么"思维"在哪里停止呢？它的运作不仅在本质上是潜意识的，而且它们甚至不能被限制在大脑和皮肤的生物封套内。[31]

更重要的是，智力将由社会分配。如果我需要我的参考书，那么我在多大程度上更需要我的同事，我的音板，我的辩论伙伴和我的榜样？在一场创造性的讨论中，思维变成公共产品。没有人掌握所有的信息，也没有人掌控一切，但通过倾听、参与和谅解，我们便可以到达一些我们谁也不可能独自前往的地方。我们集思广益，我们依赖彼此翻飞的幻想，我们异想天开，我们有时缓慢而微妙地反馈着我们各自的经验，而有时我们的反馈又如此之快，以至于我们有一种眩晕的感觉，仿佛置身于安全地界之外，让彼此像一群技艺精湛的杂技演员一样腾空而起。我们的思想是如此错综复杂地交织在一起，以至于我们每个人都可能需要一段时间，才能在创造性的跳跃停止时再次"找到我们自己"。我们在创造力上融合，就像我们在爱情上融合一样。它既令人兴奋，又令人不安。[32]

因此，我们不了解自己的思想；我们也不（总是）拥有它们。他们既是潜意识的，也是有意识的；既是身体上的，也是精神上的；既是个体的，也是公共的。我们似乎已经从启蒙运动的主要理性主义出发，又走了很长的路。就像哲学家安迪·克拉克（Andy Clark）所说的那样：

> 我们必须开始面对一些相当令人费解的（我敢说是形而上学的？）问题。首先，智能代理的性质和界限看起来越来越模糊。大脑的中央执行官——组织和整合多个专用子系统活动的真正老板——已然不存在。思考者（无形的智力引擎）与他的世界之间的清晰界限已然消失。代替这幅温馨的图画……出于某些目的，将智能系统视为不限于皮肤和颅骨的脆弱外壳的时空扩展过程，也许会更明智。理智和思想的流动，思想和态度的时间演变，是由大脑、身体和世界的密切、复杂和持续相互作用决定和解释的。[33]

我们也有很长的路要走，从无实体的灵魂——从那束存于我们身体内部而非处于这个世界的神圣完美之光开始。我们不再求助于一个超验的领域，一个平行的宇宙。在这个宇宙中，一切都是真实的和美好的，我们似乎能够重新定位灵性，不仅在大脑中，而且在恢复与这个由木头、软骨和同胞情感组成的这个世界的亲密的、生态的、移情的关系。

第十一章

完全改变思维

没有任何意识的活动是有意识的。

——卡尔·拉什利

约克公爵夫人的前仆人简·安德鲁斯（Jane Andrews）用板球棍击打男友，然后用一把8英寸长的菜刀刺入他的心脏，杀死了他。在庭审中，她申请"减刑"，理由是她去拜访了切尔西的心理治疗师，这几次拜访诱发了她记忆的释放，令她多年来被哥哥性虐待的记忆在脑海中沸腾。她说，遗憾的是，心理治疗访问结束得太快，直到杀人之后，锁在她潜意识里的"秘密"才得以暴露出来。然而，正是这些潜意识记忆的沸腾激起了她的愤懑，促使她爆发出致命的怒火。她解释说，童年的经历正在"摧毁"她，"影响着她的精神状态"，尽管她都无法有意识地去触碰这些经历。在她被判处终身监禁后，她的律师认为，正是"繁重的审讯"，"使得性虐待的全部事实及其对她造成的心理影响浮出水面"，于是对她的定罪提起上诉。由于法律已经认识到潜意识，因而这一论点得到认可。而在四十八年前，同样因谋杀情人而受审的露丝·埃利斯却不允许为"减刑"辩护，她成为英国最后一个遭受死刑的女性。而她被绞死两年之后，议会提出了这一辩护。[1]

人类存在仍然是个谜。这是不会改变的。他们大发雷霆。他们会在治疗或催眠过程中清晰地回忆起他们的童年细节。他们会有幻听。他们会忘记自己非常熟悉的名字。他们看到幻象。日落会使他们感动落泪。他们会做怪诞的梦。他们惧怕无害的东西。他们有预感，会有奇思妙想涌上心头。他们无法忘记自己的想法。它们在全身麻醉时仍能响应指令。他们爱最奇怪的人，也会伤害他们所爱的那个人。他们创造了最惊人的美丽的东西。他们强奸邻居。尽管我们有科学和理性，但非理性仍然存在。

或许不是"不顾"，而是"因为"。"正常"思维的文化模式越有规定性——在无可非议的事物和古怪事物之间划定的界限越清晰——古怪事物就变得越发古怪，也就越需要解释。我们仍然生活在这样一个规定性的时代。我们默认的思维模式仍然以理性为中心。系统的思考和清晰的表述主导着我们最受尊敬的文化机构和职业——政府、医学、教育、法律。"预谋"使犯罪更加严重。如果警方发现最近有一把猎刀的收据，以及被害者双手绑着的胶带，简·安德鲁斯的上诉就泡汤了。犯罪计划是心智健全的初步证据，同时也是犯罪意图、犯罪心理的初步证据。

维持虚构意图的想法衍生出了一系列麻烦。如果烟草行业的高管小心翼翼地有意识地不去触碰那些对非利益方而言，似乎显而易见的结论，那么这个行业该受到更多还是更少的谴责？如果铁路事故、化学爆炸或挑战者号事故背后的疏忽，源于一厢情愿的想法或商业压力，而不是蓄意造成的"邪恶"，结论会有什么不同吗？一个酒后驾车的人，由于他"选择"喝酒，但他并不"打算"撞倒那些孩子，那是不是就该判过失杀人罪而不是谋杀罪？那些心智成熟到足以阻止自己的左手知道自己的右手在做什么的人，是否应该比那些没有学会用这种方式操纵自己意识的人，受到法律更宽容的对待？如果法律鼓励人们对自己的行为睁一只眼，闭一只眼，为什么不抓住这个机会？

由于这种对我们自身心理的不确定性的理解占据了主导地位,那么希思·罗宾逊(Heath Robinson)收集的关于这些古怪现象的辅助解释堆积如山,也就完全不足为奇。神,或是上帝会继续介入。顺势疗法等神奇疗法仍在蓬勃发展。女巫并不是很显耀,然而风水和芳香疗法大行其道。新的神秘试剂继续被发明,尽管我们现在可以称它们为"病毒"和"化学物质"。(继媒体报道可口可乐含有毒素后,英国各地的许多儿童都出现了中毒症状,尽管最初的报道很快被证明是不真实的。)[2]

而潜意识的不同版本,被解释为单独的喧嚣房间或被锁在心里的病房,在我们的语言中快乐地生活着。我们拥有一个用来解释罪恶感的超我;一个引发我们的神经症和"压抑的创伤记忆"从而解释不良行为的本我;一个产生神话和梦想符号的集体无意识。现在我们也有了大脑状态,帮助我们走出困惑:血清素失衡、额叶功能障碍以及(我最喜欢的)"最低脑损伤"——如此轻微,你看不到,但肯定在那里,否则这些孩子就不会那么任性(对不起,"多动症")。

潜意识仍然有点不安地夹在精神和大脑之间,这反映了一个事实,尽管我们现在认为我们可能拥有潜意识,但我们仍然不确定我们是否喜欢它。我们也许真有某种精神分裂,而且无论我们走到哪里都会带着它,面对此类可能性,其他两种解释似乎更有吸引力。如果我被一个路过的灵魂附体了,我总是可以试着争辩说它选中我只是运气不好。身体疾病也是如此——我不必为得麻疹而感到羞愧(尽管梅毒是另外一回事),如果我被诊断为"患有注意力缺陷多动障碍",甚至是精神分裂症,我也不必感到羞愧。可能很难,但这不是我的错。只不过,不幸的是,这次是大脑碰上它,而不是肝脏。潜意识被拎出来,只是因为它能解释它所保持着的陌生与古怪的事物。它可以做必要的解释工作,但它仍然不是真正的"我"。这就是潜意识的意义所在。

然而，我在最后几章中回顾的证据和想法表明，让我挠痒痒的未知原因，远比这种弗洛伊德式的零星麻烦和随手借口的大杂烩要广泛得多。这个问题比我们想象的还要糟，因为它开始看起来好像是说，潜意识的大脑—身体—环境系统（简称"大脑"）不仅在某些时候，而且在所有的时间里都在掌控。当所有的怪癖都建立起来，并且我们认真对待它们时，我们就会想出一个我们自己的头脑的形象，把潜意识的智慧放在中心，而不是边缘。这些怪癖不仅仅是一堆稀奇古怪的东西，它们还指向笛卡儿民间心理学中关于"正常"人性的基本误解。将冷静、明亮的理性意识办公室作为大脑的运行中心，偶尔会被本我所打断或受到缪斯的启发，这种想法只是构建了一种误导的形象。各种大脑运作的背后，其实只是大脑本身——被一系列的社会型和技术型的"智力配件升级"之光芒放大而已。

当我们试图向下看自己头脑中的"黑池"时，我们只能看到表面上反映出来的隐喻图，所以我们需要能找到最好、最准确，也最有帮助的图像。我们需要意识和潜意识关系的新图像。如果我们认为，它俩在头脑中是两个相互等同——但相互争斗的——领域，一个光明，而另一个黑暗，这种想法就大错特错了。如果将"潜意识"描述为一个地方——是供"意识"这位图书管理员进行搜索的记忆"储藏"；或者是由紧张不安的服务员看守着的任性者的"禁闭室"——都并不符合其内在的活力与智慧。没有证据表明我们的大脑中有任何像隐形人一样的东西——没有图书管理员，没有疯子，没有审查员，没有 CEO。这些比喻，就像"牙仙"（Tooth Fairy）和"奥林匹斯诸神"一样，早已过时了。就好比把原子看作一个葡萄干面包，把热看作一种微妙的从热物体流向冷物体的物质，都早已过时了。同样，如果继续用"楼上楼下"的建筑比喻，或者超自然的肥皂剧，或是与意识自我相悖的恶魔般的次人格来解释人类的怪异体验，也都早已过时了。

新的图像开始显现。认知科学家现在将意识比作汽车的仪表盘、飞机的驾驶舱显示器，或者仅仅是电脑的屏幕。有意识的感知不是来自感官"安全摄像头"的视频图像；有意识的想法并非 CEO 的沉思。它们都是"引擎盖下"正在进行的一些潜意识过程状态的读数概括。当我环顾四周时，我有意识地"看到"的不是"那里有什么"，而是大脑目前所认为的新奇、有用或重要事物的表征。我"思考"的时候，那些如同荧屏字幕一般仿佛在我意识中滑动着的一串串单词，其实是一种永远超出我自身认知的相似决策过程的念白。

"没有任何意识的活动是有意识的。"伟大的美国心理学家卡尔·拉什利（Karl Lashley）说，当然，其中许多活动都会产生意识。没有任何意图在意识中孵化出来，也没有任何计划摆在那里。意图是预兆；在意识的角落闪烁的图标，指示将要发生的事情。诚如智慧的怀疑论者安布罗斯·比尔斯（Ambrose Bierce）在他的《魔鬼词典》中指出，一种意图是指"大脑能够感受到的一组影响力相对另一组的压倒性；这种效应的触发原因是产生意图之人所即将实施行为的或远或近的紧迫性。"（比尔斯自己这样评论自己的定义："如果这个定义被理解得清晰而准确的话，这无疑将被认为是整本词典中最具穿透力、最富深远影响的定义之一。"现在看来，他很可能是对的。）[3]

大脑实际上产生两种东西——身体的效应和精神的体验。它的激活模式开启，然后引发身体变化——肌肉收缩、荷尔蒙释放、酶激活——以及意识—情感、感知、思想、图像等等。有时它产生的动作，没有伴随任何意识体验；有时则是意识出现，没有任何必然的动作；有时两者都有。当两者同时产生时，有时它们似乎是协调的，有时又不是。事实上，常常存在某种程度的不匹配，这仅仅是因为导致"思想"的大脑活动的种类与导致"行动"的大脑活动的种类不同。例如，你还记得在蒂奇纳圆中间伸手去够圆盘的实验吗？在实验中，手的抓握不自觉地适应圆盘的实际大小,而有意识的感知被中心圆与其周围的圆的大小之间的对比所扭曲。或者——当年轻男性通过一个可怕绳桥时,他的脉搏已经提升,可他们却往往喜欢上此时偶遇的第一个年轻女子!他们错误地将自己的生理唤醒归因于性吸引——一种比恐惧更能让人接受的动机。他们并不这么想它或猜测它:实际上他们把焦虑的体验当作吸引人的东西。[4]

潜意识的力量无处不在,决定着社会模式和个人模式。例如人们倾向于喜欢熟悉的事物——但前提是他们并未意识到这个机制在背后的操控。这就是时尚潮流如此强大而短暂的原因之一。当人们开始注意到一种新的潮流时,一种服装风格就流行起来了——但是在每个人都穿上它之前,他们就意识到这是一种潮流。等到它获得明显的流行时,时尚达人就根本不会埋身其中。这同样适用于婴儿名字的选择。为什么在 2002 年,英国成千上万人都独立地认定,Bethany 和 Amelia 是有吸引力的女孩名字,而 Cameron 和 Bradley 对男孩来说很酷呢?可能是因为有一个正反馈循环发生。当一个名字开始流行的时候,它更有可能出现在我的脑海里。但如果你意识到它出现在你的脑海中,是因为很多人都在选择它,你很可能会放弃它。("哦,不要杰西卡,亲爱的——现在每隔一个孩子都叫杰西卡!")或者如果一个名人变得太有名,他们的名字就不再有吸引力了。(在美国,名为希拉里的数量在 1992 年达到顶峰,克林顿夫妇一入主白宫,希拉里的数量就一落千丈。)[5] 潜意识的一部分正提示着决策的信息,这种潜意识提示一旦被意识提示的那一部分"知道"的话,就完全不会发生。

大量证据表明,潜意识大脑中对我们为什么做某事予以解释的部分——神经学家迈克尔·加扎尼加(Michael Gazzaniga)称之为"解释器"——与决定做这件事的大脑的部分不同。前一部分不能直接访问后一部分的工作原理。解释器所能做的,就是注意到你实际做了什么或感觉到了什么，然后构建一个关于为什么的似是而非的故事。加扎尼加认为，对我们大多数人来说，解释器位于大脑的左半球，他已经能够在所谓的"大脑分裂"患者身上显示出它的作用，这些患者大脑的两侧都是断开的。如果你对此类病人采取方式，使得"大笑"这个词只进入其右半球，他们会笑，但左半球并不知道为什么要笑，因为它根本没有看到这个词。如果你问这病人为什么他们笑了，解释器会飞快地编个故事。病人说："你们每个月都来测试。哈，我们靠此谋生啊！"而且，就像绳桥上的年轻人一样，他们自己并不知道这只是一个虚构的故事——他们真的相信他们是在报告自己笑的真正原因。[6]

所以，意识可能是大脑的指示牌——也就是潜意识生物技术系统的指示牌——但它远非正确与透明，至少在某些时候，它是不准确和不可信的。它反映着一些正在发生的事情，但它可以"通过一个黑暗的玻璃"反映出来。它的报告偏颇和歪曲，一个主要原因就是，通过意识我们看到的是最受抑制的思想。我们看到了经过幕后预先选择的男孩的潜在危险与快乐，或者至少与当前目标相关的东西——因此，我们所经历的诚如赫尔曼·海西所说，基本上反映了关于我们自己的希望、恐惧和期望的"模糊镜面"，这些希望、恐惧和期望，既是进化所固有的，也是我们从自己的文化中吸收的。

有证据表明，大脑在以下情况下产生最敏锐的意识：

- 当它具有选择性时；
- 当它忙于排序和优先排序时；
- 当我们最谨慎的时候；
- 当我们感到震惊和惊慌之时；
- 当感觉到反应的平滑的激活流动被阻断时，我们不得不暂停和重新考虑；

- 当我们将要做的事情非常重要的时候，我们必须确保它是正确的；
- 当意外发生时（凌晨3点楼梯吱吱作响），或预期没有发生时（时钟停止嘀嗒作响）；
- 当我们的自尊受到损害时，当我们会强烈地感到内疚或悔恨的痛苦之时；
- 当偶然的一句话使我们感到清醒和突然的尴尬时；
- 当我们终于弄明白我们的故事时，用一种有利的方式来拯救自己呈现生命之时。

相反，当大脑放松时，当额叶平静下来，并允许激活模式更自由地扩散和流动时，意识也会扩散，我们会漂进朦胧的幻想边界，进入我们称之为睡眠意识的反复丧失。然后，正如我们所知，大脑在梦里咀嚼着过去的一天，寻找着意义，从而变得更情绪化，更有选择性及更有价值。大脑隐喻的表面缩拢起来，变得更加粗糙，为它的活动、延伸建立更清晰的记忆通道：在梦中，我们看到大脑回复到最美妙的状态。

但这些有意识的指标是为谁而产生的呢？当然，它们必须是为了"我"，让我加以利用或予以考虑。不然还有什么意义？如果没有人坐在飞行员的座位上"阅读"它们，进化肯定不会设计出像这个复杂的显示系统那样精巧的东西。我们真的需要生物机器里的鬼魂吗？灵魂一定要被偷偷带回来吗？或者我们敢说意识仅仅是大脑中某些重要活动的*伴生物*，是进化的奇迹，是过去、现在都完全没有设计过的快乐的意外吗？当然，作为意识基础的各种回响，具有明显和极端的效用。只有我们抑制自己的能力——暂停、优先考虑、考虑选择——才能使我们或多或少地成功地处理好我们过多的目标。但这是"我"做的，还是我的大脑做的？大脑是否只是为机器中的笛卡儿鬼魂提供了一张展开的表格和草图供其思考？或者是在微芯片忙于执行更快、更精细的计算时，简单地考虑屏幕上显示内容的体验？

实际上，没有办法决定这个问题。显然，在内部的某个地方，"我"似乎忙着权衡得失做决定，应该是给我的喉头和脾脏下着命令，让它们为我的狡猾计划做出贡献。但有很多"看起来"不是这样。它看起来好像太阳绕着地球转。它看起来似乎有明亮的线条掩盖了立方体，又似乎一切都在我的掌控之中。但是，哲学家丹尼尔·丹尼特（Daniel Dennett）看这种决策现象学——如果我们仔细观察，就会注意到意识中实际发生了什么：

> 决策是自愿的吗？或者是发生在我们身上的事吗？从某些稍纵即逝的优势来看，它们似乎是我们生活中最主动的行动，是我们最充分地发挥自身作用的时刻。但是，那些相同的决定，也可以被视作奇怪的失控。我们必须等待，看看我们将如何决定某事，当我们做决定时，我们的决定会从我们不知道的地方涌现到意识中。我们没有看到它被制造出来的过程，我们只是见证了它的到来。这可能导致一种奇怪的想法，即核心地区不是我们作为有意识的内省者所处的地方；它在我们内心深处的某个地方，我们无法进入。E. M. 福斯特曾问过一个著名的问题："在我看到自己说的话之前，我怎么知道自己在想什么？"——一个局外人似乎在等待来自内部的公告……一旦我们认识到我们有意识地做出自己的决定是有问题的，我们可能会继续注意到，我们的生活中有无数重要的决策关头，都不会与意识决定相伴相生……"我已经决定接受这份工作，"其中一人说。很明显，这人认为自己在提及自己最近所做的决定，但回忆只是表明，这件事情昨天还没有决定，今天则已经决定；正是在这段时间里的某个时刻，这个决定肯定已经静悄悄地发生了。那它究竟是在哪里发生的呢？当然是在头

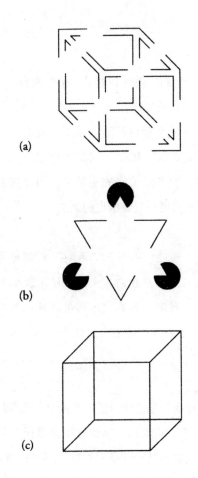

三个提示:大脑提供了也许并非"真实"的意识体验,而有意识的"我"无法控制这些体验:(a)复制了194页的立方体,其中大脑伪造证据,以证实你的"决策"——你们看到的是一个被对角线遮挡的立方体。(b)显示了一个类似的图形,卡尼萨三角(Kanizsatriangle)。无论如何,再多物理信息,你也无法让虚幻的边缘和对比消失。(c)是熟悉的内克立方体(Necker cube),大脑很难拿定主意。盯着它看,它前后翻转,一会儿正面朝前,一会儿又是另一面

脑核心区。[7]

如果仔细去看，我们所观察到的是一个像内克立方体一样可以前后翻转的过程——我们看到自己在做决定，然后我们看到决定——图像、思想、遗憾、幻想——全都自己涌进意识。我们看到了一个谜。也许因为我们天生就爱讲故事，因此不满足于谜之观点，我们变成了有着惊人能力的接受体，而不是忙碌的主导者，因此我们又在行为背后创造出一个主体。还是引用丹尼特所说的话：

> 面对无法（通过"内省"）"看到"我们自由行动的核心或来源所在，以及不愿放弃我们真正做事情（我们对此负有责任）的信念，于是我们利用认知真空，利用自我认知的空白，用一个相当神奇而神秘的实体来填充它，这个实体就是不可挪移的自我，积极的自我！[8]

我们所谓的"自我"是意识与潜意识成分的聚集。我们有需求：要照顾基本的要求和基本的威胁，比如寻找避难所和躲开食肉动物。我们有感官——我们的物种特异性敏感性的范围迅速被定制为我们的"观点"。我们有一系列可以做的事——在控制区，大脑告诉身体做什么，肌肉实际在做什么，产生什么样的本体感受信息以及世界上哪种变化被感觉反馈回来，所有这些都在控制区里环环相扣。我们有个人的资产组合——我们觉得我们对物件、地方，甚至动物和他人拥有某种特殊投资，我们觉得我们可以对其进行某种远程控制。我们有自己独特的做事清单——那就是我们独特的习惯、特质和偏好。我们可能不会太多地考虑我们的需求、感官、能力、资产和做事原则——我们可能无法很好地阐述这些，反而可以将其作为有意识的检查对象——但无论如何，这些结合在一起，定义了我们是谁。

还有一些更常见的意识成分，那就是我的愿望——主宰我的选择与时间的各类项目、目标和兴趣的集合。还有我的必须——无论我想不想要，责任、承诺和义务都在告诉我，我应该成为的那个人。还有我的可能性——（对于一个工人阶级的男孩；对于一个退休的会计师……）我能想象到的可能的自我和可能的未来的范围；我有一条关于过去的特别线索——记忆和纪念物构成的自传体线索，似乎确保了我的延续性；尽管头发越来越少，腰围越来越宽，但有一种重要的感觉得以确保，那就是我和那个在假日快照里，在海滩上打板球的七岁男孩是同一个人。最后，还有我持续不断的思考——伴随着我的行动并且似乎将挑选和影响行动方向的有意识的评论，不过这与丹尼特的观点不太一致。

这些都毫无争议。我是谁，正是由所有这些线索编织而来。唯一的问题是我怎么把它们拼在一起。有了它们，我又制成了什么？传统的反应是通过发明一个带有"第一人称单数代词"大标题的小单词——对你我来说，就是"我"这个词——来整理它们，并将自我的所有不同成分转化为助动词。因此，说英语的孩子必须学会如何把自己说成是所有这些不同类型的谓语的主体。我不只是"拥有"需求或"经历"需求——我需要（饮料，如厕）。我感觉到（饥饿，烤鸡）。我能（系鞋带，数到十）。我有（一只叫波利的仓鼠，一条新裤子）。我喜欢（我的房间整洁，早餐吃麦片）。我想（和安娜做朋友，加入这个队）。我应该（给奶奶写信，做钢琴练习）。我可以（有望当上一名护士，但当不了土木工程师或热气球飞行员）。我曾经在（两岁的时候很吓人，六岁的时候因为哮喘住进了医院）。我认为（我应当下楼去，苏菲真的很刻薄）。

这些结构被反复使用，产生了一种压倒性的诱惑——人们假设所有这些结构中的"我"全都一样。因此，不是有一个复杂的网一般的东西，使我成为"我"，而是我必须创造一个单一的想象枢纽，使一切都围绕旋转以之为轴。当我想到蛋糕时，我不会错误地假设有一种与所有配料分离（并以有趣的方式结合在一起的）叫作"蛋糕"的东西。但是当我想到我的自我，也就是在传统观念上的"我"，其实我就是这样想的。人类天性中的种种怪癖指向一个事实，不仅仅是大脑从它被迫进入的笛卡儿束缚中爆裂出来；而且连自我的纯核心、人类身份的纯核心也走在了逃逸之路上。如果伟大的"我"真像理论中所说的那样真实连贯，我就只会比想象中的样子，比我可能成为的样子更黑暗、更分散、更多样、更多变。

如果试图让这个构思继续下去，"捏在一块儿"，可能会相当累人和麻烦。如果我本质上是理性的，那么狂野的梦想和神秘的经历就成了问题。如果我想象着我的控制区域——比如对我自己的感觉的控制——比感觉本身更宽阔、更有活力，那么我将陷入一场试图"控制我自己"的混乱。如果我曾经决定，我的本质是聪明的，那么我越来越熟悉的老年时光就一点儿也不好玩。如果我决心要变得漂亮，那么衰老就会以不同的方式成为我的敌人。如果在一个喜怒无常的家庭里，我被培养成了天真无邪的阳光——把自己想象成一个能带来幸福、让事情变得轻松的人——那么，我的那些乖戾或自私的时刻不仅是不幸的，还会让我与自己产生矛盾。我把杰基尔玩得太狠，把自己变成了海德。创建"我"的中心，将所有东西锁在一起，并阻止它移动。它阻止我扩展，附上我去接纳潜意识，阻止我优雅地退缩以适应老年岁月。我不能享受我的任性，也不能把它视为我内在的一部分（一种有效而有价值的心理天气形式；心灵的燥热与雷鸣）。

试试这个。这是加州大学圣地亚哥分校大脑与认知中心主任、《大脑中的幽灵》(*Phantoms in the Brain*)一书的作者 V. S. 拉马钱德兰（V. S. Ramachandran）发明的一个实验。实验会让你觉得自己的鼻子有两英尺长。你需要两个朋友（叫他们安妮和比尔）和两把椅子，一张放在另一张的后面。比尔坐在前面，你坐在后面，眼睛闭着。安妮拿起你的右手，用你的右手食指在比尔的鼻子上敲击和划动。同时，她用她的左手以完全相同的节奏抚摸和轻拍你的鼻子。大约一分钟后，如果你是易感的，你会在你自己的鼻尖感觉到刺激——这就是比尔的鼻子现在的位置！你的大脑已经匹配了这样一个事实——你的右手食指正在两英尺远的地方轻敲，而安妮轻敲你的鼻子带来了这种体验，你可以用唯一的方法把它们组合在一起——给你一个像匹诺曹一样的吻。就像大脑乐于在立方体前发明封闭条一样，如果有证据支持的话，它也愿意玩弄你的身体感觉。问题是——你是否觉得这很有趣或让人不安，或者两者兼而有之？[9]

　　传统的自我意识被这样的经历所颠覆，并且还会打击幽默感。传统的自我意识会将所有的任性都看成一种冒犯，并倾向于热切或短视的回应。简单地说，做噩梦已经够糟的了，若是你还慌乱地告诉自己你快要疯了，那不是更糟？怪异的经历永远不可能仅仅是有趣的（就像皮诺曹效应那样），也不可能是真实的（就像巴厘岛的附体一样），不可能是短暂的不便（就像噩梦一样），也不可能是美妙的（就像神奇的经历一样），更不可能仅仅是神秘的（就像一种预感一样）。对于被禁锢的自我，必须拒绝、解释或处理怪异的经历。所有的证据都表明，对自我边界更放松的态度会使生活更丰富、更容易、更有创造性。毕竟，也许各种形式的任性不需要太多的解释，而需要一种神秘而友好的欢迎。如果我们愿意，我们可以解释它，大脑开始做一个合理的工作。但是，在不受科学家冷静的好奇心驱使的情况下，对于解释的需要，无疑是焦虑的表现——用那些令人不安的话语来体验压制自己欲望的驯服。

　　我之前说过，我们需要最准确、最有用的心智模型，通过这些模型来了解我们自己。这是真的，但这里有一个问题，我以前忽略了。最准确和最有用的东西不是一回事。伦敦地铁路线图是非常不准确的，几乎在所有方面都是错误的。然而，正是因为它是如此粗糙和模式化，它才如此有用。因此，在将心智模型尽可能地推向精确的方向——推向科学验证的细节——之后，我们可能会回过头来问，这种很复杂的心智图像，是否就是我们所需要的最好的，是否就是我们需要的唯一的图像？伦敦地图有数十种，每种都有不同的用途。旅行者在地铁地图和"从A到Z街道图"之间切换，完全没有问题；她在这样做时并没有经历认识论的危机，那么我们为什么要把自己限制在头脑的一张地图上呢？毕竟，当我们试图理解自己的个人和社会的任性时，我们不应该允许自己有一套互补的观点吗？

请记住，今天的巴厘人，能够在西方和本土对催眠、附体和我们所认为的身体和精神疾病的各种形式的解释之间，快乐自如地切换。就像许多发现自己身处文化十字路口的人一样，他们通过拒绝选择来解决该走哪条路，该依附哪个固执的问题。头痛可以用阿司匹林治疗，但是持续的头痛，伴随着忧郁或退缩，很可能预示着祖先精神的不赞同，以及对忏悔或赎罪仪式的需求。如果我们放弃对科学观点的专属承诺，让自己保持同样的流动性，是否也会有这样一种感觉，我们也会变得更好呢？毕竟在我们社会难以处理的潜意识模式的混合之中，可能总会有某种方法。

为此我有个建议。个体的大脑建立在科学基础上的思考方式，从本质上说，比理性的笛卡儿合理的幻想更神秘、更具体、更多变，在思考我们自身经验时，这是一种进步。它让我们对自己任性的倾向更放松，也对其更感兴趣。我们可以扩展我们的身份来拥抱神秘，而不是被它弄得晕头转向。我们创造的故事，不管是关于身份之说，还是额叶学说，不管是弗洛伊德式的压抑，还是神经抑制，都得以更从容、更轻松地构建。它们可以鼓励我们和蔼可亲地接受我们的变幻莫测，而不是焦急地努力去控制无法控制的事物。(正如"老年痴呆"一词有助于消除一时记不起一个熟悉的名字而带来的尴尬，因此，一个更广泛、更深刻的思维方式所给予的更普遍的地方性的理解，则可以鼓励人们在面对各种任性时表现出更大的平静。并不是说严重的机能障碍容易对付，而是因为它不符合规范性的"官方原则"而造成的额外困境，只会让事情变得更糟。

当一切都说了，做了，基于大脑和思维的科学模型的解释，从根本上来讲，还是个体的。任性的机制以及任性的原因，在很大程度上都存在于我们的内部。现代大脑思维的语言，并不能为我们提供所有人均可共同适用的公众语言。科学的语言则恪守科学本质，没有象征意义，没有共鸣。虽然它不断地失败，但它的目标是直白的与透明的。它满足于科学之意义，却无法从疯狂、创造力或精神体验中获得文化上的意义。这可能是一个损失。尽管17世纪的公众驱魔受到牧师和受害者的各种操纵，但整个恶魔神话也有其积极的一面。附体可以看作具备社会学以及心理学的功能维度。

虽然塞勒姆的猎巫活动很难重演，但现在，除了有害的成分之外，猎巫使用的语言仍然允许集体讨论，也允许个别的人做解释。当弗洛伊德将附体转化为神经症时，私人视角得以发展，但它却以公共视角为代价。这一现象被病理证实后，被拖出了人们的视线。驱魔曾为整个社区提供一个思考其价值、程序及其健康的机会，现在治疗变得私密无形，其风险在于，将任性责任归因于"受害者"内因，并隐藏其社会或文化层面的风险。对于一个十几岁的女孩来说，"被附体"可以视作一种耻辱，但它也可以提供一个框架，在这个框架内，她可以"行为不端"（面对性压抑和困惑）并发泄怒气。这个框架可以——有时的确——让她的社会放她一马。目前还不清楚，周六晚上在市中心醉酒呕吐受到惩罚是否为一种巨大的进步。魔鬼和附体的公共框架是有代价的，但也是有好处的。没有它，就会减少遏制。事情显得没那么有意义。一个人会因其任性而感到更加孤独。

今天，文化的有效性与科学的准确性之间的紧张关系，在法律领域是最为强劲的。从科学的观点来看，试图在故意的或有意的行为与在某种意义上非自愿的行为之间保持一种很强势的态度，似乎越来越注定要失败。究竟简·安德鲁斯是被无法控制的力量控制着——那种她无法负责的因童年事件引发的激情爆发呢——还是她在把爱人击倒在地的时候"头脑正常"呢？唯一明智的答案是：我们不知道。如果哪怕是最简单的向上或向下移动手指的决定，都是由大脑在有意识的头脑意识到"意图"之前发起的，那么我们怎么可能维持"思想曾经是行动的煽动者"的假设呢？

然而，如果我们允许思想和行动都从我们的意识无法进入的一个黑暗之处冒出来——或者说原则上没有能力进入的黑暗之处，言下之意，根本不可能有任何人被追究责任。毫无疑问，希特勒和萨达姆有"坏"的童年，就像弗雷德和罗斯玛丽·韦斯特以及简·安德鲁斯一样。但这是否意味着社会没有权力，也不能授权来自我管理？那个醉酒的司机，刚刚被男朋友甩了，过失撞死两个小小孩。如果惩罚她，是否不人道？如果她在点第三杯双份伏特加时"头脑不清醒"，那么接下来发生的一切就都不可能是她的"错"？如果潜意识科学被用来破坏"责任"和"意图"的关键概念的话，许多司法体系的基石便会遭到破坏，也会让我们陷入可怕的社会混乱。

也许在这里，我们需要互补：为了更大的利益，确实需要一视同仁地对待人的权利，需要*假设*他们都是负责任的人。虽然单一的思想永远不会导致单一的行为——这种思维的因果模型简直太简单了——但是大脑永远在计算概率。它看报纸、看新闻，知道惩罚和监禁。它计算着偶然性和可能性，这些可能性影响着那每一次寒噤背后复杂的直觉的潜意识平衡。因此，一个社会尽一切可能捍卫其价值观，试图将此类考虑因素的筹码最大化，是完全可以接受的——因为这个社会知道，在未来某个时刻的纷争时期，这些考量因素的分量，很可能不足以扭转局势，防止犯罪。我们行动的依据，就仿佛责任可以被分配，因为这样的虚构使我们能够惩罚某类行为，最重要的是，这种虚构将使我们对被惩罚行为的耻辱给予传播，使之公开化、戏剧化，从而给社会中的其他人以勇气。在规范和维护社会秩序中，人性的"真理"起着作用。这样的策略是高度危险的，因为它允许各种压迫与合法的欺骗，同时它也是部分有效的。

甚至这里可能是一个帮助人们加强什么是正确的，什么是错误的——诸神和祖先之灵的——文化认同的地方。科学的潜意识，那种操纵全场的生物技术的思维利器，是不道德的。在神经认知的故事中，没有什么能够告诉我们该做什么，或该怎么做。每时每刻，大脑都在累积一系列令人迷惑的影响值和期望值，并计算出一个最佳猜测的行动过程。有时它会吹出一个有意识的泡沫，似乎证明了这一过程的合理性。但是，从社会的角度来看，这种思维形象并不意味着大脑绝对超级渴望表现"好"——除非我们能在头脑中植入道德叙事，一种道德世界的形象，它能打断大脑的平稳计算，让大脑"停下来思考"。当你匆忙行动的时候，这个有学问的故事可能会把你绊倒，当你聚集起来继续行动的时候，故事中的更高理想（在英雄的行为中，在恶棍和迟钝者的可怕命运中）就会浮现在你的脑海里，用来调整潜意识平衡的分量，使之有利于这个"好"字。

因此，"奥林匹斯诸神"和"祖先之灵"，好也罢，坏也罢，本质就是设计出来的装置，它使大脑的内部计算产生了偏差，从而达到鼓励和维护某种特定社会秩序的目的。在一个良性的社会里，为了普遍的利益，故事源于大脑并对大脑产生作用，缓冲那燃烧的激情和自私的冲动。而在腐败的政权中，神话只会促进那些暂时幸运的少数人的利益。大多数社会则是两者的混乱的结合体。潜意识的科学观点让你在没有指南针或船桨的情况下，走上这条复杂的小溪。超自然的观点会使你招致压抑和利用。也许我们确实同时需要两者，以缓和任何一方的过度行为。

但也许我们所继承的关于任性思维的混乱观点，并没有给我们以最好的平衡。我的论点并不能使混乱的现状合法化。我们不想完全消除我们的文化故事——我们的诸神和魔鬼，我们的天使和祖先。尽管他们被滥用的可能性十分有害，但他们的魔法很有价值，也丰富了文化生活。我想要的是思维还有科学的诗意，那些认为科学会压倒思维并且越快越好的人，他们不明白，文化像神经细胞一样，需要调节并丰富自己。

但是，对于思维启蒙运动的观点迫切需要节制。这种观点坚持明确的、深思熟虑的、有意识的理性，将此当作智慧的顶点，这是有失偏颇的，也是有缺陷的。这会导致对符号的蔑视——对在复杂的大脑深处产生共鸣的那种语言的蔑视——以及对枯燥直白文体的高估。这导致学生被教导，要把诗歌和梦想分开；要急功近利地肆意劫掠其中之"意义"，要无视济慈关于艺术中的"消极能力"的观念——那种"没有任何令人烦躁恼火的对事实与理性的追求"，而是沉醉于"不确定性、神秘与怀疑"之中的能力。

这导致学校和大学追求的仅仅是聪明，或者更糟的是仅仅是知识的过程，而在这种追求中，智慧被忽视了。

这导致艺术变得说教，而不是分层和暗示。

这导致在商业上无法等待和思考，并导致"不成熟的表达"四处流行。

这导致短暂的富有成效的混乱状态；在这种状态下，大脑慢慢地将复杂性透明化为理解力,其余都被可悲地误解为愚蠢或优柔寡断。换句话说,它导致头脑没有时间去困惑,从而把自己的创造力射杀在脚下。

这导致医生和助产士被教导去不信任他们的直觉,因为官方教条不允许将直觉理解为除了草率和二等思维之外的任何东西。

这导致法庭上危险的假设,即两组聪明的人试图用许多不被承认的诡计去赢得一场争论,则真相必会出现。

这导致圣经里那些雄浑而富于象征性的诗句被一些浅薄和苍白的、仅能简单理解的东西所取代,并导致了宗教对神秘与灵性的怀疑。

这导致一种脆弱的政治文化,在这种文化中,没有人有不懂的时间,也没有人有不懂的倾向,因此互相买卖跳跃式的结论,变成了思考的替代品。如此多的人游离于如此明显缺乏深度的说教之外,毫不奇怪。

所有这些和许多其他的社会弊病都源于一种对思维的文化观,这种文化观并不满足于它自己的潜意识深度,不满足于它自己固有的任性。现在是时候重新为之做出平衡了。这并不是说我们需要让我们的思想变得更加任性。这仅仅是需要让我们意识到,我们从来没有像想象中的那样控制得那么好。而这一切已经算是完美无缺的好了!

注 释

第一章

1. Lancelot Law Whyte, *The Unconscious Before Freud*, Julian Friedmann: London, 1979.
2. Daniel Dennett, *Consciousness Explained*, Little, Brown: Boston, 1991.
3. "常识"与（公开）的"解释"之间的区别通常被人类学所引用。参见 Robin Horton, *Patterns of Thought in Africa and the West*, Cambridge University Press: Cambridge, 1993; Paul Hellas and Andrew Lock (eds.), *Indigenous Psychologies*, Academic Press: London, 1981。
4. In Dorothy Holland and Naomi Quinn (eds.), *Cultural Models in Language and Thought*, Cambridge University Press: Cambridge, 1987.
5. Roy D'Andrade, *The Development of Cognitive Anthropology*, Cambridge University Press: Cambridge, 1995. See also a classic article by Clifford Geertz, 'On the nature of anthropological understanding', *American Scientist*, 1975, vol. 63, pp. 47-53.
6. Angeline Lillard, 'Ethnopsychologies: cultural variations in theories of mind', *Psychological Bulletin*, 1998, vol. 123, pp. 3-32.
7. J. Deardoff, 'Mom wins asylum for son with autism', *Chicago Tribune*, 21 February 2001.
8. W. I. Johnson, 'Work together, eat together: conflict and conflict management in a Portuguese fishing village', in R. Andersen (ed.), *North Atlantic Maritime Cultures*, Mouton: The Hague, 1979.
9. Yvonne Cook interviewing Lance Hayward, *The Independent*, 1 April 1999.
10. Michael Bywater, 'Genocidal? Must be bad potty training', *The Observer*, 28 March 1999.
11. William James, *Principles of Psychology*, Dover Press: New York, 1984.
12. Quoted in D. B. Klein, *A History of Scientific Psychology*, Routledge and Kegan Paul: London, 1970.

13 E. R. Dodds, *The Greeks and the Irrational*, University of California Press: Berkeley, 1951.
14 即使专业的人类学者也会掉入此类陷阱。美国人类学教授帕斯卡·博耶（Pascal Boyer）指责安杰莱恩·利拉德"套用显而易见的文化模型来描述大脑在不同的文化中的实际运用，而大脑当然不是这样运作的"。安杰莱恩的观点可见我在前文的引述。

第二章

1 Erik Hornung, 'The discovery of the unconscious in ancient Egypt', *Spring: An Annual of Archetypal Psychology and Jungian Thought*, Spring Publications: Dallas, Texas, 1986.
2 Peter Kingsley, *Ancient Philosophy, Mystery and Magic*, Clarendon Press: Oxford, 1995.
3 Steven Mithen, *The Prehistory of the Mind*, Thames and Hudson: London, 1996.
4 Bruno Bettelheim, *The Uses of Enchantment*, Thames and Hudson: London, 1976.
5 Margaret Stutley, *Shamanism: An Introduction*, Routledge: London, 2003.
6 Quoted in Diane Purkiss, *Troublesome Things: A History of Fairies and Fairy Stories*, Allen Lane, The Penguin Press: London, 2000.
7 Walter de la Mare, *Behold, This Dreamer!*, Faber and Faber: London, 1939.
8 Peter Wason and Philip Johnson-Laird, *Psychology of Reasoning: Structure and Content*, Harvard University Press: Cambridge, MA, 1972.
9 参见 Richard Nisbett and Lee Ross, *Human Inference: Strategies and Shortcomings of Social Judgement*, Prentice-Hall: Englewood Cliffs, NJ, 1980; Thomas Gilovitch, *How We Know What Isn't So*, The Free Press: New York, 1991. 我们总是会看见我们所相信的事物，我们在这方面无疑十分灵敏，这是事实，但这绝对不意味着我们所相信的一切都是虚幻的。我们相信许多真实的事物，也相信许多想象中的事物。即使你是偏执狂，也不等于那些真实的东西就不会在你周围存在，并影响你。
10 Nicholas Humphrey, *A History of the Mind*, Vintage: London, 1992.
11 Richard Byrne and Andrew Whiten (eds.), *Machiavellian Intelligence: Social Expertise and the Evolution of Intellect in Monkeys, Apes and Humans*, Clarendon Press: Oxford, 1988; Simon Baron-Cohen,

    Mind- blindness, MIT Press: Cambridge, MA, 1995.
12. Scott Atran, 'The neuropsychology of religion', in Rhawn Joseph (ed.), *Neurotheology: Brain, Science, Spirituality, Religious Experience*, University Press California: San José, CA, 2002.
13. See Julian Jaynes, *The Origin of Consciousness in the Breakdown of the Bicameral Mind*, Houghton Mifflin: Boston, 1976.
14. This 'Just So Story' of the 'bicameral mind' parallels that of Jaynes, op. cit.
15. 这类故事的点滴，大致来讲，都遵循前述阿特兰的说法。尽管我已出于娱乐目的，使用了相当二元的"阴谋式"语言做出表述，但并不意味着这就是超自然世界演变的方式。但其影响力，比如支持当今宗教领袖以及为牧师生涯发掘更多有趣的可能性方面，恐怕确实如上所述。
16. Quoted in Alain Schnapp, 'Are images animated: the psychology of statues in ancient Greece', in Colin Renfrew and Ezra Zubrow (eds.), *The Ancient Mind: Elements of Cognitive Archaeology*, Cambridge University Press: Cambridge, 1994.
17. Ivan Leudar and Philip Thomas, *Voices of Reason, Voices of Insanity*, Routledge: London, 2000.
18. 关于叙述体在人类心理学中的重要性，参见 Jerome Bruner, *Acts of Meaning*, Harvard University Press: Cambridge, MA, 1990。
19. 荷马的这一译本由 Kathleen Wilkes 提供，见 *Real People*, Clarendon Press: Oxford, 1988, p. 206。
20. 许多这类演绎都引自 Owen Barfield, *History in English Words*, Faber and Faber: London, 1953。
21. 关于此类历史的方方面面，可参见Nicholas Humphrey, *Soul Searching: Human Nature and Supernatural Belief*, Chatto and Windus: London, 1995; Diana Purkiss, *Troublesome Things: A History of Fairies and Fairy Stories*, Penguin: London, 2000. 关于人类学的角度，参见 R. Murray Thomas, *Folk Psychologies Across Cultures*, Sage: London, 2001。
22. Jonathan Andrews and Andrew Scull, *Customers and Patrons of the Mad-Trade: The Management of Lunacy in Eighteenth-Century London*, University of California Press: Berkeley, CA, 2003.
23. Michael Lambek, *Human Spirits: A Cultural Account of Trance in Mayotte*, Cambridge University Press: Cambridge, 1981.
24. D. P. Walker, *Unclean Spirits: Possession and Exorcism in France and England in the Late 16th and Early 17th Centuries*, Scolar Press: London, 1981.

25 参见Mark Altschule (ed.), *The Development of Traditional Psychopathology*, Wiley: New York, 1976, p. 202。
26 Victor Turner, quoted in Bennett Simon, *Mind and Madness in Ancient Greece*, Cornell University Press: Ithaca, NY, 1978, pp. 281–282.
27 Luh Ketut Suryani and Gordon D. Jensen, *Trance and Possession in Bali: A Window on Western Multiple Personality Disorder and Suicide*, Oxford University Press: Kuala Lumpur, 1995.

第三章

1 歌德与里默尔的一场谈话，引自 Bruno Snell, *The Discovery of the Mind*, Dover: New York, 1953, p. 31。
2 Otto Rank, *The Double*, University of North Carolina Press: Chapel Hill, NC, 1971, p. 84.
3 Erik Hornung, 'The discovery of the unconscious in ancient Egypt', *Spring: An Annual of Archetypal Psychology and Jungian Thought*, Spring Publications: Dallas, TX, 1986.
4 Robin Horton, 'Destiny and the unconscious in West Africa', *Africa*, 1961, vol. 31, pp. 110–16.
5 这些原型心理学术语的运用十分复杂，争议也大。关于更详尽的表述，参见 Kathleen Wilkes, *Real People*, Clarendon Press: Oxford, 1988; E. R. Dodds, *The Greeks and the Irrational*, University of California Press: Berkeley, 1951; R. B. Onians, *The Origins of European Thought*, Cambridge University Press: Cambridge, 1951; Snell, op. cit。
6 Julian Jaynes, *The Origin of Consciousness in the Breakdown of the Bicameral Mind*, Houghton Mifflin: Boston, 1976.
7 杰恩斯，同上，第93页指出，有充足的生理理由解释，为什么在压力条件下导致人们更有可能经历听觉幻觉——因此进而相信他们在绝望之中不同寻常的行为正是受神的氛围和声音所指引。
8 Jaynes, ibid., p. 275.
9 R. B. Onians, *The Origins of European Thought*, Cambridge University Press: Cambridge, 1951, note 3, p. 103.
10 Jean Smith, 'Self and experience in Maori culture', in Paul Heelas and Andrew Lock (eds.), *Indigenous Psychologies*, Academic Press: London, 1981. See also Elsdon Best, *Spiritual and Mental Concepts of the Maori*, Ward: Wellington, New Zealand, 1922.

11　Jaynes, op. cit., p. 283.
12　这一点最早很有可能是在 1951 年由著名的文化历史学者爱德华·泰勒（Edward Tylor）指出，参见 Nicholas Humphrey, *Soul Searching*, Chatto and Windus: London, 1995, p. 190。汉弗莱还引用了伦纳德·祖斯纳（Leonard Zusne）的话："一旦进入不朽、超脱与飞升的领域，那么每一种关于超越自我的魔幻行为都成为可能，这属于一个完全不同的世界，一个总体上不受重力、命运和时空界限约束的世界。"
13　这个灵魂故事的一部分，参见 Michael Daniels, 'The transpersonal self: a psychohistory and phenomenology of the soul', *Transpersonal Review*, 2002, vol. 3, pp. 17–28。
14　Dodds, op. cit.
15　引自 Snell, op. cit., p. 59。
16　米底亚的信息源自 Snell，同前引，以及 Euripides, *Alcestis and Other Plays*, 由 John Davie 翻译, Richard Rutherford 作序, Penguin: London, 1996. 我做了引申解释。
17　Gordon Burns, *Happy Like Murderers*, Faber and Faber: London, 1998.
18　Snell, op. cit., p. 47.
19　Snell, op. cit., p. 52.
20　Snell, op. cit., p. 53.
21　Jaynes, op. cit., p. 287.
22　J. Barnes, *Early Greek Philosophy*, Penguin: Harmondsworth, 1987, p. 86.
23　Brian Morris, *Anthropology of the Self: The Individual in Cultural Perspective*, Pluto Press: London, 1994.
24　引自 Snell, op. cit., p. 101。
25　引自 Frederick B. Artz, *The Mind of the Middle Ages*, Alfred A. Knopf: New York, 1965, p. 10。
26　Ibid., p. 9.
27　Bertrand Russell, *History of Western Philosophy*, Allen and Unwin: London, 1946, p. 56.
28　Plato, *Phaedrus and Letters VII and VIII*, translated and introduced by Walter Hamilton, Penguin: London, 1973, p. 52.
29　Plato, ibid., pp. 50–51, 61–62.
30　Plato, *The Republic IX*, translated by Robin Waterfield, Oxford University Press: Oxford, 1994, and Edward L. Margetts, 'The concept of the unconscious in the history of medical psychology', *Psychiatric Quarterly*, 1953, vol. 27, pp. 115–138. 我的翻译结合了上述两种来源的部分元素。

31 Plato, *Timaeus*, 引自 Bennett Simon, *Mind and Madness in Ancient Greece*, Cornell University Press: Ithaca, NY, 1978, p. 171。
32 Dodds, op. cit., p. 239.
33 Gilbert Murray, *Five Stages of Greek Religion*, Clarendon Press: Oxford, 1925, ch. iv. Quoted in Dodds, op. cit., p. 245.
34 Dodds, op. cit., p. 253.
35 Donna Tartt, *The Secret History*, Penguin: London, 1993, p. 44.
36 Margetts, op. cit., pp. 118–119.

第四章

1 G. C. Lichtenberg, *Deutsche National Literatur*, 1778, vol. 141, p. 47, quoted in Lancelot Law Whyte, *The Unconscious before Freud*, Julian Friedmann: London, 1079, p. 114. Whyte, ibid., p. 114.
2 Patinus, *The Enneads*, 引自 Whyte, op. cit., p. 79.
3 St Augustine, *Confessions*, translated by R. S. Pine-Coffin, Penguin: London, 1961, pp. 214–218.
4 St Ambrose, *Epistolae*, 引自 Eric Jager, *The Book of the Heart*, University of Chicago Press: Chicago, 2000, p. 25。
5 Origen, *Commentarii*, 引自 Jager, op. cit., p. 21。
6 引自 David Jeffrey, *By Things Seen: Reference and Recognition in Medieval Thought*, University of Ottawa Press: Ottawa, 1979, p. 16。
7 Jager, op. cit., p. 63.
8 Owen Barfield, *History in English Words*, Faber and Faber: London, 1962, pp. 127–128.
9 Ian Watt, *The Rise of the Novel*, Penguin: Harmondsworth, UK, 1972, p. 231.
10 Perez Zagorin, *Ways of Lying: Dissimulation, Persecution and Conformity in Early Modern Europe*, Harvard University Press: Cambridge, MA, 1990, p. 295.
11 Andrew Whiten and Richard W. Byrne (eds.), *Machiavellian Intelligence*, Cambridge University Press: Cambridge, 1997.
12 Machiavelli, *The Prince*, Cambridge University Press: Cambridge, 1988, pp. 59,62.
13 两处都引自 Zagorin, op. cit。
14 John Vyvyan, *The Shakespearean Ethic*, Chatto and Windus: London, 1968, p. 128.
15 Ibid., p. 132.

16 大量此类引用来自 Whyte, op. cit., pp. 84–86。
17 引自 Richard Webster, *Why Freud Was Wrong*, HarperCollins: London, 1995, p. xiii。
18 Vyvyan, op. cit., p. 156.
19 Vyvyan, op. cit., p. 162.
20 Barfield, op. cit., p. 138.
21 我对笛卡儿的叙述来自 René Descartes, *Discourse on Method and The Meditations*, 由 F. E. Sutcliffe 翻译并作序，Penguin: London, 1968; Patricia Smith Churchland, *Brain-Wise*: MIT Press: Cambridge, MA, 2002; Kathleen Wilkes, *Real People. Personal Identity Without Thought Experiments*, Clarendon Press: Oxford, 1988。
22 Amelie Rorty, *Essays on Descartes' Meditations*, University of California Press: Berkeley, CA, 1986; Churchland, op. cit., p. 10.
23 Descartes, op. cit., p. 159. 头脑和身体如何交流，从一开始仿佛一个充斥歧义的怪物。1643 年，荷兰的伊丽莎白公主给笛卡儿写信说："对我而言，承认灵魂的物质性及其延伸，要比承认某种非物质存在以及相信这种非物质竟然拥有移动身体的能力，来得更容易些。"莱布尼茨承认，他"无法解释身体如何使得灵魂发生的问题，反之也解释不了"。他也意识到，"笛卡儿在这一点上已然放弃。"上述两处引用皆引自 Churchland, op. cit., p. 8。
24 引自 Descartes, op. cit., pp. 103–105, 112, 132, 153–156。
25 Janet Malcolm, *Psychoanalysis: The Impossible Profession*, Knopf: New York, 1981, p. 6.
26 C. Adam and G. Milhaud (eds.), *Correspondance de Descartes*, vol. VII, Presse Universitaires de France: Paris, 1936, pp. 349–350; 引自 Solomon Diamond (ed.), *The Roots of Psychology*, Basic Books: New York, 1974, p. 278。笛卡儿的这些补充细节提醒我，学生们总是惊讶地欢迎 B. F. 斯金纳（B. F. Skinner）的"关于'拥有'一首诗（On 'Having' A Poem）"，这是关于创造性过程中直觉核心地位的一篇绝妙论文。论文提醒我们，那些我们现在普遍妖魔化的人物，至少和我们一样复杂和聪明，记住这一点很有用。
27 Whyte, op. cit., pp. 88–90. 关于奥林匹斯的引用是怀特自己的评论。
28 John Locke, *Essay Concerning Human Understanding*, 1690, 引自 D. B. Klein, *A History of Scientific Psychology*, Routledge and Kegan Paul: London, 1970, pp. 394–395。
29 Wilkes, op. cit., p. 216.
30 Wilkes, ibid., p. 219.
31 David Hume, *A Treatise of Human Nature*, 引自 Diamond (ed.), op. cit., p. 61。

32 Whyte, op. cit., p. 97.
33 Baruch Spinoza, *A Political Treatise* (1678), in R. M. H. Elwes, *The Chief Works of Benedict de Spinoza*, G. Bell and Sons: London, 1883, vol. 1, pp. 279-280.
34 Thomas Hobbes, *The Questions Concerning Liberty, Necessity and Chance*, 1656, quoted in Daniel Dennett, *Elbow Room: The Varieties of Free Will Worth Wanting*, Clarendon Press: Oxford, 1984, p. 15.
35 Hume, quoted in Klein, op. cit., p. 598.
36 Sir Kenelm Digby, *Two Treatises, In The One Of Which, the Nature of Bodies; In The Other, The Nature of Man's Soule, Is Looked Into*, 引自 Diamond, op. cit., p. 555。

第五章

1 J. P. F. Richter (Jean Paul), 1804, *Sämtl*, quoted in Lancelot Law Whyte, *The Unconscious before Freud*, Julian Friedmann: London, 1979, p. 33.
2 Gregory of Nyssa, *On The Making of Man*, in H. A. Wilson (ed.), *A Select Library of Nicene and Post-Nicene Fathers of the Christian Church*, London, 1893; 引自 Solomon Diamond, *The Roots of Psychology*, Basic Books: New York, 1974, p. 502。
3 See Erich Fromm, *The Forgotten Language*, Gollancz: London, 1952, p. 105-107.
4 Aristotle, *De Anima*, quoted in Fromm, op. cit., pp. 109-110.
5 Cicero, *On Divination*, quoted in Fromm, op. cit., p. 113.
6 Lucretius, *De rerum natura*, quoted in Diamond (ed.), op. cit., pp. 499-500.
7 Artemidorus, 引自 Fromm, op. cit., pp. 111-112。
8 Antony Easthope, *The Unconscious*, Routledge: London, 1999, p. 12. 引言摘自 Sigmund Freud, *The Pelican Freud Library*, vol. IV, Penguin: Harmondsworth, p. 524.
9 Easthope, op. cit., pp. 10-12.
10 Ken Wilber, Jack Engler and Daniel Brown, *Transformations of Consciousness*, Shambhala: Boston, 1986, pp. 178-183. 专一冥想的效果,也许就是正念冥想的效果,正体现在爱比克泰德(Epictetus)的这首"灵诗"之中:

某人的儿子死了。

出什么事?
他儿子死了。
就这?
不值一提。

某人的船沉了。
出什么事?
他的船沉了。

某人被下狱。
出什么事?
他下狱了。

设若我们多说一句:
"他真是倒霉",
然后我们每个人都会加上这句评语
用他自己的话。

(Quoted in Pierre Hadot, *Philosophy as a Way of Life*, Blackwell: Oxford, 1995, p. 188.)

11　Ralph Waldo Emerson, *Essays*, 1844, quoted in Edward Reed, *From Soul to Mind: The Emergence of Psychology from Erasmus Darwin to William James*, Yale University Press: New Haven, CT, 1997, p. 259.

12　参见 Owen Flanagan, *Dreaming Souls: Sleep, Dreams, and the Evolution of the Conscious Mind*, Oxford University Press: Oxford, 2000。

13　Marin Cureau de la Chambre, *Les Charactères des Passions*, Paris, 1645, 引自 Diamond, op. cit., pp. 505-506。

14　William Smellie, *The Philosophy of Natural History*, Edinburgh, 1799, 引自 Diamond, op. cit., pp. 508-510。

15　这一段引文摘自 Alfred Adler, 引自 D. B. Klein, *A History of Scientific Psychology*, Routledge and Kegan Paul: London, 1970, p. 67。

16　E. B. Bynum, *The African Unconscious: Roots of Ancient Mysticism and Modern Psychology*, Teachers' College Press: New York, 1999, pp. 81-82.

17　关于 Parmenides 以及孵化技巧的讨论,基于 Peter Kingsley 所著 *The Dark Places of Wisdom*, Element: Shaftesbury, UK, 1999。巴门尼德的诗引自第 60—61 页。金斯利还认为,更为人所知的那个柏拉图对话中的巴门尼德,其实是一个大误解,是由柏拉图(有意或无意)凭主观意愿创造出的,应是巴门尼德的后代。

18 参见 Peter Abbs, *The Educational Imperative: A Defence of Socratic and Aesthetic Learning*, Falmer: London, 1994。

19 Hadot, op. cit., p. 19. 哈多特注意到，如果想要制造一种连贯的亚里士多德的哲学体系，反而会陷入误解之中，误以为亚里士多德最初写作的状态和初衷，与今天完整出版同行敬仰的哲学著作如出一辙。"亚里士多德的写作实际上就是讲课笔记；而许多亚里士多德学者……反而想象……认为这些笔记是为了构建一套完整而系统化的教义。"（第195页）

20 Ludwig Wittgenstein, *Philosophical Investigations*, Oxford University Press: Oxford, 1953.

21 Carl Jung, 引自 Robert I. Watson, *Basic Writings in the History of Psychology*, Oxford University Press: Oxford, 1979, p. 352。

22 Hugh Blair, *Lectures*, 1783, 引自 *Turner at Tate Britain*, Tate Publications: London, 2002。

23 Edmund Burke, Philosophical Enquiry into the Origin of Our Ideas of the Sublime and the Beautiful, 1757, 引自 *Turner at Tate Britain*, op. cit., p. 8。

24 引自 Whyte, op. cit., pp. 125–126。

25 这一想法更多地来自于里德（Reed），同前引。

26 参见詹姆斯·希尔曼（James Hillman）对卡尔·古斯塔夫·卡鲁斯（Carl Gustav Carus）的介绍，*Psyche: On the Development of the Soul*, originally published 1846, republished Spring Publications: Dallas, TX, 1970, p. xiii。

27 Ibid.

28 Jung, 引自 Watson, op. cit., p. 354。

29 Ibid., p. 355。

30 引自 Ian Watt, *The Rise of the Novel*, Penguin: Harmondsworth, UK, 1972, p. 198。瓦特对理查德森的《克拉丽莎》（*Clarissa*）的分析，在被当代文学评论家大卫·洛奇（David Lodge）在其《意识与小说》（*Consciousness and the Novel*）（Secker and Warburg: London, 2002）一书中讨论时，完全没有提及潜意识，这正是反映了当今的一种症状，迷恋于对意识的研究，而长期忽略其潜意识基础的研究。

31 Watt, op. cit., p. 261.

32 Ibid., p. 265.

33 Ibid., p. 269.

34 Ibid., p. 267; Diderot translation by G. C.

35 Otto Rank, *The Double*, University of North Carolina Press: Chapel Hill, NC, 1971, p. 53.

36 N. Lukianowicz, 'Visual thinking and similar phenomena', *Journal of*

Mental Science, 1960, vol. 108, pp. 979-1001.

37　Graham Reed, *The Psychology of Anomalous Experience*, Hutchinson: London, 1972, p. 54.

38　双重人格的版本仍然十分活跃。斯坦尼斯拉夫·莱姆（Stanislaw Lem）1992年在其小说《调查》（*The Investigation*）中，就设计了这个装置，小说主角格列高里正走在一处荒废的门廊时，注意到向他走来的

> 一个瘦高瘦高的男人，不断地点着头，仿佛他正在和自己说话。格列高里正陷入自己的思绪中无暇顾及这人，但这人却一直在他的眼角视线之内……格列高里抬起头。这人的步子慢下来，却径直走来，似乎有一点儿犹豫。突然，他们近到已经面面相觑，相互之间只有几步之遥……他继续走着，仿佛想绕过这个陌生人，但却发现他的路被挡住了。"嘿，"格列高里开始生气，"去你……"但他的话打住了，一片沉默。那个陌生人……是他自己。他就站在一堵巨大的镜墙前面，这正是门廊的尽头……这一刻，格列高里瞪着镜中的自己……"长得不错？"他对自己嘟哝着，然后尴尬地转身，重新回到来时的方向。走到一半，格列高里却又忍不住心底非理性的冲动，他转头回望。这个"陌生人"同样停住。他现在十分遥远，处在一些明亮而空荡的店铺中间，向门廊的另一头走去，沉溺在镜中世界他自己的思绪之中……

(Stanislaw Lem, *The Investigation*, André Deutsch: London, 1992.)

39　Dostoevsky, 引自 John Cohen, *The Lineaments of Mind*, W. H. Freeman: Oxford, 1980, p. 110。

40　参见 Andrew Motion, *Keats*, Faber and Faber: London, 1997, pp. 165, 232。我要感谢斯蒂芬·巴彻勒（Stephen Batchelor）将这些内容引介给我。

41　Carl Jung, 'Civilisation in Transition', *Collected Works*, vol. xix, Routledge and Kegan Paul: London, 1964, para. 565.

42　神秘神学的引用摘自安妮·班克罗夫特（Anne Bancroft），*The Luminous Vision*, Unwin Hyman: London, 1989; and J. Ferguson, *An Encyclopedia of Mysticism*, Thames and Hudson: London, 1976。

43　Stephen Batchelor, *The Awakening of the West: The Encounter of Buddhism and Western Culture*, HarperCollins: London, 1994, p. 256.

44　D. T. Suzuki, *The Zen Doctrine of No Mind*, Rider: London, 1969, p. 56. 同时参见 Philip Yampolsky, *The Platform Sutra of the Sixth*

  Patriarch, Columbia University Press: New York, 1967。
45 Suzuki, op. cit., pp. 133, 143.
46 Harold Monro, 'The Silent Pool', from Walter de la Mare, *Behold, This Dreamer!*, Faber and Faber: London, 1939.

第六章

1 Sigmund Freud, *The Interpretation of Dreams*, 1900, in J. Strachery (ed.), *The Standard Edition of the Complete Psychological Works of Sigmund Freud*, vol. 4, Hogarth Press: London, 1963.
2 Charlotte Brontë, *Jane Eyre*, Wordsworth Editions: Hertfordshire, 1992, pp. 258–259.
3 Roy Porter, *Madness: A Brief History*, Oxford University Press: Oxford, 2002, p. 10.
4 Bennett Simon, *Mind and Madness in Ancient Greece*, Cornell University Press: Ithaca, NY, 1978, p. 66.
5 Porter, op. cit., p. 50.
6 Simon, op. cit., p. 105.
7 Aulus Cornelius Celsus, *De medicina*, translated by W. G. Spencer, Harvard University Press: Cambridge, MA, 1935, pp. 289–291.
8 Simon, op. cit., p. 169.
9 Pico della Mirandola, *On the Dignity of Man*, translated by Charles Wallis, Bobbs–Merrill: Indianapolis, 1937.
10 Luis Vives, *De anima et vita*, Brussels, 1538, 引自 Solomon Diamond (ed.), *The Roots of Psychology*, Basic Books: New York, 1974, pp. 521–523。
11 Porter, op. cit., p. 106.
12 Ibid., p. 72.
13 Dante, *Purgatorio*, 由 W. W. 弗农（W. W. Vernon）翻译，引自 L. L. Whyte, *The Unconscious before Freud*, Julian Friedmann: London, 1979, p. 81。
14 Robert Burton, *The Anatomy of Melancholy*, quoted in Mark Altschule (ed.), *The Development of Traditional Psychopathology*, Wiley: New York, 1976, p. 28.
15 Arthur Schopenhauer, *The World as Will and Idea*, translated by R. B. Haldane and J. Kemp, Trubner: London, 1883, vol. I, quoted in Edward L. Margetts, 'The concept of the unconscious in the history of medical psychology', *Psychiatric Quarterly*, 1953, pp. 125–127.

16　Schopenhauer, op. cit., vol. III, pp. 168–169.
17　M. Ryan, *Lectures on Population, Marriage and Divorce as Questions of State Medicine*, Renshaw and Rush: London, 1831, p. 48.
18　*The Goncourt Journals, 1851–1871*, translated by Robert Baldick, Doubleday: London, 1953, p. 193.
19　Charles W. Paige, 'The adverse consequences of repression', quoted in H. A. Bunker, ' "Repression" in pre-Freudian American psychiatry', *Psychoanalytical Quarterly*, 1945, vol. 14, p. 473.
20　参见 Donald Mackinnon and William Dukes, 'Repression', in Leo Postman (ed.), *Psychology in the Making*, Knopf: New York, 1964。
21　Edward Reed, *From Soul to Mind: The Emergence of Psychology from Erasmus Darwin to William James*, Yale University Press: New Haven, CT, 1997, p. 163.
22　Henri Ellenberger, *The Discovery of the Unconscious*, Basic Books: New York, 1970.
23　Jonathan Miller, 'Going unconscious', in Robert Silvers (ed.), *Hidden Histories of Science*, Granta Books: London, 1997, p. 5.
24　引自 Theodore Sarbin, 'Attempts to understand hypnotic phenomena', in Leo Postman (ed.), *Psychology in the Making*, Knopf: New York, 1964。沙宾的文章是后来更普及的乔纳森·米勒（Jonathan Miller）的观点的基础。
25　James Braid, *Neurhypnology, Or the Rationale of Nervous Sleep Considered in Relation with Animal Magnetism*, J. Churchill: London, 1843, p. 47.
26　汉密尔顿和赫胥黎的引言，引自米勒，op. cit., pp. 19, 25。
27　Ellenberger, op. cit.
28　当弗洛伊德还在巴黎沙普提厄医院（Salpêtrière）实习的时候，沙尔科（Charcot）有一次悄悄地对他说出精神疾病的根源："总是下半身惹的祸（C'est toujours la chose génitale）。"弗洛伊德似乎牢记了这位伟人的话的表面意思。参见 Porter, op. cit., p. 189。
29　Ellenberger, op. cit., pp. 315–317.
30　Henry Maudsley, *The Physiology and Pathology of the Mind*, Appleton and Co: New York, 1867, p. 124.
31　ibid., p. 161.
32　ibid., pp. 284–285.
33　ibid., pp. 9–11.
34　实际上，我们不应在心理学的"科学化"方面责怪弗洛伊德。美国译者们将弗洛伊德直白的语言，或者说几乎是乡音的语言，翻成了某种技术性的古老的术语。弗洛伊德的"自我"最初只是德语的

Das Ich——指的是"我"。而"本我"(id)——只是一个从尼采那里摘录的词，意思很简单，就是"it"，是指我中间那个"非我"的部分。而所谓的"超我"(super-ego)其实就是 das Über-Ich 是我"之上"或"更高"的部分，代表我的愿望和冲动。我们也可能留意到，弗洛伊德基本上谈及精神时，都用 das Seele 一词，意思就是灵魂，这也在翻译中被系统性地世俗化，统统被译成"思维"(Mind)。参见布鲁诺·贝特尔海姆(Bruno Bettelheim)，《弗洛伊德和人的灵魂》(*Freud and Man's Soul*)，查多和温杜斯出版社，伦敦，1983。

35 这种鲜明然而并不完全公平的形象，源于英国心理学家唐·班尼斯特。参见 Don Bannister and Fay Fransella, *Inquiring Man*, 3rd edition, Routledge: London, 1986。

36 Barrington Gates, 'Abnormal psychology', in Walter de la Mare, *Behold, This Dreamer!*, Faber and Faber: London, 1939, p. 551.

37 比如，参见理查德·韦伯斯特(Richard Webster)，"[弗洛伊德]持续认为……性冲动和虐待狂并非'理性灵魂'的天然组成部分，而是一种已被降级为'潜意识'的动物性历史的残留。弗洛伊德用这种方式维护了犹太—基督教传统中的道德双重性，但是他把这种双重性放置在了大脑之中。"Webster, *Why Freud Was Wrong*, Harper Collins: London, 1995, p. 465. 要维护这种分裂，弗洛伊德不得不完全聚焦于性爱的扭曲或病态的一面。比如，通过将儿童不可否认的感觉快乐描述为"性快感"，他得以将儿童本身健康的早期体验弄得好像很色情、很危险，而且问题丛生，他还以此来排斥"自我灵魂"。人们会联想到昆提利安(Quintilian)的名言，"scientia facit difficultatem"："正是理论本身制造了困难"。而荣格在对待性的问题上就不那么纠缠。

38 Frank Tallis, *Hidden Minds*, Profile: London, 2002, p. 63.

39 也许我们能够引用莎士比亚的话来形容弗洛伊德："是你自己的一厢情愿，弗洛伊德，导致了这些想法。"

40 Webster, op. cit., p. 261.

41 Sigmund Freud, 'A seventeenth century demonological neurosis', *The Penguin Freud Library*, vol. 14, *Art and Literature*, 1923/1985, Penguin: London.

42 Ibid.

43 Freud, *The Interpretation of Dreams*, in Strachey op. cit., p. 510.

44 这两种塑造大脑的方式互相交织，科学还不能完全解释：似乎自我和超我可以是理性的、前理性的或者是潜意识的，而本我则只能是潜意识的。好在，为本书的目的，我们不需要理清这些。

45 Freud, *The Interpretation of Dreams*, in Strachey op. cit., pp. 77, 611.

46 Freud, *New Introductory Lectures on Psycho-analysis*, in Strachey op. cit., vol. 22, pp. 174–176.
47 关于弗洛伊德理论的详细解构——比如像他自己说的口误——参见 Sebastiano Timpranaro, *The Freudian Slip: Psychoanalysis and Textual Criticism*, NLB: New York, 1976。
48 Wilhelm Fleiss, quoted in Paul Hellas and Andrew Lock (eds.), *Indigenous Psychologies*, Academic Press: London, 1981, p. 229.
49 引自 Ernest Jones, 'The psychopathology of everyday life', *American Journal of Psychology*, 1911, vol. 22, pp. 479–480。
50 Nancy Procter-Gregg, 'Schopenhauer and Freud', *Psychoanalytical Quarterly*, 1956, vol. 25, p. 197. 引自 Leo Postman (ed.), *Psychology in the Making*, Alfred Knopf: New York, 1964, p. 665。
51 D. B. Klein, *A History of Scientific Psychology*, Routledge and Kegan Paul: London, 1970, p. 769.
52 Tallis, op. cit., p. 47. 弗洛伊德写给玛丽·波拿巴：" 不，我不会见他。起初我想以我不够好为借口，来宽恕他的不敬……但我已经决定不那么做……诚实是唯一可行之路；冒犯不请自来。"（引自 Kenneth Bowers and Donald Meichenbaum, *The Unconscious Reconsidered*, Wiley: New York, 1984, p. 11。）
53 Whyte, op. cit., pp. 169–170.
54 Quoted ibid., p. 169.
55 Freud, in Strachey op. cit., vol. 26, 1964, p. 193; quoted in Webster, op. cit., p. xii.
56 Adam Phillips, *The Observer*, 17 September, 1995, quoted in Webster, ibid., R. S. Woodworth, *Dynamic Psychology*, Columbia University Press: New York, quoted in Klein, op. cit., p. 774.
57 Webster, op. cit., p. xiii.

第七章

1 Sir William Hamilton, *Lectures on Metaphysics*, vol. I, quoted in L. L. Whyte, *The Unconscious before Freud*, Julian Friedmann: London, 1979, p. 147. Sigmund Freud, *The Interpretation of Dreams*, vol. 4, Penguin Freud Library, Penguin: Harmondsworth, 1900/1991, p. 11.
2 H. F. Carlill, *The Theatetus and Philebus of Plato*, Swan Sonnenschein: London, 1906, pp. 76–78.
3 Mary Carruthers, *The Book of Memory*, Cambridge University Press: Cambridge, 1990, p. 247.

4   Ibid., pp. 44–45.
5   Immanuel Kant, *Anthropology*, 1798, section 5, quoted by E. L. Margetts, 'The concept of the unconscious in the history of medical psychology', *Psychiatric Quarterly*, 1953, vol. 27, p. 124.
6   Samuel Butler, *Unconscious Memory*, 1880; 3rd edition Fifield: London, 1920.
7   Nora Chadwick, *The Celts*, Penguin: Harmondsworth, 1970, pp. 260–261.
8   Quoted in John Cohen, *The Lineaments of Mind*, W. H. Freeman: Oxford, 1980, p. 101.
9   Edouard Claparède, 'Recognition and "me-ness"', 1911; reprinted in D. Rapoport (ed.), *Organisation and Pathology of Thought*, Columbia University Press: New York, 1951, pp. 58–75.
10 Antonio Damasio, *The Feeling of What Happens*, William Heinemann: London, 2000.
11 Elizabeth Warrington and Lawrence Weiskrantz, 'New method of testing long-term retention with special reference to amnesic patients', *Nature*, 1968, vol. 217, pp. 972–974. 对此总结，参见 Daniel Schacter, 'Implicit memory: history and current status', *Journal of Experimental Psychology: Learning, Memory and Cognition*, 1987, vol. 13, pp. 501–518。
12 Ignace Gaston Pardies, *Concerning the Knowledge of Beasts*, 1672, Paris; quoted in Solomon Diamond, *The Roots of Psychology*, Basic Books: New York, 1974, pp. 405–406.
13 Gottfried Leibniz, *New Essays Concerning Human Understanding*, 1704, quoted in Diamond, op. cit., p. 415.
14 Nicolas Malebranche, *De la recherche de la vérité*, Paris, 1675; Ralph Cudworth, *The Intellectual System of the Universe*, 1678; John Norris, *Practical Discourses (Cursory Reflections)*, all quoted in L. L. Whyte, op. cit., pp. 95–97.
15 See Raymond Fancher, *Pioneers in Psychology*, Norton: New York, 1979, p. 67. One of the most prominent heiresses of this enlightened view is Annette Karmiloff-Smith: see her *Beyond Modularity: A Developmental Perspective on Cognitive Science*, MIT Press: Cambridge, MA, 1992.
16 Quoted in Whyte, op. cit., p. 99.
17 Duns Scotus, *On the First Principle*, quoted in *Brett's History of Psychology*, MIT Press: Cambridge, MA, 1912.
18 Anthony Marcel, 'Slippage in the unity of consciousness', in CIBA

Symposium 174, *Experimental and Theoretical Studies of Consciousness*, Wiley: Chichester, 1993.

19 Gottfried Leibniz, *New Essays Concerning Human Understanding*, Cambridge University Press: Cambridge, 1982, p. 166.

20 Ambrose Bierce, *The Devil's Dictionary*, Bloomsbury: London, 2003; Daniel Wegner, *The Illusion of Conscious Will*, MIT Press: Cambridge, MA, 2002.

21 Hermann von Helmholtz, *A Treatise on Physiological Optics*, 1867; edited by J. P. C. Southall, Dover: New York, 1925, vol. III, pp. 2–5.

22 对于盲视的研究，参见 Lawrence Weiskrantz, *Blindsight: A Case Study and Implications*, Clarendon Press: Oxford, 1986。

23 在此我依据的是 Frank Tallis's *Hidden Minds*, Profile: London, 2002, pp. 150–152 页中的讨论。潜意识信息很可能优于现有趋势并绕开更意识化的控制，这一观念如今已被广泛接受，这要归功于 John Kihlstrom, 'The cognitive unconscious', *Science*, 1987, vol. 237, pp. 1445–1452。

24 理查德·哈达维（Richard Hardaway）在 1990 年发表的一篇重要评论文章中总结说，证据十分显著，这类研究中存在"一种微小而持续的效应""未来重复基础实验效应的研究都显得多余"，他说。参见 Richard Hardaway, 'Subliminally activated symbiotic fantasies: facts and artifacts', *Psychological Bulletin*, 1990, vol. 107, pp. 177–195. Quoted in Tallis, op. cit., p. 159。

25 C. J. Patton, 'Fear of abandonment and binge eating: a subliminal psychodynamic activation investigation', *Journal of Nervous and Mental Disorders*, 1992, vol. 180, pp. 484–490. 有意思的是，当这类结论最早投稿于 20 世纪 60 和 70 年代的美国期刊时，论文全部被拒绝，理由就是"简直不可理喻"。劳伊德·西尔弗曼（Lloyd Silverman）是最早进行"木乃伊"研究的人，他抗议并且最终获得独立复查，而复查的结果是，他的研究"具备极度优良的标准，非常适合刊发。"（引自 Tallis, op. cit., p. 160。）

26 J. F. Dovidio, K. Kawakami, C. Johnson, B. Johnson and A. Howard, 'On the nature of prejudice: automatic and controlled processes', *Journal of Experimental and Social Psychology*, 1997, vol. 33, pp. 510–540.

27 Timothy D. Wilson, *Strangers to Ourselves: Discovering the Adaptive Unconscious*, Belknap Press: Cambridge, MA, 2002.

28 J. R. Lackner and M. Garrett, 'Resolving ambiguity: effects of biasing context in the unattended ear', *Cognition*, 1973, vol. 1, pp. 359–372.

29 R. S. Corteen and B. Wood, 'Autonomic responses to shock

associated words', *Journal of Experimental Psychology*, 1972, vol. 94, pp. 308-313.

30. Anthony Marcel, 'Slippage in the unity of consciousness' in CIBA Symposium 174, *Experimental and Theoretical Studies of Consciousness*, Wiley: Chichester, 1993.
31. 关于这项研究观点，参见Dixon, *Preconscious Processing*, Wiley: Chichester, 1981; Robert Bornstein and Thane Pittman (eds.), *Perception Without Awareness*, Guilford Press: New York, 1992. 关于对潜意识感知的反驳，参见Daniel Holender, 'Semantic activation without conscious identification in dichotic listening, parafoveal vision, and visual masking: a survey and appraisal', *Behavioral and Brain Sciences*, 1986, vol. 9, pp. 1-66.
32. Wilhelm Wundt, *On the Methods of Psychology*, 1862, in T. Shipley (ed.), *Classics in Psychology*, Philosophical Library: New York, 1961, p. 57.
33. Claude Perrault, *Du Bruit*, 1680, quoted in Diamond, op. cit., p. 179-181.
34. Butler, op. cit., pp. 87-91.
35. Oliver Wendell Holmes, 'Mechanism in thought and morals', published 1877, 引自 Whyte, op. cit., pp. 171-172。
36. E. R. Dodds, *The Greeks and the Irrational*, University of California Press: Berkeley, 1951, p. 81.
37. Bruno Snell, *The Discovery of the Mind*, Dover: New York, 1953, ch. 13.
38. Carruthers, op. cit., p. 166.
39. Ibid., p. 50.
40. Whyte, op. cit., pp. 93-94.
41. A. E. Housman, 'The name and nature of poetry', 引自 Brewster Ghiselin (ed.), *The Creative Process*, University of California Press: Berkeley, CA, 1952。
42. J. W. von Goethe, *Letters*, 引自 Whyte, op. cit., p. 128。
43. Brian Eno, *A Year with Swollen Appendices: The Diary of Brian Eno*, Faber & Faber: London, 1996.
44. 参见 Steven Smith and Steven Blankenship, 'Incubation and the persistence of fixation in problem solving', *American Journal of Psychology*, 1991, vol. 104, pp. 61-87。
45. John Livingston Lowe, 引自 Ghiselin (ed.), op. cit., p. 228。
46. Max Ernst, 引自 William MacKay, *Envisioning Art: A Collection of Quotations by Artists*, Barnes & Noble: New York, 2003。
47. 参见Jonathan Schooler and Joseph Melcher, 'The ineffability of

insight', in S. M. Smith, T. B. Ward and R. A. Finke (eds.), *The Creative Cognition Approach*, MIT Press: Cambridge, MA, 1995. Henry Moore, 'Notes on sculpture', 引自Ghiselin, op. cit., p. 73。又见Arthur Koestler, *The Act of Creation*, Macmillan: New York, 1964。

48 Julian Jaynes, *The Origins of Consciousness in the Breakdown of the Bicameral Mind*, Houghton Mifflin: Boston, 1976, p. 47.

49 Kihlstrom, op. cit., p. 1450.

50 本段所有引用都来自 'The id comes to Bloomsbury', by Daniel Pick, *The Guardian Review*, 16 August 2003, pp. 26–27。

51 Stephen Sondheim and James Lapine, *Into the Woods*, Theatre Communications Group: New York, 1989.

52 Jennifer Mundy (ed.), *Surrealism: Desire Unbound*, Tate Publishing: London, 2001.

53 *Weekend Herald*, New Zealand, 9–10 November 2002.

54 Andrew Powell, 'Soul consciousness and human suffering', *Journal of Alternative and Complementary Medicine*, 1998, vol. 4, pp. 101–108.

55 参见 Patricia Churchland, *Brain-Wise: Studies in Neurophilosophy*, MIT Press: Cambridge, MA, 2002, pp. 171–172。

第八章

1 Harold Monro, *Collected Poems*, Duckworth: London, 1933.

2 Genesis, 6,5.

3 这一引用以及更多的这类简史，都基于 Solomon Diamond (ed.), *The Roots of Psychology* 一书的观点，Basic Books: New York, 1974。

4 William Shakespeare, *Love's Labour's Lost*, IV.2.

5 参见 John Cohen, *The Lineaments of Mind*, W. H. Freeman: Oxford, 1980, pp. 75–76。

6 当我还是个小男孩时，用过一种恶作剧装置，它由一个小橡胶球组成。你把垫子放在某人的餐盘下面，关键时刻手捏橡胶球，盘子就会被抬起，而且摇来摇去。当时我并不知道，这其实模拟了我们大多数人的祖先所熟悉的神经系统。

7 René Descartes, 引自 Cohen, op. cit., p. 83。

8 René Descartes, *The Passions of the Soul*, 1650, 引自 Diamond, op. cit., p. 528。

9 David Hartley, *Observations on Man*, 1748, 引自 L. L. Whyte, *The Unconscious before Freud*, Julian Friedmann: London, 1979, p. 111。

10 参见 Edward Reed, *From Soul to Mind*, Yale University Press: New Haven, CT, 1997。
11 John Bovee Dods, 引自 Reed, op. cit., p. 2。
12 E. T. A. Hoffmann, *Master Flea*, 引自 Reed, op. cit., pp. 49-50。
13 Robert Baldick, *Pages from the Goncourt Journal*, Oxford University Press: Oxford, 1988, p. 27.
14 William B. Carpenter, *Principles of Mental Physiology*, 1874, 引自 Whyte, op. cit., p. 155。
15 Francis Crick, *The Astonishing Hypothesis: The Scientific Search for the Soul*, Simon and Schuster: London, 1995, p. 3.
16 对于行为系统中更多的细节，参见 John McCrone, *Going Inside*, Fromm International: New York, 2001。总体而言，这一部分与麦克罗恩（McCrone）及保罗和帕特西亚·丘奇兰德的工作中心意见一致，参见 Paul Churchland, *The Engine of Reason, The Seat of the Soul*, MIT Press: Cambridge, MA, 1996; Patricia Churchland, *Brain-Wise: Studies in Neurophilosophy*, MIT Press: Cambridge, MA, 2002。
17 这些关于情绪的基本观点，建立在以下学者研究的基础之上。参见 Antonio Damasio, *Descartes' Error: Emotion, Reason and the Human Brain*, Putnam: New York, 1994, and *The Feeling of What Happens: Body, Emotion and the Making of Consciousness*, William Heinemann: London, 2000; George Lakoff and Mark Johnson, *Philosophy in the Flesh: The Embodied Mind and Its Challenge to Western Thought*, Basic Books: New York, 1999; Joseph LeDoux, *The Emotional Brain*, Weidenfeld and Nicholson: London, 1998; Keith Oatley, *Best Laid Schemes: Toward a Psychology of Emotion*, Cambridge University Press: Cambridge, 1992; and John Lambie and Anthony Marcel, 'Consciousness and the varieties of emotional experience: a theoretical framework', *Psychological Review*, 2002, vol. 109, pp. 219-259。
18 参见 Patricia Churchland, op. cit., p. 258。
19 M. F. Zigmond, F. E. Bloom, S. C. Landis, J. L. Roberts and L. R. Squire, *Fundamental Neuroscience*, Academic Press: San Diego, 1999.
20 William James, *The Principles of Psychology*, vol. I, Henry Holt: New York, 1890, reprinted Dover: New York, 1950, p. 246.
21 "海"的隐喻在万花筒隐喻的基础上进行了改进，允许这种不断变化的、动态的潜在意识的存在。在任何时候，我们都能鉴别大脑活动的"破坏者"，在每一个"破坏者"的背后，都潜伏着完全或部分不可见的浪潮，它由不那么强烈激活的记忆和预测组成。

22 Jonathan Schooler and Tonya Engstler-Schooler, 'Verbal overshadow- ing of visual memories: some things are better left unsaid', *Cognitive Psychology*, 1990, vol. 22, pp. 36-71.
23 Pawel Lewicki, Maria Czyzewska and Thomas Hill, 'Nonconscious information processing and personality', in Dianne Berry (ed.), *How Implicit Is Implicit Learning?*, Oxford University Press: Oxford, 1997, p. 57.
24 要了解这项成就及其发展历程，参见 Paul Churchland, op. cit.; Peter McLeod, Kim Plunkett and Edmund Rolls, *Introduction to Connectionist Modelling of Cognitive Processes*, Oxford University Press: Oxford, 1998。
25 这项研究1963年被报送牛津大学奥斯特勒协会的一个会议，与会者中有一位吉尔伯特·赖尔（Gilbert Ryle）的美国研究生，名叫丹尼尔·丹尼特（Daniel Dennett），他在他的著作《意识的解释》（*Consciousness Explained*, Brown: Boston, 1991, p. 167）中描述了这一研究。
26 D. K. Meno, A. M. Owen, E. J. Williams, P. S. Minhas, C. M. Allen, S. J. Boniface, J. D. Pickard, I. V. Kendall, S. P. Downer, J. C. Clark, T. A. Carpenter and N. Antoun, 'Cortical processing in persistent vegetative state', *The Lancet*, 1998, vol. 352, p. 800.
27 参见P. J. Whalen, S. L. Rauch, N. L. Etcoff, S. C. McInerey, M. B. Lee and M. A. Jenike, 'Masked presentations of emotional facial expres- sions modulate amygdala activity without explicit knowledge', *Journal of Neuroscience*, 1998, vol. 18, pp. 411-418。
28 D. A. Leopold and N. K. Logothetis, 'Activity changes in early visual cortex reflect monkey's percepts during binocular rivalry', *Nature*, 1996, vol. 379, pp. 549-553; and Norman Dixon, *Preconscious Processing*, Wiley: Chichester, 1981, p. 12.
29 S. Murphy and R. Zajonc, 'Affect, cognition and awareness: affective priming with suboptimal and optimal stimuli', *Journal of Personality and Social Psychology*, 1993, vol. 64, pp. 723-739.
30 见M. I. Posner and C. R. Snyder, 'Facilitation and inhibition in the processing of signals', in P. M. A. Rabbitt and S. Dornick (eds.), *Attention and Performance V*, Academic Press: London, 1975; J. H. Neely, 'Semantic priming and retrieval from lexical memory: roles of inhibitionless spreading activation and limited capacity attention', *Journal of Experimental Psychology: General*, 1977, vol. 106, pp. 226-254. 这项研究大部分都被总结在Max Velmans, 'Is human information processing conscious?', *Behavioral and Brain Sciences*, 1991, vol. 14, pp. 651-725。

31 这一总结基于 McCrone, op. cit., p. 267。
32 David Ferrier, *The Functions of the Brain*, 1876, London, quoted in Diamond, op. cit., pp. 423-424.
33 Bruce Cuthbert, Scott Vrana and Margaret Bradley, 'Imagery: function and physiology', *Advances in Psychophysiology*, 1991, vol. 4, pp. 1-42.
34 Jack Nicklaus, *Play Better Golf*, King Features: New York, 1976.
35 David Westley, 'When and why the penny drops: activation and inhibition in sudden insight', 呈交给英国心理学会意识和实验心理学会议的论文, London, September 1998.
36 大约在视觉刺激发生后三分之一秒, 头皮上的电极就能探测到这种抑制波横扫大脑——这正是约翰·麦克克罗恩 (John MacCrone) 所说的"整个头脑安静的声音", 参见 McCrone, op. cit., p. 183。
37 Geoff Cumming, 'Visual perception and metacontrast at rapid input rates', D.Phil. thesis, University of Oxford, 1971; Daniel Robinson, 'Psychobiology and the unconscious', in Kenneth Bowers and David Meichenbaum (eds.), *The Unconscious Reconsidered*, Wiley: London, 1984.
38 Colin Martindale, 'Creativity and connectionism', in S. H. Smith, T. B. Ward and R. A. Finke (eds.), *The Creative Cognition Approach*, MIT Press: Cambridge, MA; Paul Howard-Jones and S. Murray, 'Ideational productivity, focus of attention and context', *Creativity Research Journal*, 2003, vol. 15, pp. 153-166. 霍沃德-琼斯和我目前正在复制马丁代尔的研究, 使用功能性的磁回声影像科技。
39 C. S. Pierce and J. Jastrow, 'On small differences in sensation', *Memoirs of the National Academy of Science*, 1884, vol. 3, pp. 75-83.
40 引自 Peter Fensham and Ference Marton, 'What has happened to intuition in science education?', *Research in Science Education*, 1992, vol. 22, pp. 114-122。
41 Bruce Mangan, 'Taking phenomenology seriously: the "fringe" and its implications for cognitive research', *Consciousness and Cognition*, 1993, vol. 2, pp. 89-108; and 'What feeling is the "feeling of knowing"?', *Consciousness and Cognition*, 2000, vol. 9, pp. 538-544; Russell Epstein, 'The neural-cognitive basis of the Jamesian stream of thought', *Consciousness and Cognition*, 2000, vol. 9, pp. 550-575.

第九章

1. A. Tucker, *Light of Nature Pursued*, 1768, 引自 L. L. Whyte, *The Unconscious before Freud*, Julian Friedmann: London, 1979, p. 113。
2. David Bjorklund and Katherine Harnishfeger, 'The evolution of inhibitory mechanisms and their role in human cognition and behaviour', in Frank Dempster and Charles Brainerd (eds.), *Interference and Inhibition in Cognition*, Academic Press: San Diego, 1995. For work on lying chimps, 参见 Richard Byrne and Andrew Whiten (eds.), *Machiavellian Intelligence: Social Expertise and the Evolution of Intellect in Monkeys, Apes and Humans*, Clarendon Press: Oxford, 1988。
3. 关于这项研究, 参见 Susan Hurley and Nick Chater (eds.), *Imitation*, MIT Press: Cambridge, MA, 2004; Michael Tomasello, *The Cultural Origins of Human Cognition*, Harvard University Press: Cambridge, MA, 1999。
4. Richard Bentall, quoted in Sharon Begley, 'Religion and the brain', *Newsweek*, 7 May 2001, pp. 52-57.
5. 关于微小刺激的紧张/放松的效果, 参见 Michael Snodgrass, Howard Shevrin and Michael Kopka, 'The mediation of intentional judgments by unconscious perceptions: the influences of task strategy, task preference, word meaning and motivation', *Consciousness and Cognition*, 1993, vol. 2, pp. 169-193; Mark Price, 'Now you see it, now you don't: preventing consciousness with visual masking', in P. G. Grossenbacher (ed.), *Finding Consciousness in the Brain: A Neurocognitive Approach*, Wiley: Chichester, 2001; Norman Dixon, *Preconscious Processing*, Wiley: Chichester, 1981, pp. 197-199。
6. 参见 Nicholas Humphrey, *Soul Searching: Human Nature and Supernatural Belief*, Chatto and Windus: London, 1995。
7. Julian Jaynes, *The Origin of Consciousness in the Breakdown of the Bicameral Mind*, Houghton Mifflin: Boston, 1976, p. 90.
8. Henry Sidgwick, 'Report on the census of hallucinations', *Proceedings of the Society for Psychical Research*, 1894, vol. 34, pp. 25-394. Quoted in Jaynes, op. cit., p. 87.
9. 我从 Marcel Kinsbourne 处借来这个"笑话", 'Imitation: from enactive encoding to social influence', in Hurley and Chater (eds.), op. cit。

10 杰恩斯（Jaynes, op. cit., p. 105）试图在右半脑定位"语言中心"，在左半脑定位听觉中心，那么幻觉实际上就是大脑的一边对另一边说话，但其实这完全没有必要。

11 参见 Kinsbourne, op. cit.; and Marcel Kinsbourne, 'Voiced images, imagined voices', *Biological Psychiatry*, 1990, vol. 27, pp. 811–812。

12 Gregory Bateson, *Steps to an Ecology of Mind*, Ballantine: New York, 1972. 同时参见 Chris Frith, 'Consciousness, information processing and schizophrenia', *British Journal of Psychiatry*, 1979, vol. 134, pp. 225–235. Jeffrey Gray, 'Schizophrenia and scientific theory', in *Experimental and Theoretical Studies of Consciousness*, 见 CIBA Symposium 174, Wiley: Chichester, 1993。

13 Stephan Lewandowsky and Shu-Chen Li, 'Catastrophic interference in neural networks: causes, solutions and data', in Dempster and Brainerd, op. cit., p. 331.

14 M. Spitzer, I. Weisker, S. Maier, L. Hermle and B. Maher, 'Semantic and phonological priming in schizophrenia', *Journal of Abnormal Psychology*, 1994, vol. 103, pp. 485–494. 曼弗雷德·斯皮策（Manfred Spitzer）在他的 *The Mind Within The Net: Models of Learning, Thinking and Acting*（MIT Press: Cambridge, MA, 1999）一书中阐释了精神分裂症的观点，这种观点与我在第十一章的观点相似。

15 Louis Sass, *The Paradoxes of Delusion: Wittgenstein, Schreber and the Schizophrenic Mind*, Cornell University Press: Ithaca, NY, 1994, p. 12. 同时参见Sass's *Madness and Modernism: Insanity in the Light of Modern Art, Literature and Thought*, Basic Books: New York, 1993; 这些书的书评可见*The London Review of Books*, 2 November 1995, by Iain McGilchrist。

16 Sass, *Paradoxes* op. cit., pp. 23–24.

17 R. J. Dolan, P. Fletcher, C. Frith, K. Friston, R. Frackowiak and P. Grasby, 'Dopaminergic modulation of impaired cognitive activation in the anterior cingulate cortex in schizophrenia', *Nature*, 1995, vol. 378, pp. 180–182; Jonathan Cohen and David Servan-Schreiber, 'A theory of dopamine function and its role in the cognitive deficits in schizophrenia', *Schizophrenia Bulletin*, 1993, vol. 19, pp. 85–104.

18 Quoted in Luh Ketut Suryani and Gordon Jensen, *Trance and Possession in Bali: A Window on Western Multiple Personality, Possession Disorder, and Suicide*, Oxford University Press: Oxford, 1995, pp. 204–205.

19 Robert Louis Stevenson, *The Strange Case of Dr Jekyll and Mr Hyde*,

quoted in ibid., p. 199. 值得注意的是，斯蒂文森自己可能有这样的解离经历。他当然从潜意识次人格的角度思考过他自己的思维。他将自己的创造力归功于某种品牌的"布朗尼"的帮助，或者归功于一些有着人形的"小人儿"，"既会在我熟睡时帮我做了一半工作，又会在我清醒以及欢喜地做着我自己的事情时，帮我做余下的工作"。他称这些小人儿为"看不见的合作者。他们在我得到所有表扬时，却被我锁在后车库，甚至得不到一点儿布丁"（同前，第200页）。

20 见 Suryani and Jensen, op. cit。

21 这个大概的概述，主要根据 David Spiegel and David Li, 'Dissociated cognition and disintegrated experience', in Dan Stein (ed.), *Cognitive Science and the Unconscious*, American Psychiatric Press: Washington, DC, 1997。

22 参见关于情绪功能的早期讨论。又见 Jaak Panskepp, *Affective Neuroscience: The Foundations of Human and Animal Emotions*, Oxford University Press: New York, 1997; Douglas Watt, 'Emotion and consciousness: implications of affective neuroscience for extended reticular thalamic activating theories of consciousness', http://server.philvt.edu/assc/watt/default.htm。

23 Jane van Lawick-Goodall, *My Friends, The Wild Chimpanzees*, 1967 (quoted in Suryani and Jensen, [op. cit.,] p. 32). 我的猫，就像许多家养动物一样，也会有此类短暂爆发的疯狂。

24 关于大卫·利文斯通（David Livingstone）于1857年的"传教旅行"，引自 Daniel Goleman, *Vital Lies, Simple Truths: The Psychology of Self-Deception*, Simon and Schuster: New York, 1985。书中介绍了关于内啡肽的一场讨论。

25 近期关于僵尸的讨论，参见 Marina Warner, *Fantastic Metamorphoses, Other Worlds*, Oxford University Press: Oxford, 2002。

26 David Milner and Melvyn Goodale, *The Visual Brain in Action*, Oxford University Press: Oxford, 1995, pp. 167–170.

27 事实上，许多有意思的近期研究表明，即使是有意识的模式，以广角视野观之，也包含着大量潜在的信息，而不是摆在明面上的那些信息。关于"非注意盲视"以及"改变盲视"的研究表明，我实际上很清楚地记得我只专注的事情，其他事物则只是处于未来式或只是要我想要的时候才去恢复的状态。参见 Kevin O'Regan and Alva Noë, 'A sensorimotor account of vision and visual consciousness', *Behavioral and Brain Sciences*, 2001, vol. 24, pp. 883–917。

28 Donald Hebb, 'The American revolution', *American Psychologist*, 1960, vol. 15, pp. 735–745. 最近，Susan Blackmore 提出一种理

论，认为"超出身体的体验（out-of-the-body experiences，简称OBEs；就好比濒死体验，near-death-experiences, NDEs）都是大脑活动或濒死的建构。参见她的著作，*Dying to Live: Science and the Near-Death Experience*, Grafton Books: London, 1993, chapter 8。对于任何基于大脑的濒死体验的理论而言，最重要的考验在于你是否能够从全新的角度看见任何你过去不可能了解、猜测或想象过的东西。超自然主义者相信，这是有证据的。而大脑科学家们却不认为证据确凿。

29 马尔迪·霍洛维茨（Mardi Horowitz）最近建议说，有些人可能会陷入过度抑制或抑制不足的模式，而另一些神经状态则表明，会有一种无法保持适当注意力的状态，以至于身受其害者会在两极之间摇摆，不能反馈现实的需求。参见 M. Horowitz, C. Milbrath and M. Ewart, 'Cyclical patterns of states of mind in psychotherapy', *American Journal of Psychiatry*, 1994, vol. 151, pp. 1767–1770。

30 Harold Sackeim, Johanna Nordlie and Ruben Gur, 'A model of hysterical and hypnotic blindness: cognition, motivation and awareness', *Journal of Abnormal Psychology*, 1979, vol. 88, pp. 474–489. 威廉·沃顿（William Wharton）在他的著作 *Last Lovers*（Farrar Straus Giroux: New York, 1991）中提供了关于歇斯底里式失明的引人入胜的小说版本。

31 换句话说，感官体验可以在催眠状态下被创造或加强，而这类体验的真实性可以被同步的脑部活动监测观察到。比如说，当被催眠的人被要求描述一种特定颜色，PET 扫描显示恰恰在对应这个区域中对应同一种颜色认知的视觉皮层有更多的血流量通过。这项研究由大卫·斯皮格尔报告给美国科学促进会，2002 年 2 月。（卫报，2002 年 2 月 18 日的报道。）

32 Ernest Hilgard, 'A neodissociation interpretation of pain reduction in hypnosis', *Psychological Review*, 1973, vol. 80, pp. 396–411.

33 菲利浦·王（Philip Wong）和霍沃德·谢尔文（Howard Shevin）提供的证据表明，大脑事实上是在使用预测性信号来调控自身活动。见 June 1999 *Journal of the American Psychoanalytic Association*。

34 J. M. Boden and R. M. Baumeister, 'Repressive coping: distraction using pleasant thoughts and memories', *Journal of Personality and Social Psychology*, 1997, vol. 73, pp. 45–62.

35 玛丽莱内·克洛伊特里（Marylene Cloitre）充分阐述了同样的争论：'Conscious and unconscious memory: a model of functional amnesia', 见 Dan Klein (ed.), *Cognitive Science and the Unconscious*, American Psychiatric Press: Washington, DC, 1997; Marcel Kinsbourne, 'Integrated cortical field model of consciousness', in

Experimental and Theoretical Studies of Consciousness, CIBA Symposium 174, Wiley: Chichester, 1993; Mick Power and Chris Brewin, 'From Freud to cognitive science: a contemporary account of the unconscious', *British Journal of Clinical Psychology*, 1991, vol. 30, pp. 289-310; and Goleman, op. cit.

36 比如说，荣格在一次自由联想的对话中，对人们对刺激词反应的时间长度做了大量研究，他声称，超长的反应时间表明，他所称之为"复合型"的被压抑的想法已被压制。这种阻断时刻也同时伴有身体讯号，比如皮肤导电性，这一点被试者自己都没有意识到。参见 Carl Jung, 'The association method', in C. E. Long (ed.), *Collected Papers on Analytical Psychology*, 2nd edition, Routledge and Kegan Paul: London, 1917. These studies are summarised in Donald Mackinnon and William Dukes, 'Repression', in Leo Postman (ed.), *Psychology in the Making*, Knopf: New York, 1964, chapter 11. 弗洛伊德完全无视这类实验研究。1934 年，当索尔·罗森茨威格（Saul Rosenzweig）给他发去一些正面结论时，弗洛伊德粗鲁地回信说：我觉得这些不值一提，因为我对抑郁症的可靠观察可以独立于任何实验的验证。而且，这不会带来任何损害。（见 Mackinnon and Dukes, op. cit., p. 703。）

37 这已在普通实验中得以证明。如果你要求人们忘却一张清单，人们便不会记住清单中的单词，这说明，他们已经成功地在意识中阻止其出现。但是，其他记忆测试表明，他们仍然保持着活跃度，完全能够一字不漏地记住。参见 E. Bjork, R. Bjork and M. C. Anderson, 'Varieties of goal-directed forgetting', in J. M. Golding and C. M. MacLeod (eds.), *Intentional Forgetting: Interdisciplinary Approaches*, Erlbaum: Mahwah, NJ, 1998; Daniel Wegner, 'You can't always think what you want: problems in the suppression of unwanted thoughts', *Advances in Experimental Social Psychology*, 1992, vol. 25, pp. 193-225; Drew Westen, 'The scientific legacy of Sigmund Freud: toward a psychodynamically informed psychological science', *Psychological Bulletin*, 1998, vol. 124, pp. 333-371。

38 Westen, op. cit., p. 342. 关于"压抑者"存在的健康风险的观点，参见 Lynn Myers, 'Identifying repressors: a methodological issue for health psychology', cited in Lynn Myers, 'Deceiving others or deceiving themselves?', *The Psychologist*, 2000, vol. 13, pp. 400-403。

39 所有有关这项计划的引用，都来自 Frank Sulloway, *Freud, Biologist of the Mind*, Burnett Books: London, 1979, pp. 113-125。

40 关于这个问题的更详细的讨论，以及弗洛伊德想要克服它的挣扎，请参见 Matthew Erdelyi, *Psychoanalysis: Freud's Cognitive Psychology*,

Freeman: New York, 1985。
41 这项"科学心理学计划"已在当代神经科学的背景下予以讨论，参见Karl Pribram and Merton Gill, *Freud's Project Reassessed*, Hutchinson: London, 1976; and Patricia Herzog, *Conscious and Unconscious: Freud's Dynamic Distinction Reconsidered*, International Universities Press: Madison, CT, 1991。
42 Richard Webster, *Why Freud Was Wrong*, HarperCollins: London, 1995, p.246.
43 参见Susan Hurley and Nick Chater (eds.), *Imitation*, MIT Press: Cambridge, MA, 2004; Michael Tomasello, *The Cultural Origins of Human Cognition*, Harvard University Press: Cambridge, MA, 1999。
44 关于成年人如何在艺术表达领域引导儿童，有效印证某些弗洛伊德自己的案例，这方面详细的讨论，可参见Michael Billig, *Freudian Repression: Conversation Creating the Unconscious*, Cambridge University Press: Cambridge, 1999。
45 Noah Glassman and Susan Andersen, 'Activating transference without consciousness: using significant-other representations to go beyond what is subliminally given', *Journal of Personality and Social Psychology*, 1999, vol. 77, pp. 1146–1162.

第十章

1 Robert T. Carroll, *The Skeptic's Dictionary*, Wiley: New Jersey, 2003.
2 David Gelernter, *The Muse in the Machine*, Fourth Estate: London, 1994, pp. 15,42.
3 这一段总结了一个有关思维本质及其对大脑影响的基本假设中的一种长期且激烈争论的变化。但现在很明显，理性主义者，比如杰里·福多尔（Jerry Fodor）和诺姆·乔姆斯基（Noam Chomsky），已经迷失了方向，而大脑已经取代了电脑，成为思维的主要喻体。对于这种转变的评论，可参见Francisco Varela, Evan Thompson and Eleanor Rosch, *The Embodied Mind*, MIT Press: Cambridge, MA, 1992; George Lakoff and Mark Johnson, *Philosophy in the Flesh*, Basic Books: New York, 1999; Patricia Churchland, *Brain-Wise: Studies in Neurophilosophy*, MIT Press: Cambridge, MA, 2002。
4 Brian Lancaster, 'New lamps for old: psychology and the 13th century flowering of mysticism', *Transpersonal Psychology Review*, 2001, vol. 5, pp. 3–14.

5 引自 *The Epic Poise*, edited by Nick Gammage, Faber and Faber: London, 1999, pp. 192-193。

6 Ted Hughes, *Poetry in the Making*, Faber: London, 1967.

7 Peter Brook, in Gammage (ed.), op. cit., p. 154.

8 关于"深度互动主义者"的更清晰的见解，参见 Annette Karmiloff-Smith, *Beyond Modularity: A Developmental Perspective on Cognitive Science*, MIT Press: Cambridge, MA, 1992。卡米洛夫－史密斯十分有说服力地反驳了天真的天生主义者的观点，持这种观点的还有斯蒂芬·平克（Steven Pinker），他认为我们能找出"自闭症基因"或"侵略基因"。对于基因混乱威廉姆斯综合征的案例研究，可参见 Annette Karmiloff-Smith, 'Elementary my dear Watson, the clue is in the genes ... Or is it?', *The Psychologist*, 2002, vol. 15, pp. 608-611. 关于平克的观点，参见 Steven Pinker, *How the Mind Works*, W. W. Norton: New York, 1997。

9 这是关于神经科学前沿的知识。如若想了解基本的情感系统，以及大脑如何支撑这个系统，参见 Jaak Panskepp, *Affective Neuroscience: The Foundations of Human and Animal Emotions*, Oxford University Press: New York, 1997。杰弗里·格雷（Jeffrey Gray）认为，厌恶的感觉来自大脑的岛叶；恐惧在杏仁核与下丘脑中；愤怒则利用了"中脑导水管周围灰质"；焦虑则来自于海马体；诚如我所说，我的主要论点并不依赖于大脑各个部位的功能分工。参见 Jeffrey Gray, *Consciousness: Creeping Up on the Hard Problem*, Oxford University Press: Oxford, 2004。

10 Carl Jung, *Collected Works*, vol. 18, para 1228; 引自 Anthony Stevens, *Archetypes Revisited*, Brunner-Routledge: London, 2002, p. 18。斯蒂文斯的观点与当代观点不一致，不过他并没有用我同样的方式强调情绪的进化功能。

11 Carl Jung, *Memories, Dreams, Reflections*, Routledge and Kegan Paul: London, 1963, p. 156.

12 参见 Owen Flanagan, *Dreaming Souls: Sleep, Dreams and the Evolution of the Conscious Mind*, Oxford University Press: Oxford, 2000。

13 现在我们知道，梦似的体验会在整个夜晚产生，但这些在快速眼动阶段的梦会更加碎片化，缺乏有特征的完整的梦的叙述。

14 Francis Crick and Graeme Michison, 'REM sleep and neural nets', *Behavioral Brain Research*, 1995, vol. 69, pp. 145-155. 关于海马体在巩固记忆方面的作用，可参见 John McCrone, *Going Inside*, Fromm International: New York, 2001。

15 Geoffrey Hinton, Peter Dayan, Brendan Frey and Radford Neal, 'The "wake-sleep" algorithm for unsupervised neural networks', *Science*,

vol. 1995, 268, pp. 1158-1161.
16 Pierre Maquet, Jean-Marie Péters, Joël Aerts, Guy Dolfiore, Christian Degueldre, André Luxen and Georges Franck, 'Functional neuroanatomy of human rapid-eye-movement sleep and dreaming', *Nature*, 1996, vol. 379, pp. 163-166.
17 Ibn Khaldûn, *The Muqaddimah: An Introduction to History*, translated by Franz Rosenthal, Routledge and Kegan Paul: London, 1958.
18 可能是快速眼动睡眠时期保持了某种程度上的抑制性约束，至少给予某些叙述性架构；这正是将快速眼动睡眠与非眼动睡眠区别开来之处，梦的内容会更加碎片化。参见 Allan Hobson, Edward Pace-Schott and Robert Stickgold, 'Dreaming and the brain: Toward a cognitive neuroscience of conscious states', *Behavioral and Brain Sciences*, 2000, vol. 23, pp. 793-842。
19 大卫·卡恩（David Kahn）及其同事大胆提出一种相当复杂的理论，认为"甚至最细微的影响都可能在正在做梦的大脑中运行"，比如，这包括早期大脑在发育过程中留下的叙述和信号……可能通过个体经历，或者甚至通过基因模式形成。David Kahn, Stanley Krippner and Allan Combs, 'Dreaming and the self-organizing brain, *Journal of Consciousness Studies*, 2000, vol. 7, pp. 4-11.
20 这里的大部分细节以及接下来的段落，都引自 Antti Revonsuo, 'The reinterpretation of dreams: an evolutionary hypothesis of the function of dreaming', *Behavioral and Brain Sciences*, 2000, vol. 23, pp. 877-901。对动物和人类的神经影像研究甚至已经开始将大脑活动的特定形式与梦的有意识内容相配对。被训练来跑迷宫的老鼠，会在当晚的快速眼动睡眠中展现出同一种自我重复的相同特定方式。来自麻省理工的赛义德·马修·威尔逊（Said Matthew Wilson）认为，这种关联是如此密切，研究者们发现，当动物做梦时，关联影像能够重构仿佛它身处迷宫时同样的境遇，也能判断该动物是梦到奔跑还是梦到静止。(*The Independent*, 20 February 2002.) Equivalent results in people are discussed by Sophie Schwartz and Pierre Maquet, 'Sleep imaging and the neuro-psychological assessment of dreams', *Trends in Cognitive Sciences*, 2002, vol. 6, pp. 23-30.
21 Revonsuo, op. cit., pp. 895, 898.
22 Joseph Griffin, *The Origin of Dreams*, The Therapist Ltd: Worthing, West Sussex, 1997, pp. 74-75. 格里芬（Griffin）提供了一种梦的脑科学描述，与当今的研究相似。
23 Hermann Hesse, *My Belief*, Jonathan Cape: London, 1976, p. 37.
24 Nicholas Xenos, *Scarcity and Modernity*, Routledge: London, 1989.

25 Andrew Newberg, Abass Alavi, Michael Baime, Michael Pourdehnad, Jill Santanna and Eugene d'Aquili, 'The measure of regional cerebral blood flow during the complex cognitive task of meditation: a preliminary SPECT study', *Psychiatry Research: Neuroimaging Section*, 2001, vol. 106, pp. 113-122; 同时参见 Eugene d'Aquili and Andrew Newberg, *The Mystical Mind: Probing the Biology of Religious Experience*, Fortress Press: Minneapolis, 1999; L. I. Aftanas and S. A. Golocheikine, 'Human anterior and frontal midline theta and lower alpha reflect emotionally positive state and internalised attention: high-resolution EEG investigation of meditation', *Neuroscience Letters*, 2001, vol. 310, pp. 57-60; Frederick Travis and Keith Wallace, 'Autonomic and EEG patterns during eyes-closed rest and transcendental meditation practice: the basis for a neural model of TM practice', *Consciousness and Cognition*, 1999, vol. 8, pp. 302-318; Michael Persinger and K. Makarec, 'The feeling of a presence and verbal meaningfulness in context of temporal lobe function: factor analytic verification of the Muses?', *Brain and Cognition*, 1992, vol. 20, pp. 217-226. 关于多元化的观点，参见 Rhawn Joseph (ed.), *Neurotheology: Brain, Science, Spirituality, Religious Experience*, University Press: California, 2002。

26 Antonio Damasio, *The Feeling of What Happens: Body, Emotion and the Making of Consciousness*, William Heinemann: London, 2000.

27 Eugene Gendlin, *Focusing-Oriented Psychotherapy: A Manual of the Experiential Method*, Guildford Press: New York, 1996.

28 Quoted in Brewster Ghiselin (ed.), *The Creative Process*, University of California Press: Berkeley, CA, 1952, p. 56.

29 参见 e.g. Gavriel Salomon (ed.), *Distributed Cognitions*, Cambridge University Press: Cambridge, 1993。

30 这些论点的发展，可参见 James Wertsch, *Voices of the Mind: A Sociocultural Approach to Mediated Action*, Harvard University Press: Cambridge, MA, 1991。

31 安迪·克拉克（Andy Clarke）的优秀之作：*Natural-Born Cyborgs: Minds, Technologies, and the Future of Human Intelligence*（Oxford University Press: Oxford, 2003）将这些例子删除了。

32 关于智力的主要社会本质，参见 Edwin Hutchins, *Cognition in the Wild*, Bradford: Cambridge, MA, 1996。关于集体创造力，可参见 Vera John-Steiner, *Creative Collaboration*, Oxford University Press: New York, 2000。

33 Andy Clark, *Being There: Putting Brain, Body and World Together Again*,

Bradford/MIT Press: Cambridge, MA, 1997, pp. 217–221.

第十一章

1. 'Abuse in childhood made Duchess's aide kill her lover', *The Independent*, 24 September 2003. 事实上，简·安德鲁斯上诉失败，并且仍然在押，这并非因为其心理学辩护被裁决无效——相反地——而是因为上诉庭认为这使得她在初审时的罪名加重。更多讨论，可见 the 'Justice for women' website at www.jfw.org.uk。
2. 'Watch out: hysteria about', *The Independent*, 8 July 1999. Quoted in Peter Spencer, 'Of witch crazes and health scares', *The Psychologist*, 2003, vol. 16, pp. 596–597.
3. 最近探讨这个话题的认知心理学家有：Russell Epstein, 'The neural-cognitive basis of the Jamesian stream of thought', *Consciousness and Cognition*, 2000, vol. 9, pp. 550–573; Bruce Mangan, 'What feeling is the "feeling of knowing"?', *Consciousness and Cognition*, 2000, vol. 9, pp. 538–544; Daniel Wegner, *The Illusion of Conscious Will*, MIT Press: Cambridge, MA, 2002.
4. D. G. Dutton and A. P. Aron, 'Some evidence for heightened sexual attraction under conditions of high anxiety', *Journal of Personality and Social Psychology*, 1974, vol. 30, pp. 510–517.
5. 这一分析基于 Timothy Wilson's, in *Strangers to Ourselves: Discovering the Adaptive Unconscious*, Belknap Press: Cambridge, MA, 2002。
6. Michael Gazzaniga, Mind Matters: *How Mind and Brain Interact to Create Our Conscious Lives*, Houghton Mifflin: Boston, 1988.
7. Daniel Dennett, *Elbow Room: The Varieties of Free Will Worth Wanting*, Clarendon Press: Oxford, 1984, pp. 78, 80.
8. Ibid., p. 79.
9. 参见 V. S. Ramachandran and S. Blakeslee, *Phantoms in the Brain: Human Nature and the Architecture of the Mind*, Fourth Estate: London, 1999。

一场精彩无比的旅程，穿越梦境、直觉、神话与想象的疆域——所到之处无不因作者自身卓越之洞见而豁然开朗。克莱克斯顿是一位天才作者，他志在有效地融合关于头脑的诗歌与科学。在这方面，他相当成功。

——保罗·布鲁克斯（Paul Broks），《进入沉默地界》（*Into the Silent Land*）作者

强大的梦境、似曾相识的感觉、模糊的直觉与预兆会影响我们每一个人。古代世界创造了诸神与史诗，用以安顿潜意识头脑中种种折磨人的意象，而今天，我们则用关于大脑的电流和突触来解释它。在这本值得称赞的书中，盖伊·克莱克斯顿讲解潜意识思维，它在历史上如何被解读，它在科学、文化和宗教信仰、神话和文学中又如何被演绎，从古代神话到现代神经科学理论的阐释，条分缕析，精彩绝伦。

旁征博引，风骨优雅……克莱克斯顿的书清晰而智慧，追踪四千年来四大洲潜意识的观念……这是一部无与伦比的宽广巨著，作者饱览群书多才多艺，堪称大方之家，他讲解古埃及神话和神经科学理论，全都信手拈来，流畅自如。

——罗伯特·麦克法兰（Robert Macfarlane），《旁观者》（*Spectator*）作者

既有令人爱不释手的叙述，又有鞭辟入里的神经科学……两者结合，成就了这本书，对理解什么使我们之为人，至关重要。

——瑞塔·卡特尔（Rita Carter），《大脑的秘密档案》（*Mapping the Mind and Consciousness*）作者

克莱克斯顿用智慧、怪异的传说和奇妙的比喻，展示了潜意识那漫长而黑暗的历史。

——苏珊·布莱克摩尔（Susan Blackmore），《意识初探》（*Consciousness: An Introduction*）作者

克莱克斯顿提供了俯瞰人类潜意识的空中角度，旁征博引……以引人入胜的手法，去探索这个几个世纪以来，吸引并困扰思想者的潜意识课题。

——《星期日商业邮报》（*Sunday Business Post*）

新 知
文 库

01　《证据：历史上最具争议的法医学案例》[美] 科林·埃文斯 著　毕小青 译
02　《香料传奇：一部由诱惑衍生的历史》[澳] 杰克·特纳 著　周子平 译
03　《查理曼大帝的桌布：一部开胃的宴会史》[英] 尼科拉·弗莱彻 著　李响 译
04　《改变西方世界的 26 个字母》[英] 约翰·曼 著　江正文 译
05　《破解古埃及：一场激烈的智力竞争》[英] 莱斯利·罗伊·亚京斯 著　黄中宪 译
06　《狗智慧：它们在想什么》[加] 斯坦利·科伦　江天帆、马云霏 译
07　《狗故事：人类历史上狗的爪印》[加] 斯坦利·科伦 著　江天帆 译
08　《血液的故事》[美] 比尔·海斯 著　郎可华 译　张铁梅 校
09　《君主制的历史》[美] 布伦达·拉尔夫·刘易斯 著　荣予、方力维 译
10　《人类基因的历史地图》[美] 史蒂夫·奥尔森 著　霍达文 译
11　《隐疾：名人与人格障碍》[德] 博尔温·班德洛 著　麦湛雄 译
12　《逼近的瘟疫》[美] 劳里·加勒特 著　杨岐鸣、杨宁 译
13　《颜色的故事》[英] 维多利亚·芬利 著　姚芸竹 译
14　《我不是杀人犯》[法] 弗雷德里克·肖索依 著　孟晖 译
15　《说谎：揭穿商业、政治与婚姻中的骗局》[美] 保罗·埃克曼 著　邓伯宸 译　徐国强 校
16　《蛛丝马迹：犯罪现场专家讲述的故事》[美] 康妮·弗莱彻 著　毕小青 译
17　《战争的果实：军事冲突如何加速科技创新》[美] 迈克尔·怀特 著　卢欣渝 译
18　《最早发现北美洲的中国移民》[加] 保罗·夏亚松 著　暴永宁 译
19　《私密的神话：梦之解析》[英] 安东尼·史蒂文斯 著　薛绚 译
20　《生物武器：从国家赞助的研制计划到当代生物恐怖活动》[美] 珍妮·吉耶曼 著　周子平 译
21　《疯狂实验史》[瑞士] 雷托·U. 施奈德 著　许阳 译
22　《智商测试：一段闪光的历史，一个失色的点子》[美] 斯蒂芬·默多克 著　卢欣渝 译
23　《第三帝国的艺术博物馆：希特勒与"林茨特别任务"》[德] 哈恩斯 – 克里斯蒂安·罗尔 著　孙书柱、刘英兰 译
24　《茶：嗜好、开拓与帝国》[英] 罗伊·莫克塞姆 著　毕小青 译
25　《路西法效应：好人是如何变成恶魔的》[美] 菲利普·津巴多 著　孙佩妏、陈雅馨 译

26	《阿司匹林传奇》[英]迪尔米德·杰弗里斯 著　暴永宁、王惠 译
27	《美味欺诈：食品造假与打假的历史》[英]比·威尔逊 著　周继岚 译
28	《英国人的言行潜规则》[英]凯特·福克斯 著　姚芸竹 译
29	《战争的文化》[以]马丁·范克勒韦尔德 著　李阳 译
30	《大背叛：科学中的欺诈》[美]霍勒斯·弗里兰·贾德森 著　张铁梅、徐国强 译
31	《多重宇宙：一个世界太少了？》[德]托比阿斯·胡阿特、马克斯·劳讷 著　车云 译
32	《现代医学的偶然发现》[美]默顿·迈耶斯 著　周子平 译
33	《咖啡机中的间谍：个人隐私的终结》[英]吉隆·奥哈拉、奈杰尔·沙德博尔特 著　毕小青 译
34	《洞穴奇案》[美]彼得·萨伯 著　陈福勇、张世泰 译
35	《权力的餐桌：从古希腊宴会到爱丽舍宫》[法]让-马克·阿尔贝 著　刘可有、刘惠杰 译
36	《致命元素：毒药的历史》[英]约翰·埃姆斯利 著　毕小青 译
37	《神祇、陵墓与学者：考古学传奇》[德]C. W. 策拉姆 著　张芸、孟薇 译
38	《谋杀手段：用刑侦科学破解致命罪案》[德]马克·贝内克 著　李响 译
39	《为什么不杀光？种族大屠杀的反思》[美]丹尼尔·希罗、克拉克·麦考利 著　薛绚 译
40	《伊索尔德的魔汤：春药的文化史》[德]克劳迪娅·米勒-埃贝林、克里斯蒂安·拉奇 著　王泰智、沈惠珠 译
41	《错引耶稣：〈圣经〉传抄、更改的内幕》[美]巴特·埃尔曼 著　黄恩邻 译
42	《百变小红帽：一则童话中的性、道德及演变》[美]凯瑟琳·奥兰丝汀 著　杨淑智 译
43	《穆斯林发现欧洲：天下大国的视野转换》[英]伯纳德·刘易斯 著　李中文 译
44	《烟火撩人：香烟的历史》[法]迪迪埃·努里松 著　陈睿、李欣 译
45	《菜单中的秘密：爱丽舍宫的飨宴》[日]西川惠 著　尤可欣 译
46	《气候创造历史》[瑞士]许靖华 著　甘锡安 译
47	《特权：哈佛与统治阶层的教育》[美]罗斯·格雷戈里·多塞特 著　珍栎 译
48	《死亡晚餐派对：真实医学探案故事集》[美]乔纳森·埃德罗 著　江孟蓉 译
49	《重返人类演化现场》[美]奇普·沃尔特 著　蔡承志 译
50	《破窗效应：失序世界的关键影响力》[美]乔治·凯林、凯瑟琳·科尔斯 著　陈智文 译
51	《违童之愿：冷战时期美国儿童医学实验秘史》[美]艾伦·M. 霍恩布鲁姆、朱迪斯·L. 纽曼、格雷戈里·J. 多贝尔 著　丁立松 译
52	《活着有多久：关于死亡的科学和哲学》[加]理查德·贝利沃、丹尼斯·金格拉斯 著　白紫阳 译

53 《疯狂实验史Ⅱ》[瑞士]雷托·U.施奈德 著 郭鑫、姚敏多 译
54 《猿形毕露:从猩猩看人类的权力、暴力、爱与性》[美]弗朗斯·德瓦尔 著 陈信宏 译
55 《正常的另一面:美貌、信任与养育的生物学》[美]乔丹·斯莫勒 著 郑嬿 译
56 《奇妙的尘埃》[美]汉娜·霍姆斯 著 陈芝仪 译
57 《卡路里与束身衣:跨越两千年的节食史》[英]路易丝·福克斯克罗夫特 著 王以勤 译
58 《哈希的故事:世界上最具暴利的毒品业内幕》[英]温斯利·克拉克森 著 珍栎 译
59 《黑色盛宴:嗜血动物的奇异生活》[美]比尔·舒特 著 帕特里曼·J.温 绘图 赵越 译
60 《城市的故事》[美]约翰·里德 著 郝笑丛 译
61 《树荫的温柔:亘古人类激情之源》[法]阿兰·科尔班 著 苜蓿 译
62 《水果猎人:关于自然、冒险、商业与痴迷的故事》[加]亚当·李斯·格尔纳 著 于是 译
63 《囚徒、情人与间谍:古今隐形墨水的故事》[美]克里斯蒂·马克拉奇斯 著 张哲、师小涵 译
64 《欧洲王室另类史》[美]迈克尔·法夸尔 著 康怡 译
65 《致命药瘾:让人沉迷的食品和药物》[美]辛西娅·库恩等 著 林慧珍、关莹 译
66 《拉丁文帝国》[法]弗朗索瓦·瓦克 著 陈绮文 译
67 《欲望之石:权力、谎言与爱情交织的钻石梦》[美]汤姆·佐尔纳 著 麦慧芬 译
68 《女人的起源》[英]伊莲·摩根 著 刘筠 译
69 《蒙娜丽莎传奇:新发现破解终极谜团》[美]让-皮埃尔·伊斯鲍茨、克里斯托弗·希斯·布朗 著 陈薇薇 译
70 《无人读过的书:哥白尼〈天体运行论〉追寻记》[美]欧文·金格里奇 著 王今、徐国强 译
71 《人类时代:被我们改变的世界》[美]黛安娜·阿克曼 著 伍秋玉、澄影、王丹 译
72 《大气:万物的起源》[英]加布里埃尔·沃克 著 蔡承志 译
73 《碳时代:文明与毁灭》[美]埃里克·罗斯顿 著 吴妍仪 译
74 《一念之差:关于风险的故事与数字》[英]迈克尔·布拉斯兰德、戴维·施皮格哈尔特 著 威治 译
75 《脂肪:文化与物质性》[美]克里斯托弗·E.福思、艾莉森·利奇 编著 李黎、丁立松 译
76 《笑的科学:解开笑与幽默感背后的大脑谜团》[美]斯科特·威姆斯 著 刘书维 译
77 《黑丝路:从里海到伦敦的石油溯源之旅》[英]詹姆斯·马里奥特、米卡·米尼奥-帕卢埃洛 著 黄煜文 译

78	《通向世界尽头:跨西伯利亚大铁路的故事》[英]克里斯蒂安·沃尔玛 著	李阳 译
79	《生命的关键决定:从医生做主到患者赋权》[美]彼得·于贝尔 著	张琼懿 译
80	《艺术侦探:找寻失踪艺术瑰宝的故事》[英]菲利普·莫尔德 著	李欣 译
81	《共病时代:动物疾病与人类健康的惊人联系》[美]芭芭拉·纳特森-霍洛威茨、凯瑟琳·鲍尔斯 著 陈筱婉 译	
82	《巴黎浪漫吗?——关于法国人的传闻与真相》[英]皮乌·玛丽·伊特韦尔 著	李阳 译
83	《时尚与恋物主义:紧身褡、束腰术及其他体形塑造法》[美]戴维·孔兹 著	珍栎 译
84	《上穷碧落:热气球的故事》[英]理查德·霍姆斯 著	暴永宁 译
85	《贵族:历史与传承》[法]埃里克·芒雄-里高 著	彭禄娴 译
86	《纸影寻踪:旷世发明的传奇之旅》[英]亚历山大·门罗 著	史先涛 译
87	《吃的大冒险:烹饪猎人笔记》[美]罗布·沃乐什 著	薛绚 译
88	《南极洲:一片神秘的大陆》[英]加布里埃尔·沃克 著 蒋功艳、岳玉庆 译	
89	《民间传说与日本人的心灵》[日]河合隼雄 著 范作申 译	
90	《象牙维京人:刘易斯棋中的北欧历史与神话》[美]南希·玛丽·布朗 著	赵越 译
91	《食物的心机:过敏的历史》[英]马修·史密斯 著	伊玉岩 译
92	《当世界又老又穷:全球老龄化大冲击》[美]泰德·菲什曼 著	黄煜文 译
93	《神话与日本人的心灵》[日]河合隼雄 著	王华 译
94	《度量世界:探索绝对度量衡体系的历史》[美]罗伯特·P.克里斯 著	卢欣渝 译
95	《绿色宝藏:英国皇家植物园史话》[英]凯茜·威利斯、卡罗琳·弗里 著	珍栎 译
96	《牛顿与伪币制造者:科学巨匠鲜为人知的侦探生涯》[美]托马斯·利文森 著	周子平 译
97	《音乐如何可能?》[法]弗朗西斯·沃尔夫 著	白紫阳 译
98	《改变世界的七种花》[英]詹妮弗·波特 著 赵丽洁、刘佳 译	
99	《伦敦的崛起:五个人重塑一座城》[英]利奥·霍利斯 著	宋美莹 译
100	《来自中国的礼物:大熊猫与人类相遇的一百年》[英]亨利·尼科尔斯 著	黄建强 译
101	《筷子:饮食与文化》[美]王晴佳 著	汪精玲 译
102	《天生恶魔?:纽伦堡审判与罗夏墨迹测验》[美]乔尔·迪姆斯代尔 著	史先涛 译
103	《告别伊甸园:多偶制怎样改变了我们的生活》[美]戴维·巴拉什 著	吴宝沛 译
104	《第一口:饮食习惯的真相》[英]比·威尔逊 著	唐海娇 译
105	《蜂房:蜜蜂与人类的故事》[英]比·威尔逊 著	暴永宁 译

106 《过敏大流行：微生物的消失与免疫系统的永恒之战》[美] 莫伊塞斯·贝拉斯克斯-曼诺夫 著 李黎、丁立松 译

107 《饭局的起源：我们为什么喜欢分享食物》[英] 马丁·琼斯 著 陈雪香 译 方辉 审校

108 《金钱的智慧》[法] 帕斯卡尔·布吕克内 著 张叶、陈雪乔 译 张新木 校

109 《杀人执照：情报机构的暗杀行动》[德] 埃格蒙特·R. 科赫 著 张芸、孔令逊 译

110 《圣安布罗焦的修女们：一个真实的故事》[德] 胡贝特·沃尔夫 著 徐逸群 译

111 《细菌：我们的生命共同体》[德] 汉诺·夏里修斯、里夏德·弗里贝 著 许嫚红 译

112 《千丝万缕：头发的隐秘生活》[英] 爱玛·塔罗 著 郑嬿 译

113 《香水史诗》[法] 伊丽莎白·德·费多 著 彭禄娴 译

114 《微生物改变命运：人类超级有机体的健康革命》[美] 罗德尼·迪塔特 著 李秦川 译

115 《离开荒野：狗猫牛马的驯养史》[美] 加文·艾林格 著 赵越 译

116 《不生不熟：发酵食物的文明史》[法] 玛丽-克莱尔·弗雷德里克 著 冷碧莹 译

117 《好奇年代：英国科学浪漫史》[英] 理查德·霍姆斯 著 暴永宁 译

118 《极度深寒：地球最冷地域的极限冒险》[英] 雷纳夫·法恩斯 著 蒋功艳、岳玉庆 译

119 《时尚的精髓：法国路易十四时代的优雅品位及奢侈生活》[美] 琼·德让 著 杨冀 译

120 《地狱与良伴：西班牙内战及其造就的世界》[美] 理查德·罗兹 著 李阳 译

121 《骗局：历史上的骗子、赝品和诡计》[美] 迈克尔·法夸尔 著 康怡 译

122 《丛林：澳大利亚内陆文明之旅》[澳] 唐·沃森 著 李景艳 译

123 《书的大历史：六千年的演化与变迁》[英] 基思·休斯敦 著 伊玉岩、邵慧敏 译

124 《战疫：传染病能否根除？》[美] 南希·丽思·斯特潘 著 郭骏、赵谊 译

125 《伦敦的石头：十二座建筑塑名城》[英] 利奥·霍利斯 著 罗隽、何晓昕、鲍捷 译

126 《自愈之路：开创癌症免疫疗法的科学家们》[美] 尼尔·卡纳万 著 贾颐 译

127 《智能简史》[韩] 李大烈 著 张之昊 译

128 《家的起源：西方居所五百年》[英] 朱迪丝·弗兰德斯 著 珍栎 译

129 《深解地球》[英] 马丁·拉德威克 著 史先涛 译

130 《丘吉尔的原子弹：一部科学、战争与政治的秘史》[英] 格雷厄姆·法米罗 著 刘晓 译

131 《亲历纳粹：见证战争的孩子们》[英] 尼古拉斯·斯塔加特 著 卢欣渝 译

132 《尼罗河：穿越埃及古今的旅程》[英] 托比·威尔金森 著 罗静 译

133 《大侦探：福尔摩斯的惊人崛起和不朽生命》[美] 扎克·邓达斯 著　肖洁茹 译

134 《世界新奇迹：在20座建筑中穿越历史》[德] 贝恩德·英玛尔·古特贝勒特 著　孟薇、张芸 译

135 《毛奇家族：一部战争史》[德] 奥拉夫·耶森 著　蔡玳燕、孟薇、张芸 译

136 《万有感官：听觉塑造心智》[美] 塞思·霍罗威茨 著　蒋雨蒙 译　葛鉴桥 审校

137 《教堂音乐的历史》[德] 约翰·欣里希·克劳森 著　王泰智 译

138 《世界七大奇迹：西方现代意象的流变》[英] 约翰·罗谟、伊丽莎白·罗谟 著　徐剑梅 译

139 《茶的真实历史》[美] 梅维恒、[瑞典] 郝也麟 著　高文海 译　徐文堪 校译

140 《谁是德古拉：吸血鬼小说的人物原型》[英] 吉姆·斯塔迈耶 著　刘芳 译

141 《童话的心理分析》[瑞士] 维蕾娜·卡斯特 著　林敏雅 译　陈瑛 修订

142 《海洋全球史》[德] 米夏埃尔·诺尔特 著　夏嬛、魏子扬 译

143 《病毒：是敌人，更是朋友》[德] 卡琳·莫林 著　孙薇娜、孙娜薇、游辛田 译

144 《疫苗：医学史上最伟大的救星及其争议》[美] 阿瑟·艾伦 著　徐宵寒、邹梦廉 译　刘火雄 审校

145 《为什么人们轻信奇谈怪论》[美] 迈克尔·舍默 著　卢明君 译

146 《肤色的迷局：生物机制、健康影响与社会后果》[美] 尼娜·雅布隆斯基 著　李欣 译

147 《走私：七个世纪的非法携运》[挪] 西蒙·哈维 著　李阳 译

148 《雨林里的消亡：一种语言和生活方式在巴布亚新几内亚的终结》[瑞典] 唐·库里克 著　沈河西 译

149 《如果不得不离开：关于衰老、死亡与安宁》[美] 萨缪尔·哈灵顿 著　丁立松 译

150 《跑步大历史》[挪] 托尔·戈塔斯 著　张翎 译

151 《失落的书》[英] 斯图尔特·凯利 著　卢葳、汪梅子 译

152 《诺贝尔晚宴：一个世纪的美食历史（1901—2001）》[瑞典] 乌利卡·索德琳德 著　张琦 译

153 《探索亚马孙：华莱士、贝茨和斯普鲁斯在博物学乐园》[巴西] 约翰·亨明 著　法磊 译

154 《树懒是节能，不是懒！：出人意料的动物真相》[英] 露西·库克 著　黄悦 译

155 《本草：李时珍与近代早期中国博物学的转向》[加] 卡拉·纳皮 著　刘黎琼 译

156 《制造非遗：〈山鹰之歌〉与来自联合国的其他故事》[冰] 瓦尔迪马·哈夫斯泰因 著　闾人 译　马莲 校

157 《密码女孩：未被讲述的二战往事》[美] 莉莎·芒迪 著　杨可 译

158 《鲸鱼海豚有文化:探索海洋哺乳动物的社会与行为》[加]哈尔·怀特黑德 [英]卢克·伦德尔 著 葛鉴桥 译

159 《从马奈到曼哈顿——现代艺术市场的崛起》[英]彼得·沃森 著 刘康宁 译

160 《贫民窟:全球不公的历史》[英]艾伦·梅恩 著 尹宏毅 译

161 《从丹皮尔到达尔文:博物学家的远航科学探索之旅》[英]格林·威廉姆斯 著 珍栎 译

162 《任性的大脑:潜意识的私密史》[英]盖伊·克拉克斯顿 著 姚芸竹 译